"十二五"普通高等教育本科国家级规划教材
新时代高等学校计算机类专业教材

# 算法设计与分析

（第3版）

王红梅 编著

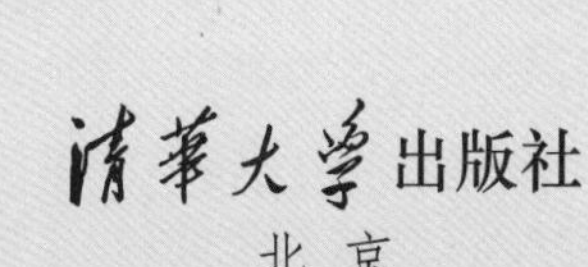


北京

## 内容简介

本书将经典问题和算法设计技术结合，以读者容易理解和接受的方式，系统介绍了算法设计技术，包括模拟法、递推法、蛮力法、分治法、减治法、贪心法、动态规划法、深度优先搜索、广度优先搜索、回溯法、A*算法、限界剪枝法、近似算法、概率算法和群智能算法；同时以通俗易懂的方式，系统介绍了算法分析技术，包括算法的时间复杂度分析、空间复杂度分析、最优算法、确定性算法、非确定性算法、P类问题、NP类问题和NP完全问题。所有问题都用伪代码给出了算法描述，并提供了C++语言程序源码，且在C++语言的典型编程环境下调试通过。

本书案例丰富，叙述清晰，深入浅出，结合应用，符合算法学习者的认知规律，可作为高等院校计算机专业本科和研究生学习算法类课程的教材，适合准备参加程序设计竞赛(NOIP或ACM)却无从下手的学生，也特别适合算法爱好者学习参考。



**图书在版编目(CIP)数据**

算法设计与分析/王红梅编著.—3版.—北京：清华大学出版社，2022.1(2025.4重印)
新时代高等学校计算机类专业教材
ISBN 978-7-302-59439-0

Ⅰ.①算… Ⅱ.①王… Ⅲ.①电子计算机—算法设计—高等学校—教材 ②电子计算机—算法分析—高等学校—教材 Ⅳ.①TP301.6

中国版本图书馆CIP数据核字(2021)第219030号

**责任编辑**：袁勤勇
**封面设计**：杨玉兰
**责任校对**：刘玉霞
**责任印制**：沈 露

**出版发行**：清华大学出版社
**网 址**：https://www.tup.com.cn，https://www.wqxuetang.com
**地 址**：北京清华大学学研大厦A座 **邮 编**：100084
**社 总 机**：010-83470000 **邮 购**：010-62786544
**投稿与读者服务**：010-62776969，c-service@tup.tsinghua.edu.cn
**质量反馈**：010-62772015，zhiliang@tup.tsinghua.edu.cn
**课件下载**：https://www.tup.com.cn，010-83470236
**印 装 者**：三河市人民印务有限公司
**经 销**：全国新华书店
**开 本**：185mm×260mm **印 张**：17 **字 数**：396千字
**版 次**：2006年7月第1版 2022年1月第3版 **印 次**：2025年4月第11次印刷
**定 价**：56.00元

产品编号：092726-01

# 第3版前言

FOREWORD

贯彻党的二十大精神，筑牢政治思想之魂。编者在对本书进行修订时牢牢把握这个根本原则。党的二十大报告提出，要坚持教育优先发展、科技自立自强、人才引领驱动，加快建设教育强国、科技强国、人才强国，坚持为党育人、为国育才，全面提高人才自主培养质量，着力造就拔尖创新人才，聚天下英才而用之。而“算法设计与分析”相关课程是落实立德树人根本任务，培养德智体美劳全面发展的社会主义建设者和接班人不可或缺的环节，对提高人才培养质量具有较大的作用。

计算机已经成为当今社会的普通工具，这个世界越来越被算法所驱动。“算法基础”“程序设计实践”“算法设计与分析”等算法类课程不仅能够培养学生的算法设计与分析能力，以进一步增强程序设计与实现能力，而且能够引导学生的思维过程，培养计算思维能力。用计算机求解问题的最重要环节就是将人的想法抽象为算法，在描述问题和求解问题的过程中，主要采用抽象思维和逻辑思维。因此，算法训练就像一种思维体操，能够锻炼思维，使思维变得更清晰、更有逻辑。

好的算法整洁、漂亮，像艺术品，像诗歌。研究算法很有乐趣，而且研究算法之后会发现自己的思维能力提高了很多，那种成就感非常棒！本书的很多经典问题即便已经有人发布过算法和程序代码，作者仍希望本书呈现的是优雅的算法，是漂亮的代码，同时又是完全不一样的算法设计过程，阅读本书的一个个算法就像完成了一个个思维体操动作。因此，本次修订中作者把很多算法重新写了一遍，更注重算法设计技术的运用，使读者更容易理解和上手，从而能够运用算法设计技术解决实际问题。需要强调的是，对算法设计技术的顿悟是通过不断地阅读算法并加以实践来实现的，本书假定读者已经掌握基本的程序设计知识，能够读懂并上机调试本书提供的程序源码。

本书包括四个独立的部分：第一篇是基础知识，第二篇是基本的算法设计技术，第三篇是基于搜索的算法设计技术，第四篇是NP问题的算法设计技术。如图1所示，学习了基础知识，完全可以独立学习其余各篇的算法设计技术，当然也可以按照本书的章节顺序依次学习。这些算法设计技术既相互独立，在设计思想上又有一定的互通关系，无论采用哪种学习方式，都希望读者能够在学习中加以思考，逐渐地将这些算法设计技术在脑海中连成一个知识网，进而融会贯通、灵活运用。

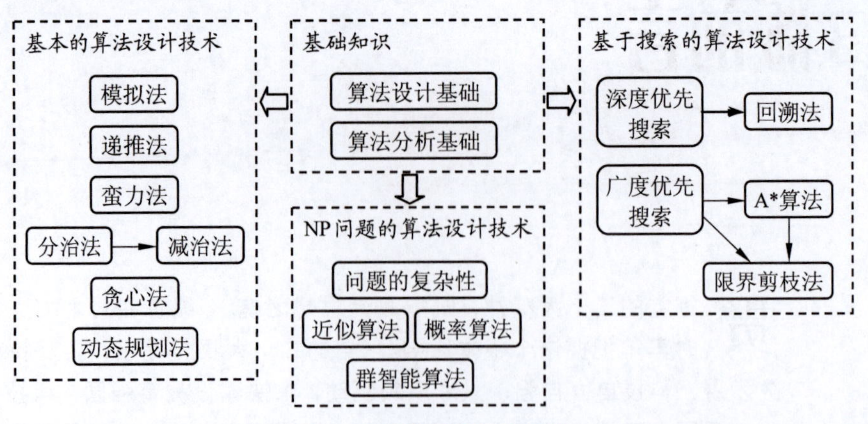


图1 知识单元的拓扑结构

一般来讲，在计算机类专业培养计划中，算法类课程有两种开设方式：①在“程序设计语言”课程之后开设“算法基础”或“程序设计实践”等课程，然后再开设“数据结构”或“算法与数据结构”课程；②在“数据结构”课程之后开设“算法设计与分析”课程。本书适合作为“算法基础”“程序设计实践”“算法设计与分析”等课程的主讲教材，建议的教学安排请参见表1。

表1 不同算法类课程的建议教学安排

<table>
<tr><th colspan="2" rowspan="3">教学内容(章、节)</th><th colspan="4">教学方案及进度</th></tr>
<tr><th colspan="2">未学习“数据结构”课程</th><th colspan="2">已学习“数据结构”课程</th></tr>
<tr><th>方案A<br>(40学时)</th><th>方案B<br>(48学时)</th><th>方案C<br>(40学时)</th><th>方案D<br>(48学时)</th></tr>
<tr><td rowspan="5">第1章<br>算法设计基础</td><td>1.1～1.2</td><td>1</td><td>1</td><td></td><td></td></tr>
<tr><td>1.3</td><td>0.5</td><td>0.5</td><td>0.5</td><td>0.5</td></tr>
<tr><td>1.4.1</td><td>1</td><td>1</td><td></td><td></td></tr>
<tr><td>1.4.2～1.4.3</td><td>0.5</td><td>0.5</td><td>0.5</td><td>0.5</td></tr>
<tr><td>1.5</td><td></td><td>1</td><td></td><td></td></tr>
<tr><td rowspan="2">第2章<br>算法分析基础</td><td>2.1～2.2</td><td>2</td><td>2</td><td></td><td></td></tr>
<tr><td>2.3～2.4</td><td></td><td>1</td><td>1</td><td>1</td></tr>
<tr><td rowspan="3">第3章<br>模拟法</td><td>3.1</td><td>0.5</td><td>0.5</td><td>0.5</td><td>0.5</td></tr>
<tr><td>3.2～3.3</td><td>2.5</td><td>2.5</td><td></td><td></td></tr>
<tr><td>3.4</td><td></td><td>1</td><td>0.5</td><td>0.5</td></tr>
</table>

续表

| 教学内容(章、节) | | 教学方案及进度 | | | |
|---|---|---|---|---|---|
| | | 未学习“数据结构”课程 | | 已学习“数据结构”课程 | |
| | | 方案A(40学时) | 方案B(48学时) | 方案C(40学时) | 方案D(48学时) |
| 第4章 递推法 | 4.1 | 0.5 | 0.5 | 0.5 | 0.5 |
| | 4.2.1,4.3 | 1 | 1 | | |
| | 4.2.2,4.4 | 1.5 | 1.5 | 1.5 | 1.5 |
| 第5章 蛮力法 | 5.1 | 0.5 | 0.5 | 0.5 | 0.5 |
| | 5.2～5.3 | 2 | 2 | | |
| | 5.4～5.5 | 1.5 | 1.5 | 1 | 1 |
| | 5.6 | | | 0.5 | 0.5 |
| 第6章 分治法 | 6.1 | 1 | 1 | 1 | 1 |
| | 6.2 | 1.5 | 1.5 | | |
| | 6.3 | 1.5 | 1.5 | 1.5 | 1.5 |
| | 6.4～6.5 | | 2 | 2 | 2 |
| 第7章 减治法 | 7.1 | 0.5 | 0.5 | 0.5 | 0.5 |
| | 7.2～7.4 | 3.5 | 3.5 | | |
| | 7.5 | | 1 | 1 | 1 |
| 第8章 贪心法 | 8.1 | 0.5 | 0.5 | 0.5 | 0.5 |
| | 8.2 | | 2 | 2 | 2 |
| | 8.3,8.4.2 | 2.5 | 2.5 | 2.5 | 2.5 |
| | 8.4.1 | | | | 1 |
| 第9章 动态规划法 | 9.1～9.2,9.5.2 | 4 | 4 | 4 | 4 |
| | 9.3～9.4,9.5.1 | | | 3 | 3 |
| 第10章 深度优先搜索 | 10.1 | 2.5 | 2.5 | | |
| | 10.2 | 2.5 | 2.5 | 2.5 | 2.5 |
| | 10.3 | | | 1.5 | 1.5 |
| 第11章 广度优先搜索 | 11.1 | 2.5 | 2.5 | | |
| | 11.2 | 2.5 | 2.5 | 2.5 | 2.5 |
| | 11.3～11.4 | | | 2.5 | 2.5 |
| 第12章 问题的复杂性 | 12.1～12.3 | | | 3 | 3 |
| | 12.4 | | | | 1 |

续表

| 教学内容(章、节) | | 教学方案及进度 | | | |
|---|---|---|---|---|---|
| | | 未学习"数据结构"课程 | | 已学习"数据结构"课程 | |
| | | 方案A(40学时) | 方案B(48学时) | 方案C(40学时) | 方案D(48学时) |
| 第13章 近似算法 | 13.1～13.3 | | | 2 | 2 |
| | 13.4 | | | | 1 |
| 第14章 概率算法 | 14.1～14.2 | | | 1 | 1 |
| | 14.3～14.5 | | | | 2 |
| 第15章 群智能算法 | 15.1～15.3 | | | | 3 |

为方便读者学习,本书配备了教学课件、程序源码、实验项目、课后习题等数字教学资源,扫描相应位置的二维码即可获得。本书的适用读者是:

- 作为"程序设计基础"的后续课程,初步掌握程序设计语言后,希望提高程序设计能力的学生,为学习"数据结构"课程奠定坚实的基础,请参考表1安排学习进度。
- 作为"数据结构"的后续课程,掌握数据结构及基本操作后,希望提高算法设计能力的学生,请参考表1安排学习进度。
- 准备参加程序设计竞赛(NOIP或ACM),尚未入门又无从下手的学生,系统学习了本书的算法设计技术,就可以去学习《算法导论》或其他竞赛类算法的书了。
- 对算法领域感兴趣的任何人,跟随本书完成大量的算法训练后,你会发现自己的思维变得更清晰、更有逻辑性。

参加本书编写的还有王涛、王贵参、刘冰、张丽杰、党源源、肖巍等。由于作者的知识和写作水平有限,书稿虽再三斟酌几经修改,仍难免有不足之处,欢迎专家和读者批评指正。

作　者

2023年7月

# 目 录

CONTENTS

## 第一篇 基础知识

## 第二篇 基本的算法设计技术

# 第一篇

## 基础知识

算法在计算机科学领域几乎无处不在，在构建计算机软件系统的过程中，算法设计往往处于核心地位。用什么方法来设计算法，如何判定一个算法的优劣，所设计的算法需要占用多少时间资源和空间资源，在实现一个软件系统时，都是必须予以解决的重要问题。

算法理论主要研究算法的设计技术和算法的分析技术。前者是指面对一个问题时，如何设计一个有效的算法；后者则是对已设计的算法，如何评价或判断其优劣。二者是相互依存的，已设计出的算法需要进行检验和评价，对算法的分析反过来又可促进算法设计的改进。

# 第 1 章 算法设计基础

算法设计的主要任务是描述问题的解决方案。利用计算机解决问题的最重要一步是描述算法，即给出形式化、机械化的操作步骤，告诉计算机需要做哪些事，按什么步骤去做。由于实际问题千奇百怪，问题求解的方法千变万化，所以，算法的设计过程是一个灵活的充满智慧的过程。对于计算机专业的学生，学会读懂算法、设计算法，应该是一项最基本的要求，而发明(发现)算法则是计算机学者的极高境界。

## 1.1 什么是算法

课件 1-1

### 1.1.1 算法的定义

通俗地讲，算法是解决问题的方法，现实生活中关于算法的实例不胜枚举，例如一个菜谱、一个安装转椅的操作指南等，再如四则运算法则、算盘的计算口诀等。严格地说，算法[①](algorithm)是对特定问题求解步骤的一种描述，是指令的有限序列。此外，算法还必须满足下列特性。

(1) 有穷性[②](finiteness)：对于任何合法的输入，算法必须总是能够在有穷时间内完成。

(2) 确定性[③](determinacy)：算法中的每一条指令都必须有确切的含义，并且对于相同的输入只能得到相同的输出。

(3) 可行性(feasibility)：算法中的每一条指令都可以通过已经实现的基本操作执行有限次来实现。

---

① 算法的中文名称出自公元前 1 世纪《周髀算经》，英文名称则来自于波斯数学家阿勒·霍瓦里松(Al·Khowarizmi)在公元 825 年写的经典著作《代数对话录》。算法之所以被拼写成 algorithm，也是由于算法和算术(arithmetic)有着密切的联系。

② 算法中有穷的概念不是纯数学的，而是指在实际应用中是合理的、可接受的。算法的有穷性意味着不是所有的计算机程序都是算法。例如，操作系统是一个在无限循环中执行的程序而不是一个算法。

③ 算法的确定性限制了能够解决问题的种类，比如，我们无法找到一个使人快乐的算法，也不能找到一个使人富有的算法，一个成功人士的生活经历如果在另一个人身上再现，另一个人也不一定会成为成功人士。

算法是指令的有限序列,并且这个指令序列必须满足上述特性。换言之,如果一个指令序列不满足算法的特性,则不能称其为真正意义上的算法。请看下面这个例子。

**例1.1** 设计算法求两个自然数的最大公约数。

**解**:可以将这两个自然数分别进行质因数分解,然后找出所有公因子并将这些公因子相乘,结果就是这两个数的最大公约数。例如,$48=2\times2\times2\times2\times3$,$36=2\times2\times3\times3$,则48和36的公因子有2、2、3,因此,48和36的最大公约数为$2\times2\times3=12$。设两个自然数是$m$和$n$,算法如下。

第1步:找出$m$的所有质因子。

第2步:找出$n$的所有质因子。

第3步:从第1步和第2步得到的质因子中找出所有公因子。

第4步:将找到的所有公因子相乘,结果即为$m$和$n$的最大公约数。

上述方法是小时候学过的求最大公约数的简单方法,但这个求解过程不能称为一个真正意义上的算法,因为第1步和第2步没有明确定义如何找出一个自然数的所有质因子,而且分解质因数问题是一个NP类问题(NP类问题的定义请参见12.2.3节),目前尚未找到有效的方法;第3步也没有明确定义如何在两个长度不等的数列中找出所有相同的元素。因此,这个求解过程不满足算法的确定性和可行性。

理解起来,算法是求解问题的操作步骤,是定义良好的计算过程,给定合法的输入,机械地执行这个操作步骤,就可以得到预期的输出,如图1-1所示。算法的输入通常取自于某个特定的对象集合,算法的输出通常与输入之间有着某种特定的关系。例如排序算法,输入就是待排序的若干个数,输出就是排好序的数列。再如指纹比对算法,输入就是两个指纹的图像数据,输出就是一个表示相似度的数值。

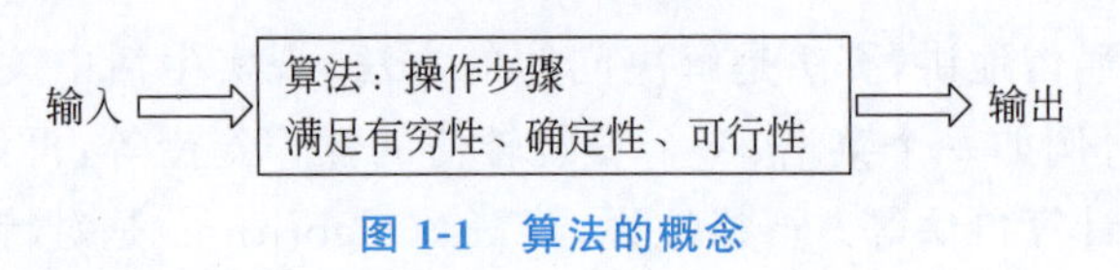


图1-1 算法的概念

## 1.1.2 算法的描述方法

算法设计者在构思和设计了一个算法之后,必须清楚准确地将所设计的求解步骤记录下来,即描述算法。常用的描述算法的方法有自然语言、流程图、程序设计语言和伪代码等。

用自然语言描述算法的优点是容易书写、容易理解,但缺点也是显然的:①容易出现二义性,导致算法不满足确定性;②自然语言的语句一般都比较长,导致算法通常都很冗长;③抽象级别较高,不便转换为计算机程序。因此,自然语言通常用来粗线条地描述算法的基本思想。

**流程图**(flow chart)是美国国家标准化协会ANSI规定的一组图形符号,用来表示算法或程序的流程,表1-1给出了流程图的基本符号。用流程图描述算法的优点是直观易懂、能够随意表示控制流程,缺点是缺少严密性。在计算机应用早期,使用流程图描述算法占有统治地位,但实践证明,除了一些非常简单的算法以外,这种描述方法使用起来非常不方便。目前,流程图一般用来描述程序设计语言的基本语法。

表1-1 流程图的基本符号

| 图形符号 | 名称 | 含义 |
| --- | --- | --- |
| (圆角矩形) | 起止框 | 开始或结束 |
| (矩形) | 处理框 | 处理或运算 |
| (平行四边形) | 输入/输出框 | 输入/输出 |
| (菱形) | 判断框 | 根据判断结果,执行两条路径中的某一条路径 |
| (箭头) | 控制流 | 执行的路径,箭头代表方向 |

用程序设计语言描述的算法能由计算机直接执行,但是要求算法设计者掌握程序设计语言及编程环境,使算法设计者拘泥于描述算法的具体细节,忽略了"好"算法和正确逻辑的重要性。

**伪代码**(pseudo-code)介于自然语言和程序设计语言之间,采用某一程序设计语言的基本语法,操作指令可以结合自然语言来设计①。至于算法中自然语言的成分有多少,取决于算法的抽象级别。伪代码不是一种实际的编程语言,但在表达能力上类似于编程语言,同时极小化了描述算法的不必要的技术细节,比较适合描述算法,被称为"算法语言"或"第一语言"。

因为C++语言的功能较强,而且大多数读者都比较熟悉,所以,本书采用C++语言与自然语言相结合的伪代码来描述算法,使得算法的描述简明清晰,既不拘泥于C++语言的实现细节,又容易转换为C++程序。

**例1.2** 用伪代码描述欧几里得算法。

**解**:欧几里得算法用于求两个自然数的最大公约数。设两个自然数是 $m$ 和 $n$,欧几里得算法的基本思想是将 $m$ 和 $n$ 辗转相除直到余数为0。例如,$m=35$,$n=25$,计算过程如图1-2所示,当余数 $r$ 为0时,除数 $n$ 就是所求的最大公约数。算法如下。

| | 被除数 $m$ | 除数 $n$ | 余数 $r$ |
| --- | --- | --- | --- |
| 第1次相除 | 35 | 25 | 10 |
| 第2次相除 | 25 | 10 | 5 |
| 第3次相除 | 10 | 5 | 0 |

图1-2 欧几里得算法的计算过程

```
算法:欧几里得算法 ComFactor
输入:两个自然数 m 和 n
输出:m 和 n 的最大公约数
1. r=m mod n;
2. 循环直到 r 等于 0:
   2.1 m=n;
   2.2 n=r;
   2.3 r=m mod n;
3. 输出 n;
```

① 计算机科学界从来没有对伪代码的书写形式达成过一种共识(或制定一种标准),只是要求了解任何一种现代程序设计语言的人都能很好地理解。因此,在不同的教材、书籍和学术文献中,伪代码的形式都有很大不同。

### 1.1.3 算法在问题求解中的地位

迄今为止,计算机还不具有思维能力,面对一个实际问题,必须由人来分析问题,确定问题的解决方案,采用计算机能够理解的指令描述这个问题的求解步骤,然后让计算机执行程序,最终获得问题的解。用计算机求解问题的一般过程①如图1-3所示。

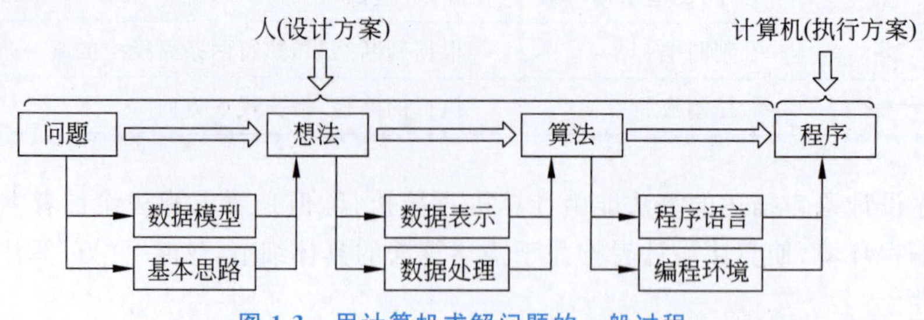


图1-3 用计算机求解问题的一般过程

算法用来描述问题的解决方案,是具体的、机械的操作步骤。利用计算机解决问题的最重要一步是将人的想法描述成算法,也就是从计算机的角度设想计算机是如何一步一步完成这个任务的。由想法到算法需要完成数据表示和数据处理。数据表示即描述问题的数据模型,将数据模型从机外表示转换为机内表示;数据处理即描述问题求解的基本思路,将问题的解决方案形成算法。

一般来说,对不同解决方案的抽象描述产生了相应的不同算法,不同的算法转换为相应的不同程序。这些程序的解题思路不同,复杂程度不同,解题效率也不相同,精妙的算法可以改进那些简单或粗糙的解决方案。例如从1加到100,高斯的老师只会将1+2+3+…+100依次累加,但是七岁的高斯就想到(1+100)×100/2这样巧妙的方法,老师需要做99次加法,而高斯只要做加法、乘法、除法各一次。如果从1加到10000,老师需要做9999次加法,而高斯依然只需要做加法、乘法、除法各一次。

课件1-2

## 1.2 什么是好算法

### 1.2.1 如何评价算法

一个"好"算法首先要满足算法的基本特性,此外,还要具备下列特性。

(1) 正确性(correctness):算法能满足具体问题的需求,即对于任何合法的输入,算法都会得出正确的结果。

一个算法必须正确才有存在的意义,因此有些学者主张将算法的正确性纳入算法的定义中,因为这是对算法最基本,也是最重要的要求。有些学者反对这个主张,由于测试无法穷尽所有可能的输入,因此大多数算法无法保证对所有合法输入都是正确的。

① 在作者编著的《程序设计基础——从问题到程序》《数据结构——从概念到C实现》《数据结构——从概念到C++实现》《数据结构——从概念到Java实现》《算法设计与分析》等算法与程序设计系列教材中,都是通过这个问题求解过程培养学生的计算思维能力和程序设计能力。

(2) 健壮性(robustness)：算法对非法输入的抵抗能力，即对于错误的输入，算法应能识别并作出处理，而不是产生错误动作或陷入瘫痪。

一个没有良好健壮性的算法(程序)就像一颗等待爆炸的炸弹，这绝对不是危言耸听，有大量这种引起灾难性后果的案例。例如 1990 年 1 月，AT&T(美国电话电报公司)经历了一场令人难忘的通信大灾难，AT&T 的长途电话网瘫痪 9 小时，导致了几十亿美元的损失，并引发了各种骚乱。问题出在 100 万行程序代码中的一条语句上，一个函数接受了一个错误的参数，但是函数未能正确识别，使系统陷入了瘫痪。

(3) 可理解性(comprehensible)：算法容易理解和实现。算法首先是为了人的阅读和交流，其次是为了程序实现，因此，算法要易于被人理解、易于转换为程序。晦涩难懂的算法还可能隐藏一些不易发现的逻辑错误。

(4) 抽象分级(abstract classification)：算法是由人来阅读、理解、使用和修改的。研究发现，大多数人的认识限度是 7 ± 2[①]。如果算法的操作步骤太多，就会增加算法的理解难度，因此，必须用抽象分级来组织算法表达的思想。换言之，如果算法的求解步骤太多，可以将某些求解步骤合并为一个较抽象的处理，然后用其他算法描述这个较抽象的处理。

(5) 高效性(high efficiency)：算法效率包括时间效率和空间效率，时间效率显示了算法运行得有多快；而空间效率则显示了算法需要多少额外的存储空间。不言而喻，一个“好”算法应该具有较短的执行时间并占用较少的辅助空间。

### 1.2.2 效率——算法的核心和灵魂

算法是解决问题的方法，一个问题可以有多种解决方法，不同的算法之间就有了优劣之分。如何对算法进行比较呢？算法可以比较的方面很多，如易读性、健壮性、可维护性、可扩展性等，但这些都不是最关键的方面，算法的核心和灵魂是效率，也就是解决问题的速度，算法研究的核心问题是速度(时间)问题。

事实上，计算机的所有应用问题，包括计算机自身的发展，都是围绕着“时间-速度”这样一个中心进行的。例如，你一定不希望在搜索引擎上输入一个关键词，要等 5 分钟才有结果；也一定不希望在打车软件中输入一个目的地，等了 10 分钟还没有派车；你一定希望看手机视频时图像清晰不卡顿，也一定希望车载导航提示能够跟上你的行车速度。一个运行时间远远超过用户预期的算法，就是其他方面的性能再好，也是一个不实用的算法。

需要强调的是，有些问题比较简单，很容易就可以得到问题的解决方案；如果问题比较复杂，就需要更多的思考才能得到问题的解决方案。对于许多实际的问题，写出一个可以正确运行的算法还不够。如果这个算法在规模较大的数据集上运行，那么运行效率就成为一个重要的问题。

---

① 著名心理学家米勒提出的米勒原则：受大脑短期记忆空间的限制，人类的短期记忆一般限于一次记忆 5～9 个对象，超过 9 个信息团，大脑出现错误的概率将会大大提高。一些产品设计常常运用米勒原则，例如，几乎所有计算机软件的顶层菜单都不超过 9 个。

课件 1-3

# 1.3 为什么要学习和研究算法

## 1.3.1 算法研究是推动计算机技术发展的关键

算法是计算机科学的重要基石，也是计算机科学研究的一项永恒主题。计算机硬件技术的发展使得计算机的性能不断提高，计算机的功能越强大，人们就越想去尝试更复杂的问题，而更复杂的问题需要更大的计算量。现代计算机在计算能力和存储容量上的革命仅仅提供了计算更复杂问题的有效工具，无论硬件性能如何提高，算法研究始终是推动计算机技术发展的关键。实际上，我们不仅需要算法，而且需要"好"算法。可以肯定的是，发明(或发现)算法是一个非常有创造性和值得付出的过程。

算法是计算机技术革新的推动力。例如，Google 使用网页排名 PageRank 算法高效地计算与搜索关键词相关联的 Web 页面的权重，再将搜索结果排序后展现给用户，提高了用户满意度；家中的 WiFi、智能手机、路由器等几乎所有内置计算机系统的设施都会以各种方式使用快速傅里叶变换算法；在文档、视频、音乐、云计算等应用中都采用了 RLE 数据压缩算法；没有 RSA 加密算法和数字签名，电子交易就不会如此可信；通信网络中的路由协议需要用到最短路径算法，等等。

## 1.3.2 算法训练能够提高计算思维能力

计算思维(computational thinking)是基于计算机科学的概念体系进行问题求解、系统设计以及人类行为理解的涵盖了计算机科学之广度的一系列思维活动。实际上，在计算机出现之前，人类的思维体系中就有了计算思维的概念，只不过由于缺少自动化计算工具的支持，计算思维与其他思维方式融合在一起了。

简而言之，计算思维就是在使用计算机求解问题过程中运用的思维活动。事实上，用计算机求解问题建立在高度抽象的级别上，表现为采用模型化方式理解问题，将实际问题抽象为数据模型，采用形式化方式描述问题的解决方案，建立符号系统并对其实施变换，通过计算机执行程序实现自动化计算。在描述问题和求解问题的过程中，主要采用抽象思维和逻辑思维，如图 1-4 所示。

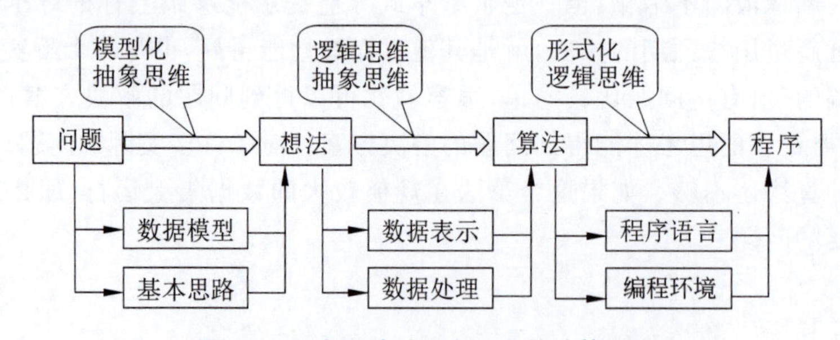


图 1-4 程序设计过程中运用的计算思维

程序设计是从抽象问题到解决问题的完整过程，尤其是算法设计，正是计算思维的运用过程。因此，按照"问题→想法→算法→程序"的一般过程进行算法训练就像一种思维体操，能够在潜移默化中提高计算思维能力。完成大量的算法训练后，你会发现自己的思维变得更清晰、更有逻辑。

计算思维是一种思考方式，具有计算思维的人能够深刻理解问题的计算特性，明确什么问题可以被计算以及如何进行计算，更好地利用计算机解决所面对的计算问题。计算机已经成为当今社会的普通工具，这个世界被算法所驱动的程度越来越深。学习了算法之后，很难发现什么地方没有算法的踪影，不管是坐电梯、订外卖，还是微信抢红包，算法思维都如影相随。

### 1.3.3　程序员必须要学习算法吗

程序员到底需不需要学习算法？算法是解决问题的思路和方法，因此“算法很重要”是大家的共识，但是精通算法需要花费大量的时间、精力和脑力，每个程序员是否都必须研究算法、精通算法，这是主要的分歧点。

作为程序员，理应具有一定的算法功底，以及将算法转换为程序的能力。如果一个程序员用到的技术无外乎对数据库的增删改查，每天的工作仅仅是直接调用别人开发好的组件、库、类或者 API，完成搭积木式的编程，那么他就没有存在的价值，也许很快就会被计算机所取代。

大多数程序员并不需要精通各种算法，但是要会设计算法解决面临的问题，或者知道一些经典问题的高效算法并且会使用它们。大多数程序员可能在整个职业生涯中都不会遇到 ACM 竞赛中的问题，但是一定会用到数据结构和算法。很多情况下用不到的原因是想不到，而想不到的原因是不会。事实上，在实际项目的开发过程中，很多问题需要精心设计的算法才能有效解决，例如，用不好循环队列的人怎么能写好缓存一类的项目呢？对线性表进行二重循环都想不到的人怎么能维护好网络设备的用户关系呢？

程序员对算法通常怀有特殊的感情，学习算法可以成为更优秀的程序员。算法设计的内容很复杂，掌握了算法设计的基本内容和策略后，就可以去学习《算法导论》或其他竞赛类算法的书了。算法学习能磨砺程序员心智，优秀程序员也会不断地吸收和运用算法。几乎所有互联网公司在招聘程序员时，都会考查其数据结构和算法的功底。如果对各种经典算法都能信手拈来，相信一定可以得到 IT 大企业的工作机会。

## 1.4　如何设计算法

课件 1-4

### 1.4.1　基本的数据结构

**数据结构**(data structure)是指相互之间存在一定关系的数据元素的集合。利用计算机求解问题的第一步就是将实际问题抽象为合适的数据模型，对于非数值问题抽象出的数据模型通常是线性表、树、图等数据结构，栈和队列是两种特殊的线性表。

**线性表**(linear list)简称表，是 $n(n \geqslant 0)$个数据元素的有限序列。一个非空表通常记为：$L=(a_1, a_2, \cdots, a_n)$，其中，$L$ 表示一个线性表，$a_i(1 \leqslant i \leqslant n)$称为数据元素，下角标 $i$ 表示该元素在线性表中的位置或序号。任意一对相邻的数据元素 $a_{i-1}$ 和 $a_i(1 < i \leqslant n)$之

间存在序偶关系$\langle a_{i-1}, a_i \rangle$,且$a_{i-1}$称为$a_i$的前驱,$a_i$称为$a_{i-1}$的后继。线性表的逻辑结构如图1-5所示。

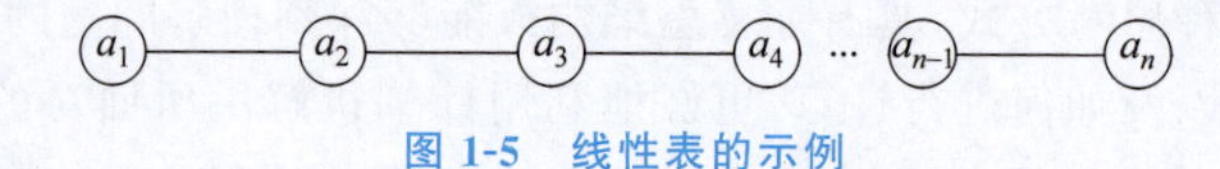

图1-5 线性表的示例

栈(stack)是限定仅在一端进行插入和删除操作的线性表,允许插入和删除的一端称为栈顶(stack top),另一端称为栈底(stack bottom)。如图1-6所示,栈中有三个元素,插入(也称入栈、进栈)元素的顺序是$a_1$、$a_2$、$a_3$。当需要删除(也称出栈、弹栈)元素时只能删除$a_3$,换言之,任何时刻出栈的元素都只能是栈顶元素,即最后入栈者最先出栈,所以栈中元素具有后进先出(last in first out)的特性。

队列(queue)是只允许在一端进行插入操作,在另一端进行删除操作的线性表,允许插入(也称入队、进队)的一端称为队尾(queue tail),允许删除(也称出队)的一端称为队头(queue head)。图1-7是一个有5个元素的队列,入队的顺序为$a_1$、$a_2$、$a_3$、$a_4$、$a_5$,出队的顺序依然是$a_1$、$a_2$、$a_3$、$a_4$、$a_5$,即最先入队者最先出队,所以队列中的元素具有先进先出(first in first out)的特性。

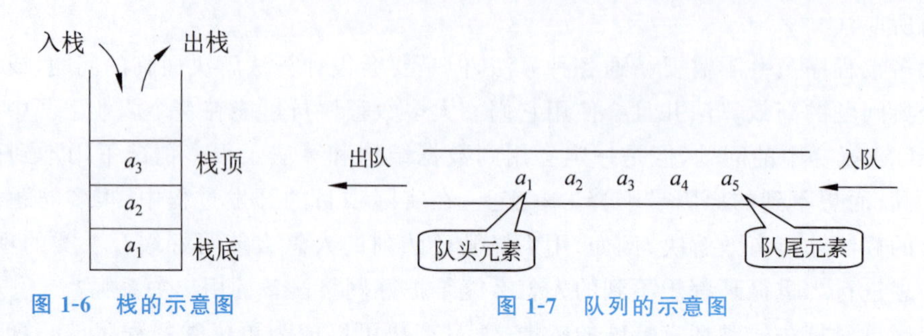


图1-6 栈的示意图　　图1-7 队列的示意图

树(tree)是$n(n \geqslant 0)$个结点的有限集合。任意一棵非空树满足以下条件:

(1) 有且仅有一个特定的称为根(root)的结点。

(2) 当$n>1$时,除根结点之外的其余结点被分成$m(m>0)$个互不相交的有限集合$T_1, T_2, \cdots, T_m$,其中每个集合又是一棵树,并称为这个根结点的子树(subtree)。

图1-8是一棵具有8个结点的树,$T=\{A, B, C, D, E, F, G, H\}$,结点$A$为树$T$的根结点,除根结点$A$之外的其余结点分为两个不相交的集合:$T_1=\{B, D, E, F\}$和$T_2=\{C, G, H\}$,$T_1$和$T_2$构成了根结点$A$的两棵子树。

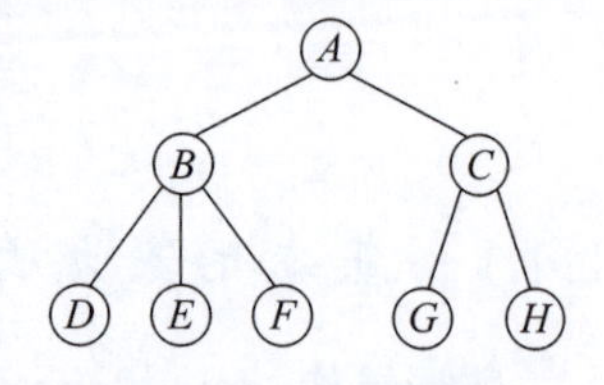

图1-8 树的示例

图(graph)由$n(n \geqslant 0)$个顶点的有限集合和顶点之间边的集合组成,通常表示为:$G=(V,E)$,其中,$G$表示一个图,$V$是顶点的集合,$E$是顶点之间边的集合。例如,在图1-9(a)所示$G1$中,顶点集合$V=\{v_0, v_1, v_2, v_3, v_4\}$,边的集合$E=\{(v_0, v_1), (v_0, v_3), (v_1, v_2), (v_1, v_4), (v_2, v_3), (v_2, v_4)\}$。

如果图中任意两个顶点之间的边都没有方向,则称该图为无向图(undirected

graph)，否则称该图为有向图(directed graph)。图 1-9(a)是一个无向图，图 1-9(b)是一个有向图。权(weight)通常是对图中的边赋予的数值量，在实际应用中，权可以有具体的含义。边上带权的图称为带权图或网图(network graph)。图 1-9(c)是一个无向网图，图 1-9(d)是一个有向网图。

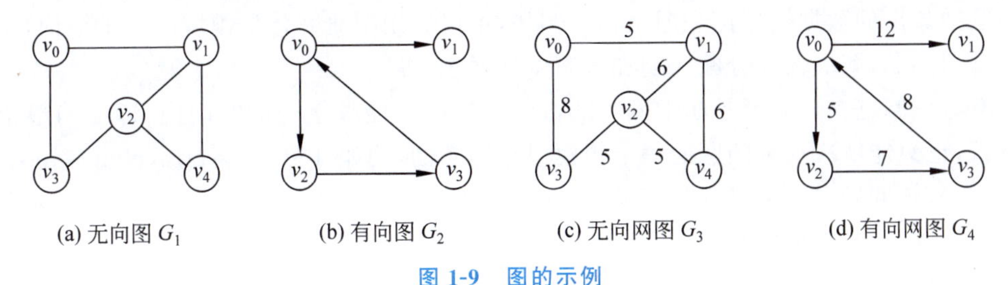


图 1-9　图的示例

## 1.4.2　重要的问题类型

计算机科学研究如何用计算机来解决人类所面临的各种问题。在计算领域的无数问题中，由于问题本身具有一些重要特征，或者由于问题具有实用上的重要性，有一些领域的问题是算法研究人员特别关注的，无论对于学习算法还是应用算法，对这些问题的研究都是极其重要的。本书将围绕这些问题讨论算法设计技术。

**1. 查找问题**

查找(search)是在一个数据集合中查找满足给定条件的记录。没有一种查找算法对于任何情况都是合适的。有的算法查找速度比其他算法快，但却需要较多的存储空间(如 Hash 查找)；有的算法查找速度非常快，但仅适用于有序数组(如折半查找)，等等。此外，如果在查找的过程中数据集合可能频繁地发生变化，那么除了考虑查找操作外，还必须考虑在数据集合中执行插入和删除等操作，这种情况下，就必须仔细地设计数据结构和算法，以便在各种操作的需求之间达到一个平衡。

**2. 排序问题**

排序(sort)是将一个记录的无序序列调整为一个有序序列的过程。具体而言，给定一个记录序列($r_1$, $r_2$, …, $r_n$)，其相应的关键码[①]分别为($k_1$, $k_2$, …, $k_n$)，排序是将这些记录排列成顺序为($r_{s1}$, $r_{s2}$, …, $r_{sn}$)的一个序列，使相应的关键码满足 $k_{s1} \leqslant k_{s2} \leqslant \cdots \leqslant k_{sn}$(升序或非降序)或 $k_{s1} \geqslant k_{s2} \geqslant \cdots \geqslant k_{sn}$(降序或非升序)。排序的主要目的是进行快速查找，这就是为什么字典、电话簿和班级名册都是排好序的。在其他领域的很多重要算法中，排序被作为一个辅助步骤，如搜索引擎将搜索到的结果按相关程度排序后显示给用户。

迄今为止，已经发明的排序算法不下几十种，但没有一种排序算法在任何情况下都是最好的解决方案。有些排序算法比较简单，但速度相对较慢；有些排序算法速度较快，但却很复杂；有些排序算法适合随机排列的输入；有些排序算法更适合基本有序的初始排

① 在对记录进行排序时，需要选定一个信息作为排序的依据，例如，可以按学生姓名对学生记录进行排序，这个特别选定的信息称为排序码。在不致混淆的情况下，通常将排序码也称为关键码。

列;有些排序算法仅适合存储在内存中的序列,有些排序算法可以用来对存储在磁盘上的大型文件进行排序,等等。

### 3. 图问题

图问题(graph problem)是算法中最古老也最令人感兴趣的领域,很多纷乱复杂的现实问题抽象出的数据模型都是图结构。例如,可以利用图研究化学领域的分子结构,解决高校排课问题,解决任务分配问题和车间调度问题,等等。

有些图问题在计算上是非常困难的,这意味着,在能够接受的时间内,即使用最快的计算机,也只能解决这种问题的一个规模很小的实例,例如TSP问题(traveling salesman problem),该问题又称为货郎担问题、邮递员问题、售货员问题,是图问题中最广为人知的经典问题。TSP问题是指旅行家要旅行 $n$ 个城市然后回到出发城市,要求各个城市经历且仅经历一次,并要求所走的路程最短。随着城市数量的增长,TSP问题的可能解也在迅速地增长,例如,10城市的TSP问题有大约180 000个可能解;20城市的TSP问题有大约60 000 000 000 000 000个可能解;50城市的TSP问题有大约 $10^{62}$ 个可能解。

### 4. 组合问题

组合问题(combination problem)一般都是最优化问题,即寻找一个组合对象,比如一个排列、一个组合或一个子集,这个组合对象能够满足特定的约束条件并使得某个目标函数取得极值:价值最大或成本最小。

无论从理论的观点还是实践的观点,组合问题都是计算领域中最难解的问题,其原因是:①随着问题规模的增大,组合对象的数量增长极快,即使是中等大小的实例,其组合对象的数量也会达到不可思议的数量级,从而产生组合爆炸;②对于绝大多数组合问题,尚未找到有效的算法能在可接受的时间内实现正确求解。

### 5. 数学问题

数学问题(mathematical problem)是在数学领域出现的运用数学知识去解决的问题。数学在计算机学科中的重要性毋庸置疑,以离散数学为代表的应用数学是描述计算机学科理论、方法和技术的主要工具,形形色色的软件都与数学有必然的联系,例如,在游戏图形软件开发中应用坐标变换、矩阵运算、分形理论,在数据压缩与还原的软件开发中引入小波理论、代数编码理论等。

数学问题包罗万象,本书仅讨论初等数论、矩阵、数学游戏等基础数学问题,用来说明算法设计技术的策略及其应用。

### 6. 几何问题

几何问题(geometry problem)处理类似于点、线、面、体等几何对象。几何问题与其他问题的不同之处在于,哪怕最简单、最初等的几何问题也难以用符号化的方法去处理。尽管人类对几何问题的研究从古代起便没有中断过,但是发展到借助计算机来解决几何问题的研究,还只是停留在一个初级阶段。随着计算机图形图像处理、机器人和断层X摄像技术等方面应用的深入,人们对几何算法产生了强烈的兴趣。本书只讨论两个经典的计算几何问题:最近对问题和凸包问题。最近对问题是在给定平面上的 $n$ 个点中,求距离最近的两个点,凸包问题要求找出一个能把给定集合中的所有点都包含在里面的最小凸边形。

### 1.4.3　算法设计的一般过程

算法是问题的解决方案，这个解决方案本身并不是问题的答案，而是能获得答案的指令序列。不言而喻，由于实际问题千奇百怪，问题求解的方法千变万化，所以，算法的设计过程是一个灵活的充满智慧的过程，要求设计人员根据实际情况具体问题具体分析。在设计算法时，图 1-10 所示的一般过程可以在一定程度上指导算法的设计[①]。

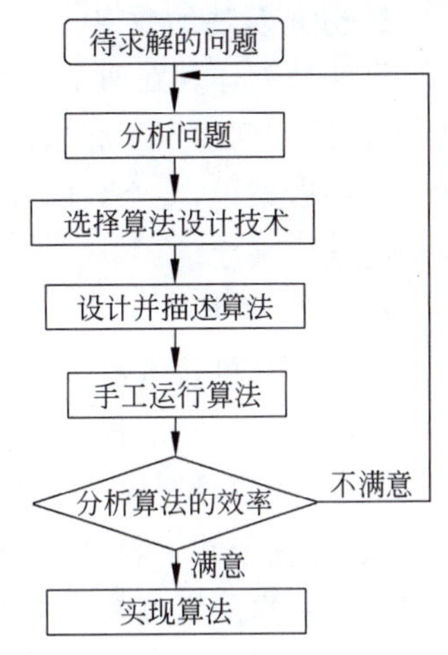


图 1-10　算法设计的一般过程

**1. 分析问题**

对于待求解的问题，首先搞清楚求解的目标是什么，给出了哪些已知信息、显式条件或隐含条件，应该用什么形式的数据表达计算结果。准确地理解算法的输入是什么，明确要求算法做的是什么，即确定算法的入口和出口，这是设计算法的切入点。如果没有全面、准确和认真地分析问题，结果往往是事倍功半，造成不必要的反复，甚至留下严重隐患。

**2. 选择算法设计技术**

算法设计技术是本书讨论的主题。**算法设计技术**(algorithm design technique，也称算法设计策略)是设计算法的一般性方法，可用于解决不同计算领域的多种问题。本书讨论的算法设计技术是已经被证明对算法设计非常有用的通用技术，包括模拟法、递推法、蛮力法、分治法、减治法、贪心法、动态规划法、暴力搜索(深度优先搜索、广度优先搜索)、回溯法搜索、启发式搜索($A^*$ 算法、限界剪枝法)、近似算法、概率算法、群智能算法等，这些算法设计技术构成了一组强有力的工具，在为新问题(没有令人满意的已知算法可以解决的问题)设计算法时，可以运用这些技术设计出新的算法。例如，处理最优化问题时通常使用贪心法、动态规划法，处理迷宫类问题时通常使用暴力搜索、回溯法，当数据模型是树结构时通常使用分治-递归法，当处理的问题是 NP 类问题时通常使用近似算法、概率算法、群智能算法等。

**3. 设计并描述算法**

在构思和设计了一个算法之后，必须清楚准确地将所设计的求解步骤记录下来，即描述算法。常用的描述算法的方法有自然语言、流程图、程序设计语言和伪代码等，其中伪代码是比较合适的描述算法的方法。本书采用 C++ 语言和自然语言相结合的伪代码来描述算法，并且几乎所有算法都采用 C++ 语言给出了算法实现。

**4. 手工运行算法**

逻辑错误无法由计算机检测出来，因为计算机只会执行程序，而不会理解动机。经验和研究都表明，发现算法(或程序)中逻辑错误的重要方法就是手工运行算法，即跟踪算

① 这个一般过程并不是一个通用规则，能够为任意的问题设计算法。事实上，这样的通用规则是不存在的。可以这样理解算法设计过程：算法设计是具有极度挑战性的智力活动，同时又是具有极度趣味性的思维体操。

法。跟踪者要像计算机一样,用一个具体的输入实例手工执行算法,并且这个输入实例要最大可能地暴露算法中的错误。即使有几十年经验的高级软件工程师,也经常利用此方法查找算法中的逻辑错误。

#### 5. 分析算法的效率

算法效率体现在两个方面:时间效率和空间效率。时间效率显示了算法运行得有多快,空间效率则显示了算法需要多少额外的存储空间,比较而言,通常更关注算法的时间效率。一般来说,一个好的算法首先应该比同类算法的时间效率高。算法的时间效率用时间复杂度来度量。

#### 6. 实现算法

现代计算机技术还不能将伪代码形式的算法直接转换为计算机可执行的程序,而需要人(程序员)把算法转变为特定程序设计语言编写的程序。在把算法转变为程序的过程中,虽然现代编译器提供了代码优化功能,但仍需要一些技巧,例如,在循环之外计算循环不变式、合并公共子表达式、用开销低的操作代替开销高的操作,等等。一般来说,代码优化对算法效率的影响是一个常数因子,会使程序速度提高 10%～50%。

需要强调的是,一个好算法是反复努力和不断修正的结果,即使得到了一个貌似完美的算法,也应该尝试着改进它。换言之,需要不断重复上述问题求解的一般过程,直至算法满足预定的目标要求。

课件 1-5

## 1.5 拓展与演练

### 1.5.1 算法研究与图灵奖

为纪念图灵(Alan Turing)在计算机领域的卓越贡献,美国计算机协会于 1966 年设立图灵奖,被誉为计算机科学界的诺贝尔奖。自 1966 年以来,图灵奖共 72 位得主,分布在几十个领域,下面列举一些在算法设计及复杂性分析方面有所建树的图灵奖获得者。

Richard Hamming:发明的“海明距离”和“海明重量”广泛应用在信息论、编码理论、密码学等多个领域。

James H. Wilkinson:在数值分析领域作出杰出贡献,尤其是在数值线性代数方面,发现很多有意义的算法。“向后误差分析法”是计算机上各种数值计算最常用的误差分析手段。

John McCarthy:发明了著名的 α-β 搜索,这是解决人工智能问题中一种常用的高效搜索方法。

Edsger Dijkstra:被誉为“结构程序设计之父”,发明了单源点的最短路径算法 Dijkstra 算法,以及程序并发执行过程中进程同步的解决方法。

Donald E. Knuth:数据结构与算法领域的主要内容都是出自其编著的《程序设计的艺术》,Knuth 是计算机排版系统 TeX 的发明者。

Michael O. Rabin & Dana S. Scott:共同发表了《有限自动机与其判定性问题》,提出了“非确定自动机”的观点,是计算理论中一个非常重要的概念。

Robert W. Floyd：发明了求解多源点最短路径的 Floyd 算法和堆排序算法。

Tony Hoare：26 岁就发明了闻名于世的快速排序算法，提出了霍尔逻辑。他还领导了 Algol 60 第一个商用编译器的设计与开发。

Stephen A. Cook：因其在计算复杂性理论方面的贡献，尤其是在奠定 NP 完全理论基础上的突出贡献而荣获 1982 年度的图灵奖。

Niklaus Wirth：发明了程序设计语言 Pascal，提出了著名的公式：算法＋数据结构＝程序。

Richard M. Karp：NP 完全理论的贡献者，给出了证明 NP 完全问题的方法，在网络流和组合优化问题领域都发明了许多高效算法。

John Hopcroft 和 Robert Tarjan：以在数据结构和图论上的开创性工作而闻名，提出了斐波纳契堆、并查集，提出用渐近分析作为衡量算法性能的主要指标。

Ivan Sutherland："计算机图形学之父"和"虚拟现实之父"，发明的图形图像算法改善了屏幕刷新的文件显示，发明的"画板"是有史以来第一个交互式绘图系统。

Juris Hartmanis 和 Richard E. Stearns：发表了著名的论文《论算法的计算复杂性》，开辟了计算机科学的一个研究领域，并奠定了理论基础。

Manuel Blum：发现了著名的算法设计技术——限界剪枝法，在计算复杂性理论、密码学和程序校验方面都有建树。

姚期智(Andrew Chi-Chih Yao)：发明了伪随机数的生成算法，在密码学与通信复杂度等方面也发现了许多有价值的算法。

Ronald L. Rivest、Adi Shamir 和 Leonard M. Adleman：发明了国际上最具影响力的公钥密码算法 RSA，在互联网传输、银行以及信用卡产业中被广泛使用。

Edmund M. Clarke、Allen Emerson 和 Joseph Sifakis：发明了模型检查。模型检查是用数学算法来验证一个软件或硬件系统设计是否满足预设的需求。

Leslie Valiant：在机器学习、计算复杂性理论、并行和分布式计算等领域都有突出贡献，提出的概率近似正确模型解决了机器学习中的一个基础问题。

Judea Pearl：提出了概率推理与因果关系推理的演算模式，是人工智能领域基础性的贡献，为人工智能的后续发展奠定了一种方向性的基础。

Shafi Goldwasser 和 Silvio Micali：共同开创了可证明安全性领域的先河，奠定了现代密码学理论的数学基础。

Whitfield Diffie 和 Martin Hellman：非对称加密的创始人，共同发表了论文《密码学新动向》，阐述了关于公开密钥加密算法的构想，发明了迪菲-赫尔曼密钥交换协议，保护着每天的互联网通信和数万亿的金融交易。

Yoshua Bengio、Geoffrey Hinton 和 Yann LeCun：发明了深度学习算法，开创了人工智能研究的新时代。

### 1.5.2　代码优化技巧

编写高效简洁的程序代码，是许多软件工程师追求的目标。需要强调的是，优化代码的前提是解题方案优化，如果算法本身效率不高，代码即使优化了也无济于事。优化代码是在功能不变的要求下重写代码，优化的范围一般只在局部，例如一条语句、一个模块、一个程序段。下面介绍几个常用的优化技巧。

(1) 常量计算。对于运行中值不变的数据或表达式，尽量在常量说明语句中赋值，编译时分配存储单元并赋值，这样既没有增加多少编译时间，又节省了目标代码的执行时间。

(2) 算术运算。计算机各种算术运算的时间相差很大，稍加注意即可提高代码效率。

原则一：乘和除的运算速度比加和减慢得多，尽量用加和减来代替乘和除。例如，表达式"3 * x"可修改为"x+x+x"。

原则二：高次整幂采取降阶操作，例如表达式"$P=a*x^4+b*x^3+c*x^2+d*x+e$"可修改为"P=((((a*x+b)*x)+c)*x+d)*x+e"，前者为10次乘法和4次加法，后者为4次乘法和4次加法。降阶操作还可以防止中间项的值过大或过小造成溢出。

(3) 用位运算代替除法和取模运算。在计算机内存中，数据的位是可以操作的最小数据单位，理论上可以用位运算完成所有操作。灵活的位运算可以有效提高程序运行的效率，例如，将判断变量x是否为奇数的表达式"x % 2 != 0"修改为"(x & 1) == 1"。

(4) 避免重复计算。程序中相同的运算最好计算一次并暂存起来，以后直接使用中间结果。这样做虽然增加了一个中间变量，但实际编译时编译器也会为运算结果分配中间存储单元，实际上并不会增加内存开销。例如：

```
                              temp = a / (b * c);
x = x + a /(b * c);      →    x = x + temp;
y = y + a /(b * c);           y = y + temp;
```

(5) 有利于编译优化。对于表达式"x=a-b"和"y=b-a"，等号右侧表达式的绝对值是一样的，但编译器不会识别出来，会为这两个表达式分别安排存储单元，分配操作指令，可以修改为"x=a-b"和"y=-x"。

(6) 优化逻辑运算。大多数编译程序在计算逻辑表达式的值时都具有短路功能，所谓短路指的是自左向右计算，一旦可以得到表达式的结果就跳出表达式的计算。例如对表达式"(i >= 0 && a[i] != x)"，先计算 i >= 0 的值，若为真，再计算下一个表达式，若为假，则整个表达式的值为假，余下的表达式就不进行计算了；同理，对于表达式"(i >= 0 || a[i] != x)"，先计算 i >= 0 的值，若为假，再计算下一个表达式，若为真，则整个表达式的值为真，余下的就不再做了。因此要合理组织逻辑运算，消除冗余判断。

(7) 合理安排条件表达式的顺序。对于嵌套的分支语句，一般按照表达式成立的概率安排分支语句，将执行概率较大的条件表达式放在前面。

(8) 改善循环结构。一般来说，程序的执行时间主要耗费在循环结构上，因此提高循环结构的执行效率会产生累积效应。

原则一：不滥用循环。由于执行循环语句有赋初值、判断和增值等内存开销，因此能用表达式实现的功能尽量不用循环来实现，例如：

```
for (i = 0; i < 3; i++)
    sum += a[i];              →    sum += a[0] + a[1] + a[2];
```

但是如果多项式项数较多时可读性较差，这时为了程序的清晰性就要牺牲效率。

原则二：合理安排嵌套循环。在不影响程序逻辑的情况下，将循环次数较多者作为内循环（小循环套大循环），例如：

```
for (i = 1; i <= 10; i++)         --------执行 11 次        ┐
  for (j = 1; j <=100; j++)       --------执行 10×101 次    ├共执行 2021 次
    x++;                          --------执行 10×100 次    ┘

for (j = 1; j <=100; j++)         --------执行 101 次       ┐
  for (i = 1; i <=10; i++)        --------执行 100×11 次    ├共执行 2201 次
    x++;                          --------执行 100×10 次    ┘
```

原则三：合并循环。循环执行一次的时间开销较大，因此要避免冗余循环，循环体执行一次完成尽可能多的工作。如：

```
for (max = a[0], i = 1; i < n; i++)          for (max = min = a[0], i = 1; i < n; i++)
  if (max < a[i]) max = a[i];                {
for (min = a[0], i = 1; i < n; i++)     →      if (max < a[i]) max = a[i];
  if (min > a[i]) min = a[i];                  if (min > a[i]) min = a[i];
                                             }
```

原则四：循环不变式外提。重复计算是循环中最常见的情况，特别是在内循环中，多写一个冗余操作整个执行结果就会增加上百个冗余操作。将与循环变量无关的操作（称为循环不变式）提到循环外面，可以大大提高代码的效率，例如：

```
                                  temp = x * y;
for (i = 1; i < 100; i++)    →    for (i = 1; i < 100; i++)
  sum = x * y + a[i];               sum = temp + a[i];
```

原则五：循环无开关。循环体中如果出现与循环变量无关的判断，则可以在循环外面进行判断。例如下面的程序段，虽然修改后的程序段中有两个循环，但实际上只执行 1 个，而且还少了 99 次判断：

```
                                  if (x > 5)
for (i = 0; i < 100; i++)           for (i = 0; i < 100; i++)
  if (x > 5)                          c[i] = a[i] + b[i];
    c[i] = a[i] + b[i];       →    else
  else                              for (i = 0; i < 100; i++)
    c[i] = a[i] - b[i];               c[i] = a[i] - b[i];
```

## 实验 1　最大公约数

**【实验题目】** 求两个自然数 $m$ 和 $n$ 的最大公约数。

**【实验要求】** 至少设计两种算法求最大公约数，上机实现并对算法性能进行对比。

【实验提示】 用连续整数检测法和欧几里得算法求最大公约数。可以在程序中对除法操作进行计数，然后用不同的测试数据运行程序，记录除法次数来对比算法性能。典型的测试数据包括斐波那契数列中两个连续的数、两个相差很大的正整数、两个相差不大的正整数等。

## 习 题 1

1. 设计算法求数组中相差最小的两个元素(称为最接近数)的差。要求分别给出伪代码和C++ 描述。

2. 设计算法找出整型数组 a[n]中一个既不是最大也不是最小的元素，并说明最坏情况下的比较次数。要求分别给出伪代码和C++ 描述。

3. 编写程序，求 $n$ 至少为多大时，$n$ 个 1 组成的整数能被 2021 整除。

4. 任何一个自然数的因数都有 1 和它本身，小于它本身的因数称为这个数的真因数。如果一个自然数的真因数之和等于它本身，例如，$6=1+2+3$，这个自然数就称为完美数。设计算法，判断给定的自然数是否是完美数。

5. 有 4 个人打算过桥，这个桥每次最多只能有两个人同时通过。假设他们都在桥的某一端，并且是在晚上，过桥需要一只手电筒，而他们只有一只手电筒。这就意味着两个人过桥后必须有一个人将手电筒带回来。每个人走路的速度是不同的：甲过桥要用 1 分钟，乙过桥要用 2 分钟，丙过桥要用 5 分钟，丁过桥要用 10 分钟，显然，两个人走路的速度等于其中较慢那个人的速度，问题是他们全部过桥最少要用多长时间？

6. 欧几里得游戏：开始的时候，白板上有两个不相等的正整数，两个玩家交替行动，每次行动时，当前玩家都必须在白板上写出任意两个已经出现在白板上的数字的差，而且这个数字必须是新的，也就是说，和白板上的任何一个已有的数字都不相同，再也写不出新数字的玩家为输家。如果你是玩家之一，给定两个不相等的正整数，你是选择先行动还是后行动？为什么？

# 第2章 算法分析基础

算法分析(algorithm analysis)指的是对算法所需要的两种计算机资源——时间和空间进行估算,所需要的资源越多,该算法的复杂度就越高。不言而喻,对于任何给定的问题,设计出复杂度尽可能低的算法是设计算法时追求的一个重要目标;另一方面,当给定的问题有多种解法时,选择其中复杂度最低者,是选用算法时遵循的一个重要准则。本书重点讨论算法的时间复杂度分析,对空间复杂度的分析是类似的。

## 2.1 算法的时间复杂度分析

课件 2-1

### 2.1.1 输入规模与基本语句

算法的时间复杂度(time complexity)分析是一种事前分析估算的方法,是对算法所消耗资源的一种渐近分析方法。所谓渐近分析(asymptotic analysis)是指忽略具体机器、编程语言和编译器的影响,只关注在输入规模增大时算法运行时间的增长趋势。渐近分析降低了算法分析的难度,是从数量级的角度评价算法的效率。

撇开与计算机软硬件有关的因素,影响算法时间代价的最主要因素是输入规模。输入规模(input scope)是指输入量的多少,一般来说,可以从问题描述中得到。例如,找出100以内的所有素数,输入规模是100;对具有 $n$ 个整数的数组进行排序,输入规模是 $n$。显而易见的事实是:几乎所有的算法,对于规模更大的输入都需要运行更长的时间。例如,需要更长时间来对规模更大的数组进行排序,对规模更大的矩阵进行转置需要更长的时间。所以运行算法所需要的时间 $T$ 是输入规模 $n$ 的函数,记作 $T(n)$。

要精确地表示算法的运行时间函数常常是很困难的,即使能够给出,也可能是个相当复杂的函数,求解函数的过程也是相当复杂的。考虑到算法分析的主要目的在于比较求解同一个问题的不同算法的效率,为了客观地反映一个算法的运行时间,可以用算法中基本语句的执行次数来度量算法的工作量。基本语句(basic statement)是执行次数与整个算法的执行次数成正比的语句,基本语句对算法运行时间的贡献最大,是算法中最重要的操作。

例 2.1 对如下顺序查找算法,请找出输入规模和基本语句。

```
int SeqSearch(int A[ ], int n, int k)                //在数组 A[n]中查找值为 k 的记录
{
  for (int i = 0; i < n; i++)
    if (A[i] == k) break;
  if (i == n) return 0;                               //查找失败,返回失败的标志 0
  else return (i + 1);                                //查找成功,返回记录的序号
}
```

解:算法的运行时间主要耗费在循环语句,循环的执行次数取决于待查找记录个数 $n$ 和待查值 $k$ 在数组中的位置,每执行一次 for 循环,都要执行一次元素比较操作。因此,输入规模是待查找的记录个数 $n$,基本语句是比较操作(A[i] == k)。

例 2.2 对如下起泡排序算法,请找出输入规模和基本语句。

```
void BubbleSort(int r[ ], int n)
{
  int j, temp, bound, exchange = n - 1;               //第一趟排序区间[0, n-1]
  while (exchange != 0)                               //当上一趟排序有记录交换时
  {
    bound = exchange; exchange = 0;
    for (j = 0; j < bound; j++)                       //一趟起泡排序区间是[0, bound]
      if (r[j] > r[j + 1])
      {
        temp = r[j]; r[j] = r[j + 1]; r[j + 1] = temp;
        exchange = j;                                 //记载每一次记录交换的位置
      }
  }
}
```

解:算法由两层嵌套的循环组成,内层循环的执行次数取决于每一趟待排序区间的长度,也就是待排序记录个数,外层循环的终止条件是在一趟排序过程中没有交换记录的操作。是否有交换记录的操作取决于相邻两个元素的比较结果,也就是说,每执行一次 for 循环,都要执行一次比较操作,而交换记录的操作却不一定执行。因此,输入规模是待排序的记录个数 $n$,基本语句是比较操作(r[j] > r[j+1])。

例 2.3 如下算法实现将两个升序序列合并成一个升序序列,请找出输入规模和基本语句。

```
void Union(int A[ ], int n, int B[ ], int m, int C[ ])   //合并 A[n]和 B[m]
{
  int i = 0, j = 0, k = 0;
  while (i < n && j < m)
  {
    if (A[i] <= B[j]) C[k++] = A[i++];                  //较小者存入 C[k]
```

```
        else C[k++] = B[j++];
    }
    while (i < n) C[k++] = A[i++];                    //序列 A 中还有剩余记录
    while (j < m) C[k++] = B[j++];                    //序列 B 中还有剩余记录
}
```

**解**：算法由三个并列的循环组成，三个循环将序列 $A$ 和 $B$ 扫描一遍，因此，输入规模是两个序列的长度 $n$ 和 $m$ 之和。第 1 个循环根据比较结果决定执行两个赋值语句中的哪一个，因此，可以将比较操作（A[i] <= B[j]）作为基本语句，第 2 个循环的基本语句是赋值操作（C[k++]=A[i++]），第 3 个循环的基本语句是赋值操作（C[k++]=B[j++]）。

### 2.1.2　算法的渐近分析

算法的渐近分析不是从时间量上度量算法的运行效率，而是度量算法运行时间的增长趋势。换言之，只考查当输入规模充分大时，算法中基本语句的执行次数在渐近意义下的阶，通常使用大 $O$（读作大欧）符号表示。

**定义 2.1**　若存在两个正的常数 $c$ 和 $n_0$，对于任意 $n \geqslant n_0$，都有 $T(n) \leqslant c \times f(n)$，则称 $T(n)=O(f(n))$（或称算法在 $O(f(n))$ 中）。

大 $O$ 符号用来描述增长率的上限，表示 $T(n)$ 的增长最多像 $f(n)$ 增长的那样快，这个上限的阶越低，结果就越有价值。大 $O$ 符号的含义如图 2-1 所示，为了说明这个定义，将问题的输入规模扩展为实数。

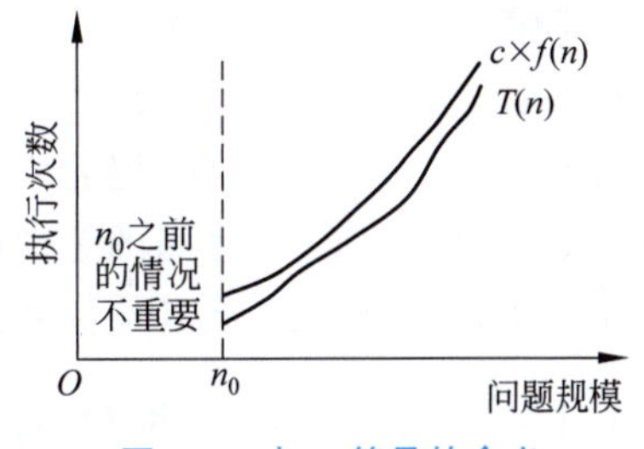


图 2-1　大 O 符号的含义

需要强调的是，定义 2.1 表明对于函数 $T(n)$ 来说，可能存在多个函数 $f(n)$，使得 $T(n)=O(f(n))$。换言之，$O(f(n))$ 实际上是一个函数集合，这个函数集合具有同样的增长趋势，$f(n)$ 只是这个集合中的一个函数。而且定义 2.1 给了很大的自由度来选择常量 $c$ 和 $n_0$ 的特定值，例如，下列推导都是合理的：

$$100n+5 \leqslant 100n+n=101n=O(n) \quad c=101, n_0=5$$

$$100n+5 \leqslant 100n+5n=105n=O(n) \quad c=105, n_0=1$$

**定理 2.1**　若 $T(n)=a_m n^m + a_{m-1} n^{m-1} + \cdots + a_1 n + a_0$ 是一个 $m$ 次多项式，则 $T(n)=O(n^m)$。

证明略。定理 2.1 说明，在计算任何算法的时间复杂度时，可以忽略所有低次幂和最高次幂的系数，这样能够简化算法分析，只关注最重要的目标——增长率。

**例 2.4**　分析例 2.3 中合并算法的时间复杂度。

**解**：假设在退出第 1 个循环后 $i$ 的值为 $n$，$j$ 的值为 $m'$，说明序列 $A$ 处理完毕，第 2 个循环将不执行，则第 1 个循环的时间复杂度为 $O(n+m')$，第 3 个循环的时间复杂度为 $O(m-m')$，因此，算法的时间复杂度为 $O(n+m'+m-m')=O(n+m)$；假设在退出第 1 个循环后 $j$ 的值为 $m$，$i$ 的值为 $n'$，说明序列 $B$ 处理完毕，第 3 个循环将不执行，则第 1 个循环的时间复杂度为 $O(n'+m)$，第 2 个循环的时间复杂度为 $O(n-n')$，因此，算法的

时间复杂度为 $O(n'+m+n-n')=O(n+m)$。综上,三个循环共同将序列 $A$ 和 $B$ 扫描一遍,时间复杂度为 $O(n+m)$。

### 2.1.3 最好、最坏和平均情况

有些算法的时间代价只依赖于问题的输入规模,而与输入的具体数据无关。例如,例 2.3 的合并算法对于任意两个有序序列,算法的时间复杂度都是 $O(n+m)$。但是,对于某些算法,即使输入规模相同,如果输入数据不同,其时间代价也不相同。

**例 2.5** 分析例 2.1 中顺序查找算法的时间复杂度。

**解**:顺序查找从第一个元素开始,依次比较每一个元素,直至找到 $k$,算法结束。如果数组的第一个元素恰好就是 $k$,算法只要比较一个元素就行了,这是最好情况,时间复杂度为 $O(1)$;如果数组的最后一个元素是 $k$,算法就要比较 $n$ 个元素,这是最坏情况,时间复杂度为 $O(n)$;如果在数组中查找不同的元素,假设数据是等概率分布,查找第 $i(1\leqslant i\leqslant n)$ 个元素的概率是 $p_i$,则 $\sum_{i=1}^{n} p_i c_i = \frac{1}{n}\sum_{i=1}^{n} i = \frac{n+1}{2} = O(n)$,即平均要比较大约一半的元素,这是平均情况,时间复杂度和最坏情况同数量级。

一般来说,**最好情况**(best case)不能作为算法性能的代表,因为发生的概率太小,对于条件的考虑太乐观了。但是,当最好情况出现概率较大的时候,应该分析最好情况。分析**最坏情况**(worst case)有一个好处:可以知道算法的运行时间最坏能坏到什么程度,这一点在实时系统中尤其重要。通常需要分析**平均情况**(average case)的时间代价,特别是算法要处理不同的输入时,但它要求已知各种情况发生的概率,然后根据这些概率计算出算法效率的期望值(这里指的是加权平均值),因此,平均情况分析比较困难。通常假设等概率分布,这也是在没有其他额外信息时能够进行的唯一可能假设。

### 2.1.4 非递归算法的时间复杂度分析

从算法是否递归调用的角度来说,可以将算法分为非递归算法和递归算法。对非递归算法时间复杂度的分析,关键是建立一个代表算法运行时间的求和表达式,然后用渐进符号表示这个求和表达式。

**例 2.6** 分析例 2.2 中起泡排序算法的时间复杂度。

**解**:起泡排序算法的基本语句是比较操作,执行次数取决于排序的趟数。最好情况下,待排序记录序列为升序,算法只执行一趟,进行了 $n-1$ 次比较,时间复杂度为 $O(n)$。最坏情况下,待排序记录序列为降序,每趟排序在无序序列中只有一个最大的记录被交换到最终位置,算法执行 $n-1$ 趟,第 $i(1\leqslant i<n)$ 趟排序执行了 $n-i$ 次比较,则记录的比较次数为 $\sum_{i=1}^{n-1}(n-i)=\frac{n(n-1)}{2}$,时间复杂度为 $O(n^2)$。

平均情况需要考虑初始序列中逆序的个数。设 $a_1, a_2, \cdots, a_n$ 是集合 $\{1, 2, \cdots, n\}$ 的一个排列,如果 $i<j$ 且 $a_i>a_j$,则序偶 $(a_i, a_j)$ 称为该排列的一个**逆序**(inverse order)。例如,集合{2, 3, 1}有两个逆序:(3, 1)和(2, 1)。为了确定相邻的两个记录是否需要交换,必须对这两个记录进行比较,因此,排序过程中所有逆序的平均个数,就是算法所需的

平均比较次数。令 mean($n$)表示 $n$ 个元素所有排列中逆序的平均个数，$s(k)$表示逆序个数为 $k$ 的排列个数，Donald Knuth 对逆序的分布规律进行了研究，得出下面的式子：

$$\text{mean}(n)=\frac{1}{n!}\sum_{k=0}^{n(n-1)/2}s(k)\times k=\sum_{k=1}^{n}\frac{k-1}{2}=\frac{1}{4}n(n-1)$$

因此，平均情况下，起泡排序的时间复杂度是 $O(n^2)$，与最坏情况同数量级。

### 2.1.5　递归算法的时间复杂度分析

对递归算法时间复杂度的分析，关键是根据递归过程建立递推关系式，然后求解这个递推关系式。扩展递归(extended recursive)是一种常用的求解递推关系式的基本技术，扩展就是将递推关系式中等式右边的项根据递推式进行替换，扩展后的项被再次扩展，依此下去，得到一个求和表达式，然后就可以借助于求和技术了。

例 2.7　使用扩展递归技术分析下面递推关系式的时间复杂度。

$$T(n)=\begin{cases}7 & n=1\\ 2T(n/2)+5n^2 & n>1\end{cases}$$

解：简单起见，假定 $n=2^k$。将递推关系式像下面这样扩展：

$$\begin{aligned}T(n)&=2T(n/2)+5n^2\\&=2(2T(n/4)+5(n/2)^2)+5n^2\\&=2(2(2T(n/8)+5(n/4)^2)+5(n/2)^2)+5n^2\\&\ \ \vdots\\&=2^kT(1)+2^{k-1}5\left(\frac{n}{2^{k-1}}\right)^2+\cdots+2\times5\left(\frac{n}{2}\right)^2+5n^2\end{aligned}$$

最后这个表达式可以使用如下的求和表示：

$$T(n)=7n+5\sum_{i=0}^{k-1}\left(\frac{n^2}{2^i}\right)=7n+5n^2\left(2-\frac{1}{2^{k-1}}\right)=10n^2-3n\leqslant10n^2=O(n^2)$$

递归算法实际上是一种分而治之的方法，是把复杂问题分解为若干个简单问题来求解，通常满足如下通用分治递推式：

$$T(n)=\begin{cases}c & n=1\\ aT(n/b)+cn^k & n>1\end{cases}\tag{2-1}$$

其中 $a,b,c,k$ 都是常数。这个递推式描述了规模为 $n$ 的原问题分解为 $b$ 个规模为 $n/b$ 的子问题，其中 $a$ 个子问题需要求解，$cn^k$ 是合并各个子问题的解需要的工作量。

定理 2.2　设 $T(n)$是一个非递减函数，且满足式(2-1)通用分治递推式，则有如下结果成立：

$$T(n)=\begin{cases}O(n^{\log_b a}) & a>b^k\\ O(n^k\log_b n) & a=b^k\\ O(n^k) & a<b^k\end{cases}\tag{2-2}$$

证明：假定 $n=b^m$，下面使用扩展递归技术对通用分治递推式进行推导。

$$T(n)=aT\left(\frac{n}{b}\right)+cn^k$$

$$
\begin{aligned}
&= a\left(aT\left(\frac{n}{b^2}\right)+c\left(\frac{n}{b}\right)^k\right)+cn^k \\
&\ \vdots \\
&= a^m T(1)+a^{m-1}c\left(\frac{n}{b^{m-1}}\right)^k+\cdots+ac\left(\frac{n}{b}\right)^k+cn^k \\
&= c\sum_{i=0}^{m} a^{m-i}\left(\frac{n}{b^{m-i}}\right)^k \\
&= c\sum_{i=0}^{m} a^{m-i}b^{ik} \\
&= ca^m\sum_{i=0}^{m}\left(\frac{b^k}{a}\right)^i
\end{aligned}
$$

这个求和是一个几何级数,其值依赖于比率 $r=\frac{b^k}{a}$,注意到 $a^m=a^{\log_b n}=n^{\log_b a}$,则有以下三种情况:

(1) $r<1$:$\sum_{i=0}^{m} r^i<\frac{1}{1-r}$,由于 $a^m=n^{\log_b a}$,所以 $T(n)=O(n^{\log_b a})$。

(2) $r=1$:$\sum_{i=0}^{m} r^i=m+1=\log_b n+1$,由于 $a^m=n^{\log_b a}=n^k$,所以 $T(n)=O(n^k\log_b n)$。

(3) $r>1$:$\sum_{i=0}^{m} r^i=\frac{r^{m+1}-1}{r-1}=O(r^m)$,所以,$T(n)=O(a^m r^m)=O(b^{km})=O(n^k)$。

课件 2-2

## 2.2 算法的空间复杂度分析

算法在执行过程中所需的存储空间包括:①输入/输出数据占用的存储空间;②算法本身占用的存储空间;③执行算法需要的存储空间。其中,输入/输出数据占用的空间取决于问题,与算法无关;算法本身占用的空间虽然与算法相关,但一般其大小是固定的。所以,算法的空间复杂度(space complexity)是指算法在执行过程中需要的辅助空间数量,也就是除算法本身和输入输出数据所占用的空间外,算法为保存中间结果等临时开辟的存储空间,这个辅助空间数量也是输入规模的函数,通常记作:

$$S(n)=O(f(n))$$

其中,$n$ 为输入规模,分析方法与算法的时间复杂度类似。

**例 2.8** 分析例 2.2 起泡排序算法的空间复杂度。

**解**:起泡排序算法的初始序列和排序结果都在数组 r[n]中,在排序算法的执行过程中设置了 3 个简单变量,其中,变量 exchange 记载每趟排序最后一次交换的位置,变量 bound 表示每趟排序的待排序区间,变量 temp 作为交换记录的临时单元,因此,算法的空间复杂度为 $O(1)$。

如果算法所需的辅助空间相对于问题的输入规模来说是一个常数,称此算法为就地(或原地)工作。例如,起泡排序算法属于就地排序。

**例 2.9**　分析例 2.3 合并算法的空间复杂度。

**解**：在合并算法的执行过程中，可能会破坏原来的有序序列，因此，合并不能就地进行，需要将合并结果存入另外一个数组。设序列 $A$ 的长度为 $n$，序列 $B$ 的长度为 $m$，则合并后有序序列的长度为 $n+m$，因此，算法的空间复杂度为 $O(n+m)$。

## 2.3　算法的实验分析

课件 2-3

渐近分析是一种数学方法，渐近分析技术能够在数量级层面对算法进行精确度量。但是，许多貌似简单的算法很难用数学的精确性和严格性来分析，尤其分析算法的平均情况。算法的实验分析(experiment analysis)是一种事后计算的方法，通常需要将算法转换为对应的程序并上机运行，再实际测算具体的时空开销。下面给出算法实验分析的一般步骤。

(1) 明确实验目的。在对算法进行实验分析时，可能会有不同的目的，实验方案的设计依赖于实验者要寻求什么答案。例如，检验算法效率理论分析的正确性、比较相同问题的不同算法、比较相同算法对于不同输入实例的算法性能，等等。

(2) 决定度量算法效率的方法。一般来说，有以下两种度量方法：①计数法，在算法的适当位置插入一些计数器，用来度量算法中某些关键语句的执行次数；②计时法，度量某个特定程序段的运行时间，可以在程序段的开始处和结束处查询系统时间，然后计算这两个时间的差[①]。

(3) 生成实验数据。对于某些经典问题(如 TSP 问题)，研究人员已经制定了一系列输入实例，但大多数情况下，需要实验人员自己确定实验的输入实例。

(4) 对输入实例运行算法对应的程序，记录得到的实验数据，通常用表格或者散点图记录实验数据。以表格呈现实验数据的优点是直观、清晰，方便对数据进行计算。散点图在笛卡儿坐标系中用点将数据标出，优点是可以展现算法的效率类型。表 2-1 是对某算法采用计数法得到的实验数据，图 2-2 给出了一个散点图的示例。

表 2-1　表格法记录实验数据

| 规　　模 | 次　　数 | 规　　模 | 次　　数 |
|---|---|---|---|
| 1000 | 11 966 | 6000 | 78 692 |
| 2000 | 24 303 | 7000 | 91 274 |
| 3000 | 39 992 | 8000 | 113 063 |
| 4000 | 53 010 | 9000 | 129 799 |
| 5000 | 67 272 | | |

(5) 分析实验数据。根据实验得到的数据，结合实验目的，对实验结果进行分析，并根据实验结果不断调整实验的输入实例，得出具体算法效率的有关结论。

① 需要注意的是，在分时系统中，所记录的时间可能包含 CPU 运行其他程序的时间(如系统程序)，而实验应该记录的是专门用于执行特定程序段的时间。

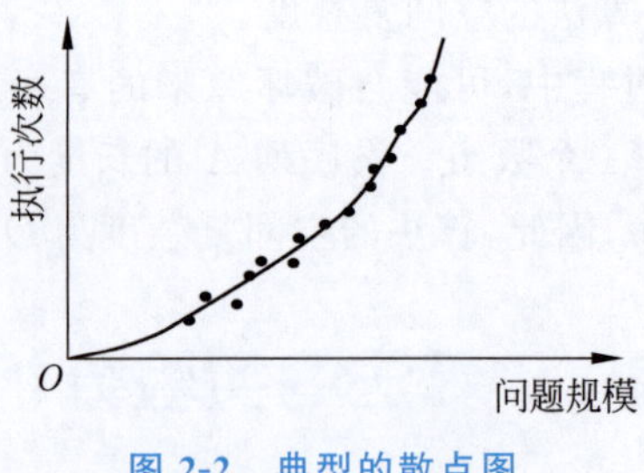

图 2-2 典型的散点图

课件 2-4

# 2.4 拓展与演练

## 2.4.1 最优算法

算法是问题的解决方法,一个问题可以设计出不同的算法,不同算法的时间复杂度可能不同。能否确定某个算法是求解该问题的最优算法?是否还存在更有效的算法?如果能够知道一个问题的计算复杂度下界,也就是求解该问题的任何算法(包括尚未发现的算法)所需的时间下界,就可以较准确地评价解决该问题的各种算法的效率,进而确定已有的算法还有多少改进的余地。通常采用大 Ω(读作大欧米伽)符号来分析某个问题或某类算法的时间下界。

**定义 2.2** 若存在两个正的常数 $c$ 和 $n_0$,对于任意 $n \geqslant n_0$,都有 $T(n) \geqslant c \times g(n)$,则称 $T(n)=\Omega(g(n))$(或称算法在 $\Omega(g(n))$中)。

大 Ω 符号用来描述增长率的下限,表示 $T(n)$ 的增长至少像 $g(n)$ 增长的那样快。与大 $O$ 符号对称,这个下限的阶越高,结果就越有价值。大 Ω 符号的含义如图 2-3 所示。对于任何待求解的问题,如果能找到一个尽可能大的函数 $g(n)$($n$ 为输入规模),使得求解该问题的所有算法都可以在 $\Omega(g(n))$的时间内完成,则函数 $g(n)$ 称为该问题的计算复杂度下界(lower bound)。

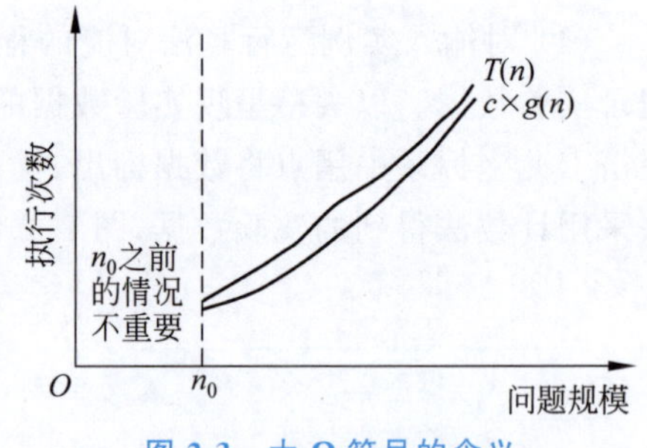

图 2-3 大 Ω 符号的含义

大 Ω 符号常常与大 $O$ 符号配合以证明某问题的一个特定算法是该问题的最优算法,或是该问题某算法类中的最优算法。一般情况下,如果能够证明某问题的时间下界是 $\Omega(g(n))$,那么,对以时间 $O(g(n))$来求解该问题的任何算法,都认为是求解该问题的最优算法(optimality algorithm)。

**例 2.10** 如下算法实现在一个数组中求最小值元素,证明该算法是最优算法。

```
int ArrayMin(int a[ ], int n)
{
  int i, min = a[0];
  for (i = 1; i < n; i++)
    if (a[i] < min) min = a[i];
```

```
    return min;
}
```

**证明**：这个算法需要进行 $n-1$ 次比较操作，其时间复杂度是 $O(n)$。下面证明对于任何 $n$ 个整数，求最小值元素至少需要进行 $n-1$ 次比较，即该问题的时间下界是 $\Omega(n)$。

将 $n$ 个整数划分为三个动态的集合 $A$、$B$、$C$，其中 $A$ 为未知元素的集合，$B$ 为已经确定不是最小元素的集合，$C$ 是最小元素的集合。任何一个通过比较求最小值元素的算法都要从三个集合为 $(n, 0, 0)$（$|A|=n$，$|B|=0$，$|C|=0$）的初始状态开始，经过运行，最终到达 $(0, n-1, 1)$ 的完成状态，如图 2-4 所示。这个过程实际上是将元素从集合 $A$ 向集合 $B$ 和集合 $C$ 移动的过程，但每次比较，至多能把一个较大的元素从集合 $A$ 移向集合 $B$，因此，任何求最小值算法至少要进行 $n-1$ 次比较，其时间下界是 $\Omega(n)$。所以，算法 ArrayMin 是最优算法。

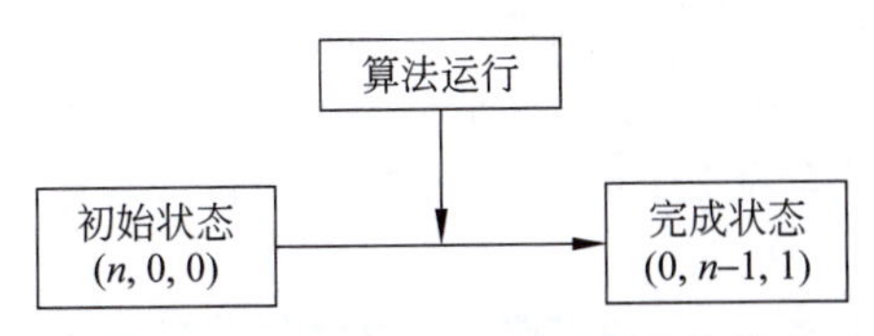


图 2-4　通过比较求最小值元素的算法

问题的计算复杂度下界是求解这个问题所需的最少工作量，求解该问题的任何算法的时间复杂度都不会低于这个下界。例如，已经证明基于比较的排序算法的时间下界为 $\Omega(n\log_2 n)$，那么，不存在基于比较的排序算法，其时间复杂度小于 $O(n\log_2 n)$。但是，确定和证明某个问题的计算复杂度下界，一般来说是很困难的，因为这涉及求解该问题的所有算法，而枚举所有可能的算法并加以分析，显然是不可能的。事实上，计算机领域有大量问题的计算复杂度下界是不清楚的。

## 2.4.2　角谷猜想

20 世纪 70 年代中期，日本数学家角谷静夫发现了一个奇怪的现象：一个自然数，如果它是偶数，那么用 2 除它；如果它是奇数，将它乘以 3 之后再加上 1。这样反复运算，最终必然得 1。这个现象称为角谷猜想，算法描述如下。

算法：角谷猜想
输入：一个正整数 $n$
输出：角谷数列
1. 如果 $n$ 等于 1，算法结束；
2. 如果 $n$ 是奇数，则 $n=3n+1$；否则 $n=n/2$；
3. 重新执行步骤 1；

例如，取 $n=6$，角谷数列是{6, 3, 10, 5, 16, 8, 4, 2, 1}，最后得 1。取 $n=16384$，角谷数列是{16384, 8192, 4096, 2048, 1024, 512, 256, 128, 64, 32, 16, 8, 4, 2, 1}，连续用 2 除了 14 次，最后得 1。观察上述两个角谷数列发现，最后三个数都是 4→2→1。

取 $n=1$ 验证一下：$3\times1+1=4$，$4\div2=2$，$2\div2=1$，结果是 $1\to4\to2\to1$，转了一个小循环又回到了1。这个事实具有普遍性，无论从哪个自然数开始，经过反复运算，最终必然掉进 $4\to2\to1$ 这个循环中，最典型的数是 $n=27$，经过77步变换到达顶峰值9232，又经过34步变换到达谷底值1。

这个有趣的现象引起了许多数学爱好者的兴趣，人们在大量演算中发现，计算出来的数字忽大忽小，有的过程很长，比如27算到1要经过111步，有人把演算过程形容为云中的小水滴，在高空气流的作用下，忽高忽低，遇冷成冰，体积越来越大，最后变成冰雹落了下来，而演算的数字最后也像冰雹一样掉下来，变成了1。因此角谷猜想也称为冰雹猜想(hailstone sequence)。

但是验证再多的数，也代替不了数学证明，至今没有人证明对所有的正整数该过程都终止。角谷数列的转化过程变幻莫测，有些平缓温和，有些剧烈沉浮，但却都无一例外地会坠入 $4\to2\to1$ 的谷底，这好比是一个数学黑洞，将所有的自然数牢牢吸住。冰雹猜想跟蝴蝶效应恰好相悖，蝴蝶效应蕴含的原理是：初始值的极小误差，会造成结果的巨大不同；而冰雹猜想恰好相反：无论刚开始存在多大的误差，最后都会自行修复，直至坠入谷底。

## 实验2 排序算法的实验比较

【实验题目】 对于起泡排序和快速排序，分别统计排序过程中元素的比较次数和移动次数，并对时间性能进行比较。

【实验要求】 分别随机生成问题规模为1000、10 000、100 000、1 000 000的正序、逆序和随机的初始排列，分别调用起泡排序和快速排序算法，用表格和散点图记录实验数据，并比较时间性能。

【实验提示】 起泡排序和快速排序是基于比较的内排序，时间主要消耗在排序过程中元素的比较次数和移动次数，因此，统计在相同数据状态下不同排序算法的比较次数和移动次数，即可实现比较排序算法的目标。例如，为了测算起泡排序算法在实际运行过程中的比较次数和移动次数，可以设置两个计数器count1和count2，在比较语句执行前将计数器count1加1，在交换语句执行后将计数器count2加3(因为交换操作需要用三条赋值语句实现)。实验程序如下：

```
void BubbleSort(int r[ ], int n)
{
  int j, temp, count1 = 0, count2 = 0;                  //记载比较次数和移动次数
  int bound, exchange = n - 1;
  while (exchange != 0)
  {
    bound = exchange; exchange = 0;
    for (j = 0; j < bound; j++)
      if (++count1 && r[j] > r[j+1])                    //注意不能写作 count1++
      {
        temp = r[j]; r[j] = r[j + 1]; r[j + 1] = temp;
```

```
            count2 = count2 + 3;                    //1 次交换是 3 次移动操作
            exchange = j;
        }
    }
    cout<<"比较次数是"<<count1<<endl;
    cout<<"移动次数是"<<count2<<endl;
}
```

## 习　题　2

1. 如果 $T_1(n)=O(f(n))$，$T_2(n)=O(g(n))$，解答下列问题。

(1) 证明加法定理：$T_1(n)+T_2(n)=O(\max\{f(n),g(n)\})$。

(2) 证明乘法定理：$T_1(n)\times T_2(n)=O(f(n)\times g(n))$。

(3) 举例说明在什么情况下应用加法定理和乘法定理。

2. 考虑下面的算法，回答下列问题：算法完成什么功能？算法的基本语句是什么？基本语句执行了多少次？算法的时间复杂度是多少？

(1)
```
int Stery(int n)
{
  int i, sum = 0;
  for (i = 1; i <= n; i++)
    sum += i * i;
  return sum;
}
```

(2)
```
int Q(int n)
{
  if (n == 1)
    return 1;
  else
    return Q(n-1) + 2 * n - 1;
}
```

3. 分析以下程序段基本语句的执行次数，要求列出计算公式。

(1)
```
for (i = 1; i <= n; i++)
  if (2 * i <= n)
    for (j = 2 * i; j <= n; j++)
      y = y + i * j;
```

(2)
```
count = 0;
for (i = 1; i <= n; i++)
  for (j = 1; j <= 2 * i; j++)
    count++;
```

4. 使用扩展递归技术求解下列递推关系式：

(1) $T(n)=\begin{cases}4 & n=1\\ 3T(n-1) & n>1\end{cases}$

(2) $T(n)=\begin{cases}1 & n=1\\ 2T(n/3)+n & n>1\end{cases}$

5. 国际象棋是由印度人 Shashi 发明的，当他把该发明献给国王时，国王很高兴，就许诺可以给这个发明人任何他想要的奖赏。Shashi 要求以这种方式给他一些粮食：棋盘的第 1 个方格内只放 1 粒麦粒，第 2 格 2 粒，第 3 格 4 粒，第 4 格 8 粒，以此类推，直到 64 个方格全部放满。这个奖赏的最终结果会是什么？

# 第二篇

## 基本的算法设计技术

算法设计技术是设计算法的一般性方法，可用于解决不同计算领域的多种问题。基本的算法设计技术有模拟法、递推法、蛮力法、分治法、减治法、贪心法、动态规划法等，这些算法设计技术构成了一组强有力的工具，在为新问题（没有令人满意的已知算法可以解决的问题）设计算法时，可以运用这些技术设计出新的算法。

# 第3章 模 拟 法

**模拟法**(simulation method)通常基于问题描述,或完成简单的建模,或模拟过程的实现,是最简单的算法设计技术。有些问题很难通过数学推导找到规律,一般采用模拟法直接模拟问题中事物的变化过程,从而完成相应的任务。

## 3.1 概 述

课件 3-1

### 3.1.1 模拟法的设计思想

用模拟法求解问题的基本思想是对问题进行抽象,将现实世界的问题映射成计算机能够识别的符号表示,将事物之间的关系映射成运算或逻辑控制。模拟法求解的问题通常是对某一类事件进行描述,然后经过简单计算给出符合要求的结果。

模拟法是算法设计的基本功,没有复杂的公式和技巧,只需读懂问题、明确要求,照着逻辑整理步骤,基本都可以完成。需要注意的是,有些问题的背景错综复杂,如果没有理顺逻辑就可能步入歧途。

### 3.1.2 一个简单的例子:鸡兔同笼问题

**【问题】** 笼子里有若干只鸡和兔子,鸡有两只脚,兔子有四只脚,没有例外情况。已知笼子里脚的数量,问笼子里至多有多少只动物?至少有多少只动物?

**【想法】** 对于同样数目的动物,鸡脚的总数肯定比兔子脚的总数要少,因此在计算笼子里至多有多少只动物时,应该把脚都算作鸡脚,在计算笼子里至少有多少只动物时,应该尽可能把脚都算作兔子脚。

**【算法】** 设函数 Feets 实现鸡兔同笼问题,算法如下。

> 算法:鸡兔同笼问题 Feets
> 输入:脚的数量 $n$

输出：至多的动物数 maxNum，至少的动物数 minNum

1. 如果 $n$ 是奇数，则没有满足要求的解，maxNum=0，minNum=0；
2. 如果 $n$ 是偶数且能被 4 整除，则 maxNum=$n/2$，minNum=$n/4$；
3. 如果 $n$ 是偶数但不能被 4 整除，则 maxNum=$n/2$，minNum=$(n-2)/4+1$；
4. 输出 maxNum 和 minNum；

【算法分析】 算法 Feets 只是进行了简单的判断和赋值，时间复杂度是 $O(1)$。

源代码 3-1

【算法实现】 设形参 maxNum 和 minNum 以传引用方式接收求得的结果，程序如下。

```
void Feets(int n, int &maxNum, int &minNum)
{
  if (n % 2 != 0) {maxNum = 0; minNum = 0;}
  else if (n % 4 == 0) {maxNum = n/2; minNum = n/4;}
  else {maxNum = n/2; minNum = (n-2)/4 + 1;}
}
```

课件 3-2

## 3.2　数学问题中的模拟法

### 3.2.1　约瑟夫环问题

【问题】 约瑟夫环问题(Josephus circle problem)由古罗马史学家约瑟夫提出，他参加并记录了公元66—70年犹太人反抗罗马的起义。约瑟夫作为一个将军，守住了裘达伯特城达47天之久。在城市沦陷后，他和40名视死如归的将士在一个洞穴中避难，这些反抗者表决说“要投降毋宁死”。于是，约瑟夫建议每个人轮流杀死他旁边的人，而这个顺序是由抽签决定的。约瑟夫有预谋地抓到了最后一签，并且，作为洞穴中的两个幸存者之一，他说服了同伴一起投降了罗马。

【想法】 将参与抽签的人从1至 $n$ 进行编号并构成一个环，从而将约瑟夫环问题抽象为如图3-1所示数据模型。假设密码是 $m$，从第1个人开始报数，报到 $m$ 时停止报数，报 $m$ 的人出环；再从他的下一个人起重新报数，报到 $m$ 时停止报数，报 $m$ 的人出环。如此下去，直至所有人全部出环。当任意给定 $n$ 和 $m$ 后，求 $n$ 个人出环的次序。

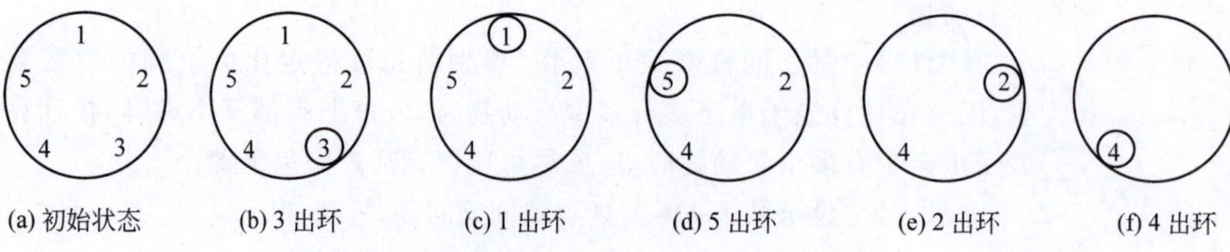


图3-1　约瑟夫环问题的数据模型($n=5,m=3$ 时的出圈次序：3,1,5,2,4)

【算法】 设函数 Joseph 求解约瑟夫环问题，用数组 r[n]存储 $n$ 个人是否出列，下标表示人的编号，从1开始数到密码 $m$ 则将其出列。如果编号 $i$ 的人出列则将数组 r[i]置为1，用求模运算%实现下标在数组内循环增1。算法如下。

算法：约瑟夫环问题 Joseph
输入：参与游戏的人数 $n$，密码 $m$
输出：最后一个出列的编号
1. 初始化数组 r[n]={0}；
2. 计数器 count=0；下标 $i=-1$；出列人数 num=0；
3. 重复下述操作直到数组 r[n]仅剩一个人：
   3.1 当 count $<m$ 时重复下述操作：
      3.1.1 i=(i+1) % n；
      3.1.2 如果 r[i]未出列，则计数器 count++；
   3.2 令 r[i]=1；num++；
4. 查找并返回仅剩的编号；

【算法分析】　步骤3在数组 r[n]中反复查找待出列编号，外循环执行 $n-1$ 次，内循环执行 $m$ 次，时间复杂度为 $O(n\times m)$。

【算法实现】　设函数 Joseph 求解约瑟夫环问题，程序如下。

源代码 3-2

```
int Joseph(int r[ ], int n, int m)
{
  int count, i = -1, num = 0;
  while (num < n - 1)
  {
    count = 0;
    while (count < m)                          //查找报到 m 的人
    {
      i = (i+1) % n;
      if (r[i] != 1) count++;
    }
    r[i] = 1; num++;                           //标记出列的人
  }
  for (i = 0; i < n; i++)
    if (r[i] == 0) return i+1;                 //返回编号
}
```

### 3.2.2　埃拉托色尼筛法

【问题】　埃拉托色尼筛法(the sieve of Eratosthenes)简称埃氏筛法，是古希腊数学家埃拉托色尼提出的算法，用于求一定区间内的所有素数。算法的基本思想是，从区间[1,$n$]内的所有数中去掉所有合数，剩下的就是所有素数。判断合数的方法是从2开始依次过筛，如果是2的倍数则该数不是素数，进行标记处理，直至将 $n/2$ 过筛，将所有合数打上标记。

**【想法】** 假设有一个筛子存放整数 1～$n$，依次将 2,3,5,…的倍数筛去(标记)，最后没有打上标记的数都是素数。埃拉托色尼筛法的计算过程如图 3-2 所示。

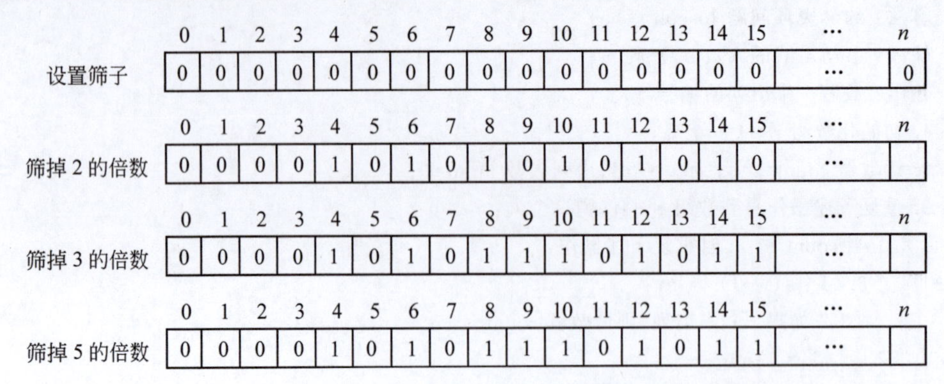


图 3-2 埃拉托色尼筛法的计算过程

**【算法】** 设数组 A[n]表示筛子，元素值全部初始化为 0，依次将下标是 2,3,5,…倍数的元素值置 1 进行标记处理，最后所有元素值为 0 对应的下标都是素数，算法如下。

> 算法：埃拉托色尼筛 EratoSieve
> 输入：待确定素数的范围 $n$，数组 A[n]
> 输出：区间[1, $n$]的所有素数
> 1. 循环变量 $i$ 从 2 至 $n/2$ 重复执行下述操作：
>    1.1 如果 A[i]不等于 0，说明整数 $i$ 不是素数，转步骤 1.3 取下一个素数；
>    1.2 将所有下标是 $i$ 的倍数的元素值置为 1；
>    1.3 i++；
> 2. 输出数组 A[n]中所有元素值为 0 对应的下标；

**【算法分析】** 埃拉托色尼筛法实际上是一种空间换时间的算法优化，对于判断单个数的素数性质来说，相对于朴素的算法没有优化，但是对于求解某一区间的素数问题，埃拉托色尼筛法可以很快打印一份素数表，时间复杂度只有 $O(n\log \log n)$。

**【算法实现】** 设函数 EratoSieve 实现埃拉托色尼筛法，程序如下。

源代码 3-3

```
void EratoSieve(int A[ ], int n)
{
  int i, j;
  for (i = 2; i <= n/2; i++)
  {
    if (A[i] != 0) continue;
    else
    {
      for (j = 2; i * j <= n; j++)
```

```
            A[i * j] = 1;
        }
    }
}
```

## 3.3　排序问题中的模拟法

### 3.3.1　计数排序

【问题】 假设待排序记录均为整数且取自区间[0，$k$]，计数排序[①](count sort)的基本思想是对每一个记录 $x$，确定小于 $x$ 的记录个数，然后直接将 $x$ 放在应该的位置。例如，小于 $x$ 的记录个数是 10，则 $x$ 就位于第 11 个位置。

【想法】 对于待排序序列 A[n]={2，1，5，2，4，3，0，5，3，2}，$k$=5，首先统计值为 $i(0\leqslant i\leqslant k)$ 的记录个数存储在 num[i]中，则 num[k]={1，1，3，2，1，2}，再统计小于等于 $i(1\leqslant i\leqslant k)$ 的记录个数存储在 num[i]中，则 num[k]={1，2，5，7，8，10}，最后反向读取数组 A[n]填到数组 B 中，例如读取 A[9]的值是 2，则将 num[2]减 1，然后将 2 填到 B[4]中，如图 3-3 所示。注意，统计小于 $i(1\leqslant i\leqslant k)$ 的记录个数不能就地进行(利用数组 num)，需要再设一个数组存放小于 $i$ 的记录个数，就可以正向读取数组 A[n]。

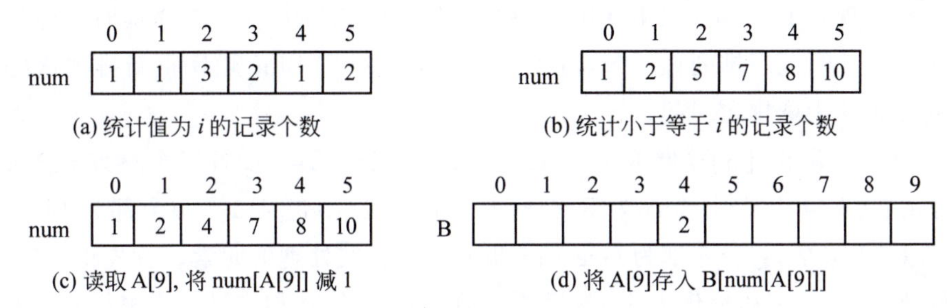


图 3-3　计数排序过程

【算法】 设函数 CountSort 实现计数排序，数组 num[k+1]存储每个记录出现的次数以及小于等于值为 $i$ 的记录个数，算法如下。

> 算法：计数排序 CountSort
> 输入：待排序记录序列 A[n]，记录的取值区间 $k$
> 输出：排序数组 B[n]
> 1. 统计值为 $i$ 的记录个数存入 num[i]；
> 2. 统计小于等于 $i$ 的记录个数存入 num[i]；
> 3. 反向填充目标数组，将 A[i]放在 B[--num[A[i]]]中；
> 4. 输出数组 B[n]；

① 计数排序算法在 1954 年由 Harold H. Seward 提出，可以在线性时间对取值范围为某一区间的记录序列进行排序。

【算法分析】 计数排序是一种以空间换时间的排序算法,并且只适用于对一定范围内的整数进行排序,时间复杂度为 $O(n+k)$,其中 $k$ 为序列中整数的范围。

【算法实现】 计数排序的关键在于确定待排序记录 A[i]在目标数组 B[n]中的位置,由于数组元素 num[i]存储的是 A[n]中小于等于 $i$ 的记录个数,所以填充数组 B[n]时要反向读取 A[n]。程序如下。

源代码 3-4

```
void CountSort(int A[ ], int n, int k, int B[ ])
{
  int i, num[k+1] = {0};
  for(i = 0; i < n; i++)
    num[A[i]]++;
  for (i = 1; i <= k; i++)
    num[i] = num[i] + num[i-1];
  for (i = n-1; i >= 0; i--)
    B[--num[A[i]]] = A[i];
}
```

### 3.3.2 颜色排序

【问题】 现有 Red、Green 和 Blue 三种不同颜色(色彩中不能再分解的三种颜色,称为三原色)的小球,乱序排列在一起,请按照 Red、Green 和 Blue 顺序重新排列这些小球,使得相同颜色的小球排在一起。

【想法】 设数组 a[n]存储 Red、Green 和 Blue 三种元素,设置三个参数 $i$、$j$、$k$,其中 $i$ 之前的元素(不包括 a[i])全部为 Red;$k$ 之后的元素(不包括 a[k])全部为 Blue;$i$ 和 $j$ 之间的元素(不包括 a[j])全部为 Green;$j$ 指向当前正在处理的元素。首先将 $i$ 初始化为 0,$k$ 初始化为 $n-1$,$j$ 初始化为 0。然后 $j$ 从前向后扫描,在扫描过程中根据 a[j]的颜色,将其交换到序列的前面或后面,当 $j$ 等于 $k$ 时,算法结束。颜色排序的求解思想如图 3-4 所示。

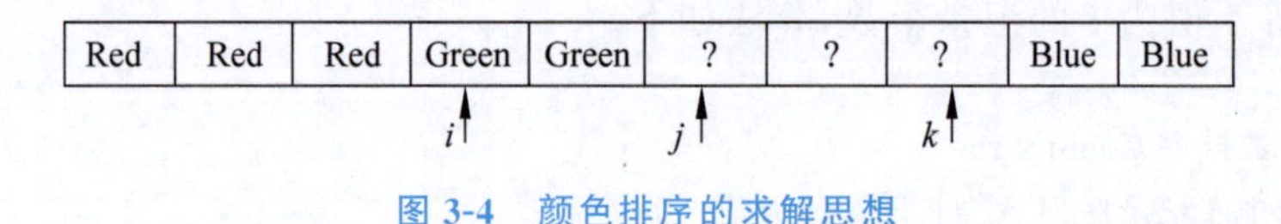


图 3-4 颜色排序的求解思想

注意,当 $j$ 扫描到 Red 时,将 a[i]和 a[j]交换,只有当前面全部是 Red 时,交换到位置 $j$ 的元素是 Red,否则交换到位置 $j$ 的元素一定是 Green,因此交换后 $j$ 应该加 1;当 $j$ 扫描到 Blue 时,将 a[k]和 a[j]交换,Red、Green 和 Blue 均有可能交换到位置 $j$,则 a[j]需要再次判断,因此交换后不能改变 $j$ 的值。

【算法】 设数组 a[n]有 Red、Green 和 Blue 三种元素,函数 ColorSort 实现颜色重排问题,算法如下。

算法：颜色排序 ColorSort
输入：待排序记录序列 a[n]
输出：排好序的数组 a[n]
1. 初始化 i=0；k=n － 1；j=0；
2. 当 j≤k 时，依次考查元素 a[j]，有以下三种情况：
　(1) 如果 a[j]是 Red，则交换 a[i]和 a[j]；i＋＋；j＋＋；
　(2) 如果 a[j]是 Green，则 j＋＋；
　(3) 如果 a[j]是 Blue，则交换 a[k]和 a[j]；k－－；

【算法分析】 由于下标 $j$ 和 $k$ 整体将数组扫描一遍，因此时间复杂度为 $O(n)$。

【算法实现】 由于数组 a[n]只有三种元素，假设 Red、Green 和 Blue 三种颜色分别用 1、2、3 来代替，程序如下。

源代码 3-5

```
void ColorSort(int a[ ], int n)
{
  int i = 0, k = n - 1, j = 0, temp;
  while (j <= k)
    switch (a[j])                                    //考查当前元素
    {
      case 1: temp = a[i]; a[i] = a[j]; a[j] = temp; i++; j++; break;
      case 2: j++; break;
      case 3: temp = a[j]; a[j] = a[k]; a[k] = temp; k--; break;
    }
}
```

# 3.4　拓展与演练

课件 3-4

## 3.4.1　装箱问题

【问题】 有一个工厂制造的产品形状都是长方体，一共有 6 种型号，每种型号长方体的长和宽分别是 1×1、2×2、3×3、4×4、5×5、6×6，高都是 $h$。这些产品使用统一规格的箱子进行包装，箱子的长、宽和高分别是 6、6 和 $h$。对于每个订单工厂希望用最少的箱子进行包装。每个订单包括用空格分开的 6 个整数，分别代表这 6 种型号的产品数量。输出是包装需要箱子的个数。

【想法】 这个问题很难建立一个数学模型，只能模拟包装过程，分析装入 6 种产品后箱子的剩余空间。装箱情况分析如表 3-1 所示。

表 3-1 6 种产品占用箱子与剩余空间的装箱情况分析

| 1个箱子容纳产品 | | 剩余空间的装载情况 | | |
|---|---|---|---|---|
| 产品 | 个数 | 2×2 | 1×1 | 解释 |
| 6×6 | 1 | 0 | 0 | 无剩余空间 |
| 5×5 | 1 | 0 | 11 | 11个长宽为1的产品 |
| 4×4 | 1 | 5 | 0 | 5个长宽为2的产品 |
| 3×3 | 1 | 5 | 7 | 5个长宽为2的产品和7个长宽为1的产品 |
| 3×3 | 2 | 3 | 6 | 3个长宽为2的产品和6个长宽为1的产品 |
| 3×3 | 3 | 1 | 5 | 1个长宽为2的产品和5个长宽为1的产品 |
| 3×3 | 4 | 0 | 0 | 无剩余空间 |
| 2×2 | 9 | 0 | 0 | 无剩余空间 |
| 1×1 | 36 | 0 | 0 | 无剩余空间 |

【算法】 设 $k_1$、$k_2$、$k_3$、$k_4$、$k_5$ 和 $k_6$ 分别表示 6 种型号的产品数量，$x$ 和 $y$ 分别表示长宽为 2 和 1 的空位数量，$n$ 表示需要的箱子个数，算法如下。

> 算法：装箱问题 Packing
> 输入：6 种型号的产品数量 $k_1$、$k_2$、$k_3$、$k_4$、$k_5$、$k_6$
> 输出：箱子个数 $n$
> 1. $n$=装入长宽为 3×3、4×4、5×5、6×6 所需箱子数；
> 2. $x=n$ 个箱子剩余 2×2 的空位数；
> 3. 如果 $k_2>x$，则 $n=n+(k_2-x$ 个产品需要的箱子数)；
> 4. $y=n$ 个箱子剩余 1×1 的空位数；
> 5. 如果 $k_1>y$，则 $n=n+(k_1-y$ 个产品需要的箱子数)；
> 6. 输出箱子个数 $n$；

【算法分析】 算法 Packing 所有操作步骤都是简单的计算，时间复杂度为 $O(1)$。

【算法实现】 设变量 k1、k2、k3、k4、k5 和 k6 分别表示 6 种型号的产品数量，变量 x 和 y 分别表示长宽为 2 和 1 的空位数量，变量 n 表示需要的箱子个数。设数组 p2[4]存储装入 3×3 的产品个数分别是 4、1、2、3 时箱子剩余 2×2 的空位数。注意，程序中所有的整除都应该保证向上取整。程序如下。

源代码 3-6

```
int Packing(int k1, int k2, int k3, int k4, int k5, int k6)
{
  int n, x, y;
  int p2[4] = {0, 5, 3, 1};
  n = (k3 + 3)/4 + k4 + k5 + k6;
  x = 5 * k4 + p2[k3 % 4];
  if (k2 > x) n += (k2 - x + 8) / 9;
```

```
    y = 36 * n - 36 * k6 - 25 * k5 - 16 * k4 - 9 * k3 - 4 * k2;
    if (k1 > y) n += (k1 - y + 35) / 36;
    return n;
}
```

### 3.4.2 数字回转方阵

【问题】 $n$ 阶数字回转方阵是将数字 1 置于方阵的左上角，然后从 1 开始递增，将 $n^2$ 个整数填写到 $n$ 阶方阵中，偶数层从第 1 行开始，先向下再折转向左，奇数层从第 1 列开始先向右再折转向上，呈首尾相接，图 3-5 所示为一个 5 阶数字回转方阵。

【想法】 根据问题描述的填数规则，找到下标变化规律，用模拟法直接求解。对于方阵的偶数行和列，填数的起始位置是$(1, i)$，然后列号不变行号加 1，至位置$(i, i)$时折转，行号不变列号减 1，直至位置$(i, 1)$；对于方阵的奇数行和列，填数的起始位置是$(j, 1)$，然后行号不变列号加 1，至位置$(j, j)$时折转，列号不变行号减 1，直至位置$(1, j)$。

| | | | | |
|---|---|---|---|---|
| 1 | 2 | 9 | 10 | 25 |
| 4 | 3 | 8 | 11 | 24 |
| 5 | 6 | 7 | 12 | 23 |
| 16 | 15 | 14 | 13 | 22 |
| 17 | 18 | 19 | 20 | 21 |

图 3-5 5 阶数字回转方阵

【算法】 设函数 Full 实现填写数字回转方阵，注意数组下标从 0 开始，算法如下。

```
算法：数字回转方阵 Full
输入：方阵的阶数 n
输出：数字回转方阵 z[n][n]
1. z[0][0]=1,number=2;
2. for (i=0, j=1; i < n && j < n; );
  2.1 填写偶数层：
     2.1.1 填数直至 i 等于 j：
           z[i++][j]=number++;
     2.1.2 填数直至 j 等于 0：
           z[i][j--]=number++;
  2.2 填写奇数层：
     2.2.1 填数直至 i 等于 j：
           z[i][++j]=number++;
     2.2.2 填数直至 i 等于 0：
           z[i--][j]=number++;
```

【算法分析】 算法 Full 需要依次填写矩阵的每一个元素，时间复杂度是 $O(n^2)$。

【算法实现】 注意每一层填数后都要调整下标，程序如下。

源代码 3-7

```
void Full(int z[100][100], int n)
{
  int number, i, j;
```

```
    z[0][0] = 1; number = 2;
    for (i = 0, j = 1; i < n && j < n; )                //依次填写每一层
    {
      while (i < j)
        z[i++][j] = number++;
      while (j >= 0)
        z[i][j--] = number++;
      i++; j = 0;
      while (i > j)
        z[i][j++] = number++;
      while (i >= 0)
        z[i--][j] = number++;
      j++; i = 0;
    }
  }
```

## 实验3　埃氏筛法的优化

【实验题目】 对于埃拉托色尼筛法，观察图3-2，很多合数被标记了不止1次，例如合数6，在将2过筛时标记了1次，将3过筛时又标记一次，造成了不必要的重复标记。请改进埃拉托色尼筛法，使得在线性时间内完成所有合数的标记。

【实验要求】 对于优化的埃拉托色尼筛法，要保证两点：①合数一定被标记；②每个合数都没有被重复标记。

【实验提示】 注意到任何合数都能表示成一系列素数的乘积，如果保证每个合数只被其最小质因数筛去，就能够达到不重复标记。对于整数 $i$，对所有不超过 $i$ 的素数 $p$，将 $i * p$ 标记为合数，如果 $p$ 是 $i$ 的因子则将整数 $i$ 进行标记并停止过筛，直至 $p$ 等于 $i$，说明整数 $i$ 是素数。

## 习　题　3

1. 如果一个十进制的正整数能够被7整除，或者某个位置的数字是7，则称该正整数为与7相关的数。求小于 $n(n<100)$ 的所有与7无关的正整数的平方和。

2. 对于一元二次方程 $ax^2+bx+c=0$，给定系数 $a$、$b$ 和 $c$，求方程的根。要求所有实数精确到小数点后5位。

3. 恺撒加密由古罗马恺撒大帝在其政府的秘密通信中使用而得名，其基本思想是：将待加密信息(称为明文)的每个字母在字母表中向后移动常量key(称为密钥)，得到加密信息(称为密文)。假设字母表为英文字母表，对于给定的明文和密钥，请给出恺撒加密后的密文。

4. 校门外的树。校门外长度为 $L$ 的马路上有一排树，每两棵相邻的树之间的距离都

是1m。可以把马路看成一个数轴，校门口在数轴0的位置，另一端在$L$的位置，数轴上每个整数点都有一棵树。马路上有一些区域要用来修建地铁，这些区域用数轴上的半开区间$[s, t)$来表示，已知$s$和$t$都是整数，且区域之间可能有部分重叠。由于修建地铁要把区域中的树全部移走，问马路上还剩下多少棵树？

5. 对于约瑟夫环问题，假设每个人持有的密码不同，请修改3.2.1节给出的算法。

6. 桥牌共52张，没有大小王，按E、S、W、N的顺序把52张牌随机发给四个玩家，请列出每个玩家的发牌情况。

7. 定义$n$阶间断折叠方阵是把$n^2$个整数折叠填写到$n$阶方阵中，起始数1置于方阵的左上角，然后从起始数开始递增，每一层从第1行开始，先向下再折转向左，层层折叠地排列为间断折叠方阵。图3-6所示为5阶间断折叠方阵。请构造并输出任意$n$阶间断折叠方阵。

| | | | | |
|---|---|---|---|---|
| 1 | 2 | 5 | 10 | 17 |
| 4 | 3 | 6 | 11 | 18 |
| 9 | 8 | 7 | 12 | 19 |
| 16 | 15 | 14 | 13 | 20 |
| 25 | 24 | 23 | 22 | 21 |

图3-6　5阶间断折叠方阵

8. 泊松分酒。法国数学家泊松(Poisson)提出的分酒趣题：有一瓶12品脱(容量单位)的酒，同时有容积为5品脱和8品脱的空杯各一个，借助这两个空杯，如何将这瓶12品脱的酒平分？

# 第 4 章 递推法

**递推法**(recurrence method)是一种根据递推关系进行问题求解的方法,也是一种重要的数学方法,常用来进行序列计算。递推法能够将复杂的运算化解为若干重复的简单运算,充分发挥了计算机擅长重复处理的特点。

## 4.1 概述

课件 4-1

### 4.1.1 递推法的设计思想

递推法通过初始条件,根据递推关系式,按照一定的规律逐项进行计算,直至得到结果。其中初始条件或是问题本身已经给定,或是通过对问题进行分析得到。递推法有正推和逆推两种形式,所谓正推就是从前向后递推,已知小规模问题的解递推到大规模问题的解;所谓逆推就是从后向前递推,已知大规模问题的解递推到小规模问题的解。无论正推还是逆推,关键都是要找到递推关系式。

### 4.1.2 一个简单的例子:猴子吃桃

【问题】 一只猴子摘了很多桃子,每天吃现有桃子的一半多一个,到第 10 天时只有一个桃子,问原有桃子多少个?

【想法】 设 $a_n$ 表示第 $n$ 天桃子的个数,猴子吃桃问题存在如下递推式:

$$a_n = \begin{cases} 1 & n=10 \\ (a_{n+1}+1)\times 2 & n=9,8,7,\cdots,1 \end{cases} \tag{4-1}$$

【算法实现】 由于每天的桃子个数依赖于前一天的桃子个数,属于逆推法。设函数 MonkeyPeach 实现猴子吃桃问题,变量 num 表示桃子的个数,程序如下。

源代码4-1

```
int MonkeyPeach(int n)
{
  int i, num = 1;
  for (i = n - 1; i >= 1; i--)
    num = (num + 1) * 2;
  return num;
}
```

【算法分析】 显然,算法 MonkeyPeach 的时间复杂度是 $O(n)$。

课件4-2

## 4.2　数学问题中的递推法

### 4.2.1　Fibonacci 数列

【问题】 把一对兔子(雌雄各1只)放到围栏中,自第2个月起,每个月这对兔子都会生出一对新兔子,其中雌雄各1只,而且每对新兔子自第2个月起每个月也会生出一对新兔子,也是雌雄各1只。问一年后围栏中有多少对兔子?

【想法】 令 $F_n$ 表示第 $n$ 个月围栏中兔子的对数,显然第1个月有1对,由于每对新兔子在第2个月后才可以生兔子,因此,第2个月仍然有1对,第 $n$ 个月时,那些第 $n-1$ 个月就已经在围栏中的兔子仍然存在,第 $n-2$ 个月就已经在围栏中的每对兔子都会生出一对新兔子,即 $F_n=F_{n-1}+F_{n-2}$。因此,Fibonacci(斐波那契)数列存在如下递推关系式:

$$F_n=\begin{cases}1 & n=1 \text{或} n=2 \\ F_{n-1}+F_{n-2} & n>2\end{cases} \tag{4-2}$$

【算法实现】 设函数 Fibonacci 求解第 $n$ 个月兔子的对数,变量 f1 和 f2 分别存储第 $n-1$ 和 $n-2$ 个月兔子的对数,程序如下。

源代码4-2

```
int Fibonacci(int n)
{
  int f, f1 = 1, f2 = 1, i;
  for (i = 3; i <= n; i++)
  {
    f = f1 + f2; f2 = f1; f1 = f;
  }
  return f;
}
```

【算法分析】 显然,算法 Fibonacci 的时间复杂度是 $O(n)$。

### 4.2.2　Catalan 数列

【问题】 Catalan 数列是欧拉在计算凸多边形的三角形剖分问题时得到的。在一个

凸 $n(n\geqslant 3)$边形中，通过插入内部不相交对角线将其剖分成一些三角形区域，问有多少种不同的分法？三角形只有一种剖分方法，图 4-1 所示是四边形的两种剖分，图 4-2 所示是五边形的 5 种剖分。Catalan 数列的前 5 项是{1, 2, 5, 14, 42, …}。

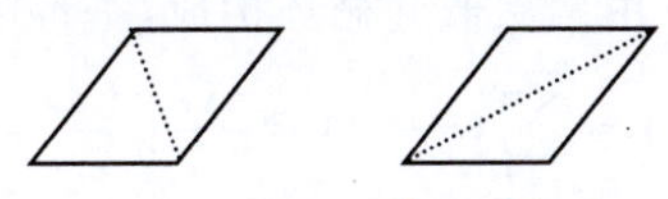

图 4-1　四边形的两种剖分

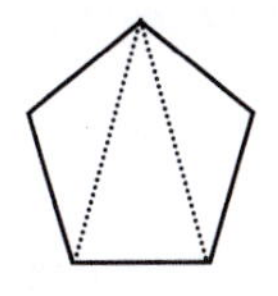 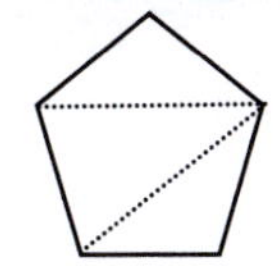 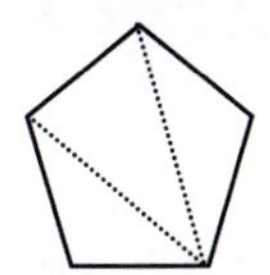 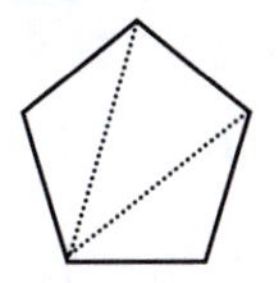 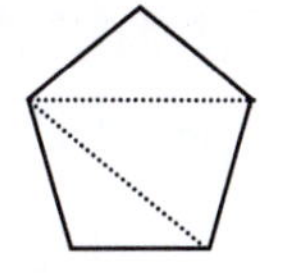

图 4-2　五边形的 5 种剖分

【想法】　由几何学知识，当 $n\geqslant 4$ 时，凸 $n$ 边形的一个剖分需引 $n-3$ 条互不相交的对角线，将内部区域剖分成 $n-2$ 个三角形。凸 $n$ 边形的顶点用 $A_1, A_2, \cdots, A_n$ 表示，取边 $A_1A_n$，再取凸 $n$ 边形的任一个顶点 $A_k(2\leqslant k\leqslant n-1)$，将 $A_k$ 分别与 $A_1$ 和 $A_n$ 连线得到三角形 $T$，则三角形 $T$ 将凸 $n$ 边形分成 $R_1$、$T$ 和 $R_2$ 三个部分，其中 $R_1$ 为凸 $k$ 边形，$R_2$ 为凸 $n-k+1$ 边形，如图 4-3 所示。令 $h(n)$表示凸 $n$ 边形的三角形剖分方案数，则 $R_1$ 有 $h(k)$种剖分方法，$R_2$ 有 $h(n-k+1)$种剖分方法。补充定义 $h(2)=1$，得到 Catalan 数列的递推关系式：

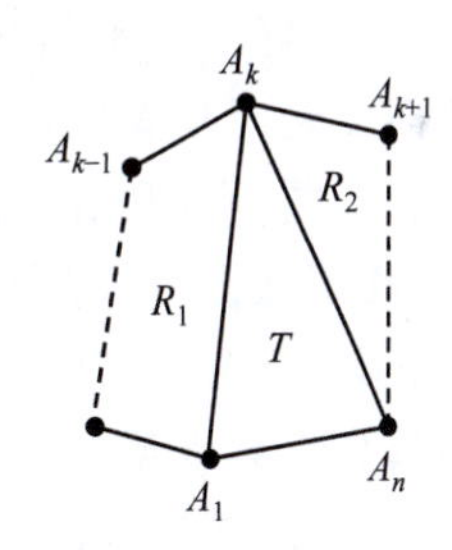


图 4-3　凸 $n$ 边形剖分示意图

$$h(n)=\begin{cases}1 & n=2 \text{ 或 } n=3\\ \sum_{k=2}^{n-1} h(k)h(n-k+1) & n>3\end{cases} \tag{4-3}$$

【算法实现】　设函数 Catalan 求解 Catalan 数列，设数组 c[n+1]存储 $n$ 个 Catalan 数列，补充赋值 c[0]=c[1]=0，程序如下。

源代码 4-3

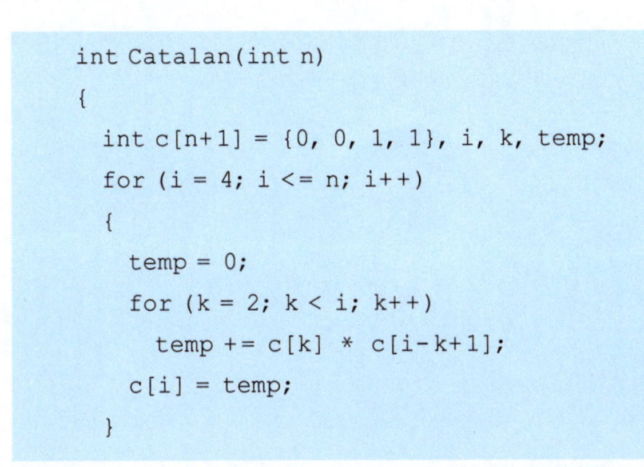

```
int Catalan(int n)
{
  int c[n+1] = {0, 0, 1, 1}, i, k, temp;
  for (i = 4; i <= n; i++)
  {
    temp = 0;
    for (k = 2; k < i; k++)
      temp += c[k] * c[i-k+1];
    c[i] = temp;
  }
```

```
    return c[n];
}
```

【算法分析】 函数 Catalan 由两层嵌套循环构成，基本语句“temp += c[k] * c[i−k+1];”的执行次数是 $\sum_{i=4}^{n}\sum_{k=2}^{i-1}1=\sum_{i=4}^{n}(i-2)=\frac{n(n-3)}{2}=O(n^2)$。

课件 4-3

## 4.3 组合问题中的递推法

### 4.3.1 伯努利错装信封问题

【问题】 欧洲数学家伯努利收到一位朋友的来信，打开一看信不是写给他的，但是信封上的地址、姓名都没有问题。过了几天，他收到这位朋友的道歉信，解释说：写了5封信，又写好了5个信封，然后让仆人把信寄出，可是那位仆人在把信装到信封里时居然全部都装错了！看完信后伯努利不禁哈哈大笑。不过他马上想到了一个问题：5封信装入写有不同地址和姓名的5个信封，全部装错的可能性有多少种？

【想法】 伯努利错装信封问题又称错排问题(error permutation problem)。假设有 $n$ 个信封，依次编号为1、2、…、$n$，有 $n$ 封信，也依次编号为1、2、…、$n$，则编号 $i(1\leqslant i\leqslant n)$ 的信只有装入编号 $i$ 的信封才是正确的。设 $F_n$ 表示 $n$ 错排问题，有 $F_1=0, F_2=1$。当 $n>2$ 时，设第一封信装在第二个信封中，若第二封信装在第一个信封中，则剩下的即为 $n-2$ 错排问题；若第二封信不装在第一个信封中，则剩下的即 $n-1$ 错排问题，设第一封信不装在第一个信封中，共有 $n-1$ 种方法，得到如下递推关系式：

$$F_n=\begin{cases}0 & n=1\\ 1 & n=2\\ (n-1)\times(F_{n-1}+F_{n-2}) & n>2\end{cases} \tag{4-4}$$

【算法实现】 设函数 Bernoulli 实现错排问题，变量 b1 和 b2 分别存储 $n-1$ 和 $n-2$ 错排数，程序如下。

源代码 4-4

```
int Bernoulli(int n)
{
  int i, b, b1 = 1, b2 = 0;
  for (i = 3; i <= n; i++)
  {
    b = (i - 1) * (b1 + b2);
    b2 = b1; b1 = b;
  }
  return b;
}
```

【算法分析】 显然，算法 Bernoulli 的时间复杂度为 $O(n)$。

### 4.3.2　旋转的万花筒

【问题】 万花筒的初始形状如图 4-4(a)所示，其中的圆圈代表万花筒的闪烁点，每旋转一次万花筒形状就演变一次，演变的规则是在末端再生出同样的形状，如图 4-4(b)和图 4-4(c)所示，求第 $n$ 次旋转后有多少个闪烁点？

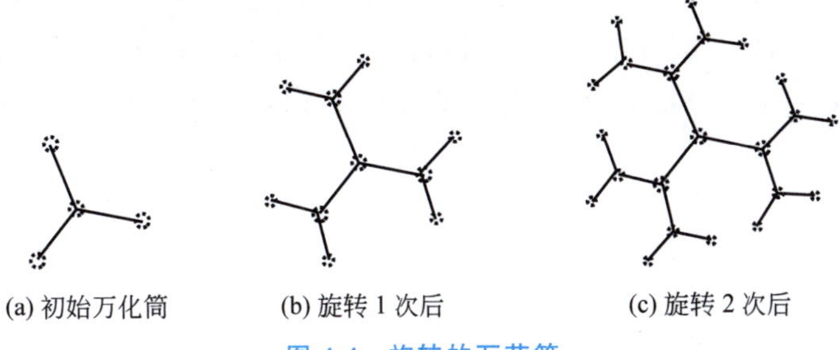

(a) 初始万化筒　(b) 旋转 1 次后　(c) 旋转 2 次后

图 4-4　旋转的万花筒

【想法】 仔细观察万花筒的演变过程，初始时有 4 个闪烁点，第 1 次旋转在初始闪烁点的基础上，每个分支端点又多了 2 个闪烁点。设 $S_n$ 表示第 $n$ 次旋转的闪烁点个数，每次旋转都是在上一次旋转的每个分支端点又多了 2 个闪烁点，初始时有 3 个分支端点，第 1 次旋转有 3×2 个分支端点，每次旋转分支端点都会翻倍，得到如下递推关系式：

$$S_n=\begin{cases}4 & n=0\\ S_{n-1}+3\times 2^n & n>0\end{cases} \tag{4-5}$$

【算法实现】 设函数 Kale 实现旋转的万花筒，变量 lamps 表示上一次旋转后的闪烁点，变量 addLamp 表示当次旋转闪烁点的增量，程序如下。

源代码 4-5

```
int Kale(int n)
{
  int i, lamps = 4, addLamp = 3;
  for (i = 1; i <= n; i++)
  {
    addLamp * = 2;
    lamps += addLamp;
  }
  return lamps;
}
```

【算法分析】 显然，算法 Kale 的时间复杂度为 $O(n)$。

## 4.4　拓展与演练

课件 4-4

### 4.4.1　整数划分

【问题】 对于一个大于 2 的整数 $n$，要求仅使用 2 的若干次幂的整数集合进行划分，使得集合中所有整数之和等于 $n$,问可以有多少种划分?

**【想法】** 列出一些整数的划分,寻找递推关系式:

2:{1,1},{2}(2种)

3:{1,1,1},{1,2}(2种)

4:{1,1,1,1},{1,1,2},{2,2},{4}(4种)

5:{1,1,1,1,1},{1,1,1,2},{1,2,2},{1,4}(4种)

6:{1,1,1,1,1,1},{1,1,1,1,2},{1,1,2,2},{1,1,4},{2,2,2},{2,4}(6种)

7:{1,1,1,1,1,1,1},{1,1,1,1,1,2},{1,1,1,2,2},{1,1,1,4},{1,2,2,2},{1,2,4}(6种)

令 $d_n$ 表示对整数 $n$ 进行2的幂次划分的集合个数,观察上述划分实例,当 $n$ 为奇数时,只需在整数 $n-1$ 划分集合的每一个集合加上1;当 $n$ 为偶数时,在整数 $n-1$ 划分集合中的每一个集合加上1,得到最小数为1的所有划分,再将整数 $n/2$ 划分集合的每一个集合中的元素翻倍,得到所有元素均为偶数的所有划分。因此有如下递推关系式:

$$d(n)=\begin{cases}d(n-1) & \text{当 } n \text{ 是奇数}\\ d(n-1)+d(n/2) & \text{当 } n \text{ 是偶数}\end{cases} \tag{4-6}$$

**【算法实现】** 设函数 Devide 实现集合划分,数组 d[n+1]表示对整数 $n$ 进行2的幂次划分的集合数,程序如下。

源代码 4-6

```
int Devide(int n)
{
  int i, d[n+1] = {0};
  d[1] = 1; d[2] = 2;
  for (i = 3; i <= n; i++)
    if (i % 2 != 0) d[i] = d[i-1];
    else d[i] = d[i-1] + d[i/2];
  return d[n];
}
```

## 4.4.2 捕鱼知多少

**【问题】** 5人合伙夜间捕鱼,上岸时都疲惫不堪,各自在湖边的树丛中找地方就睡觉了。清晨,第一个人醒来,将鱼分成5份,把多余的一条扔回湖中,拿自己的一份回家了;第二个人醒来,也将鱼分成5份,扔掉多余的一条鱼,拿自己的一份回家了;接着,其余3人依次醒来,也都按同样的办法分鱼。问:5人至少共捕到多少条鱼?每人醒来后看到多少条鱼?

**【想法】** 设5人的编号为0、1、2、3、4,数组 fish[5]表示5人醒来后分别看到的鱼数,则 fish[i]($0\leqslant i\leqslant 4$)均满足被5整除后余1。显然,5人合伙捕到的鱼数即是第一个人醒来后看到的鱼数,第 $i$($1\leqslant i\leqslant 4$)个人醒来后看到鱼数 fish[i]满足:

$$\text{fish[i]}=(\text{fish[i}-1])-1)\ /\ 5\ *\ 4\quad(i=1,2,3,4) \tag{4-7}$$

**【算法实现】** 采用正推法,fish[0]从1开始,每次增5,然后依次考查 fish[n]的所有元素是否满足被5整除后余1。函数 GetFish 返回至少捕到多少条鱼，程序如下：

```
int GetFish(int fish[ ], int n)
{
  int i, flag = 0;
  fish[0] = 1;                                  //从鱼数 1 开始正推
  while (flag == 0)
  {
    fish[0] = fish[0] + 5;
    for (i = 1; i < n; i++)                      /*递推其他人看到的鱼数*/
    {
      fish[i] = (fish[i - 1] - 1) / 5 * 4;
      if (fish[i] % 5 != 1) break;
    }
    if (i == n) flag = 1;
  }
  return fish[0];
}
```

源代码 4-7

## 实验 4　杨辉三角形

【实验题目】 杨辉三角形是我国古代数学家杨辉揭示二项展开式各项系数的数字三角形，1623年法国数学家帕斯卡发现了与杨辉三角形类似的帕斯卡三角形。图4-5给出了5阶杨辉三角形。请构造并输出 $n(n \leqslant 20)$ 阶杨辉三角形。

【实验要求】 ①给出 $n$ 阶杨辉三角形的递推关系式；②输出左右对称的 $n(n \leqslant 20)$ 阶等腰数字三角形。

【实验提示】 将杨辉三角形每一行的第1个数对齐，如图4-6所示，观察杨辉三角形的构成规律。第 $i(1 \leqslant i \leqslant n)$ 行有 $i$ 个数，其中第1个数和第 $i$ 个数都是1，其余各项为上一行同一列和前一列的数之和。可以用二维数组存储杨辉三角形。为了输出左右对称的 $n(n \leqslant 20)$ 阶等腰数字三角形，需要在每一行打印前导空格。

```
        1                    1
      1   1                  1   1
    1   2   1                1   2   1
  1   3   3   1              1   3   3   1
1   4   6   4   1            1   4   6   4   1
```

图 4-5　5阶杨辉三角形　　　　图 4-6　杨辉三角形的变形

## 习　题　4

1. 乘法结合方式问题：设有 $n$ 个元素，在其前后次序不变的情况下，每次只对两个元素进行乘法运算，以括号决定乘的先后顺序，有多少种不同的相乘方式？

2. 有 6 人参加会议,入场时随意将帽子挂在衣架上,走时再顺手拿一顶帽子,问没一人拿对的概率是多少。

3. 已知数列递推式为:$a_1=1, a_{2i}=a_i+1, a_{2i+1}=a_i+a_{i+1}$,求该数列的第 $n$ 项,以及前 $n$ 项的最大值。

4. 一个猴子要爬上 30 级台阶,假设猴子一步可以跳 1 级或 3 级台阶,问 30 级台阶有多少种不同的跳法。

5. 假设核反应堆有 α 和 β 两种粒子,每秒钟一个 α 粒子可以裂变为 3 个 β 粒子,一个 β 粒子可以裂变为 1 个 α 粒子和 2 个 β 粒子。若在 $t=0$ 时核反应堆只有一个 α 粒子,求在 $t$ 秒时反应堆裂变产生多少个 α 粒子和 β 粒子。

6. 设 $x$ 和 $y$ 为非负整数,对于集合 $\{2^x 3^y \mid x\geqslant 0,\ y\geqslant 0\}$,求集合中小于整数 $n$ 的元素个数,并求这些元素从小到大排序的第 $m$ 项元素。

7. 有一个 $2\times n$ 的长方形方格,要求用若干个 $1\times 2$ 的骨牌铺满。例如 $n=3$ 时铺满方格共有 3 种铺法,如图 4-7 所示。对给定的 $n(n\leqslant 100)$ 值,求有多少种铺法。

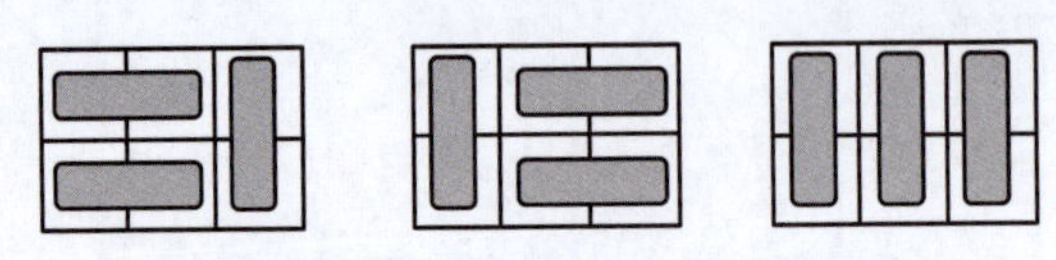

图 4-7　$n=3$ 时的 3 种铺法

8. 水手分椰子。$n$ 个水手来到一个岛上,摘了一堆椰子后,因为疲劳都睡着了。一段时间后,第一个水手醒来,悄悄地将椰子等分成 $n$ 份,多出 $m$ 个椰子,便给了旁边的猴子,自己藏起一份,再将剩下的椰子重新合在一起,继续睡觉。不久,第二名水手醒来,同样将椰子等分成 $n$ 份,恰好也多出 $m$ 个给了猴子,自己也藏起一份,再将剩下的椰子重新合在一起。以后每个水手都如此等分并都藏起一份,也恰好都把多出的 $m$ 个椰子给了猴子。第二天,$n$ 个水手都醒来了,发现椰子少了许多,彼此心照不宣,便把剩下的椰子分成 $n$ 份,恰好又多出 $m$ 个给了猴子。请问:水手当初最少摘了多少个椰子?

# 第 5 章 蛮 力 法

蛮力法(brute force method,也称穷举法或枚举法),是一种简单直接地解决问题的方法。用蛮力法设计的算法其时间性能往往是最低的,典型的指数时间算法一般都是通过蛮力穷举得到的。

课件 5-1

## 5.1 概 述

### 5.1.1 蛮力法的设计思想

蛮力法采用一定的策略依次处理待求解问题的所有元素,从而找出问题的解。通常来说,蛮力法是最容易应用的方法。例如,对于给定的整数 $a$ 和非负整数 $n$,计算 $a^n$ 的值,最直接最简单的想法就是把 1 和 $a$ 相乘,再与 $a$ 乘 $n-1$ 次。

依次处理所有元素是蛮力法的关键,应用蛮力法首先要确定穷举的范围,其次为了避免陷入重复试探,应保证处理过的元素不再被处理。由于蛮力法需要依次穷举待处理的元素,因此,用蛮力法设计的算法其时间性能往往是最低的。但是,基于以下原因,蛮力法也是一种重要的算法设计技术:

(1) 理论上,蛮力法可以解决可计算领域的各种问题。对于一些基本的问题,例如求一个序列的最大元素,计算 $n$ 个数的和等,蛮力法是一种常用的算法设计技术。

(2) 蛮力法经常用来解决一些较小规模的问题。如果问题的输入规模不大,用蛮力法设计的算法其时间是可以接受的,此时,设计一个更高效算法的代价是不值得的。

(3) 对于一些重要的问题(如排序、查找、串匹配),蛮力法可以设计一些合理的算法,这些算法具有实用价值,而且不受问题规模的限制。

(4) 蛮力法可以作为某类问题时间性能的下界,来衡量同样问题的其他算法是否具有更高的效率。

### 5.1.2 一个简单的例子：百元买百鸡问题

【问题】 已知公鸡5元一只，母鸡3元一只，小鸡1元三只，用100元钱买100只鸡，问公鸡、母鸡、小鸡各多少只？

【想法】 设公鸡、母鸡和小鸡的个数分别为 $x$、$y$、$z$，则有如下方程组成立：

$$\begin{cases} x+y+z=100 \\ 5\times x+3\times y+z/3=100 \end{cases} \quad 且 \quad \begin{cases} 0\leqslant x\leqslant 20 \\ 0\leqslant y\leqslant 33 \\ 0\leqslant z\leqslant 100 \end{cases}$$

则百元买百鸡问题转换为求方程组的解。应用蛮力法求方程组的解只能依次试探变量 $x$、$y$ 和 $z$ 的值，验证 $x$、$y$ 和 $z$ 的某个特定值是否能够使方程组成立。

【算法实现】 设变量 $x$、$y$ 和 $z$ 分别表示公鸡、母鸡和小鸡的个数，由于方程组可能有多个解，设变量 count 表示解的个数，注意到小鸡1元三只，在判断总价是否满足方程时要先判断 $z$ 是否是3的倍数。程序如下。

源代码 5-1

```
void Chicken( )
{
  int x, y, z, count = 0;
  for (x = 0; x <= 20; x++)
  {
    for (y = 0; y <= 33; y++)
    {
      z = 100 - x - y;                                    //满足共100只
      if ((z % 3 == 0) && (5 * x + 3 * y + z/3 == 100))   //满足总价100元
      {
        count++;                                          //解的个数加1
        cout<<"公鸡:"<<x<<"母鸡:"<<y<<"小鸡:"<<z<<endl;
      }
    }
  }
  if (count == 0)
    cout<<"问题无解"<<endl;
}
```

【算法分析】 算法由两层嵌套循环组成，基本语句是条件表达式((z%3 == 0) && (5 * x+3 * y+z/3 == 100))，执行次数为 $21\times 34=714$。一般地，假设共买 $n$ 只鸡，基本语句的执行次数为 $\frac{n}{5}\times\frac{n}{3}=O(n^2)$。

## 5.2 查找问题中的蛮力法

课件 5-2

### 5.2.1 顺序查找

【问题】 顺序查找(sequential search)是在查找集合中依次查找值为 $k$ 的元素。若查找成功,给出该元素在查找集合中的位置;若查找失败,则给出失败信息。

【想法 1】　将查找集合存储在一维数组中,然后从数组的一端向另一端逐个将元素与待查值进行比较。若相等,则查找成功,给出该元素在查找集合中的序号;若整个数组检测完仍未找到与待查值相等的元素,则查找失败,给出失败的标志 0。

【算法实现 1】　将查找集合存储在数组元素 r[1]～r[n]中,下标 $i$ 初始化在数组的高端,这样查找结束时,若查找成功,下标 $i$ 的值即元素的序号,若查找失败,下标 $i$ 的值即为失败标志 0。注意,在查找过程中要检测比较位置是否越界,程序如下:

源代码 5-2

```
int SeqSearch1(int r[ ], int n, int k)
{
  int i = n;
  while (i > 0 && r[i] != k)                    //检测比较位置是否越界
    i--;
  return i;
}
```

【算法分析 1】　算法 SeqSearch1 的时间主要耗费在条件表达式(i > 0 && r[i] != k),设 $p_i$ 表示查找第 $i$ 个元素的概率,等概率情况下,执行次数为:

$$\sum_{i=1}^{n} p_i c_i = \frac{1}{n}\sum_{i=1}^{n}(n-i+1) = \frac{n+1}{2} = O(n)$$

【想法 2】　为了避免在查找过程中每一次比较后都要判断查找位置是否越界,可以设置观察哨(sentinel),即将待查值放在查找方向的“尽头”处,则比较位置 $i$ 至多移动到下标 0 处,也就是“哨兵”的位置。改进的查找过程如图 5-1 所示。

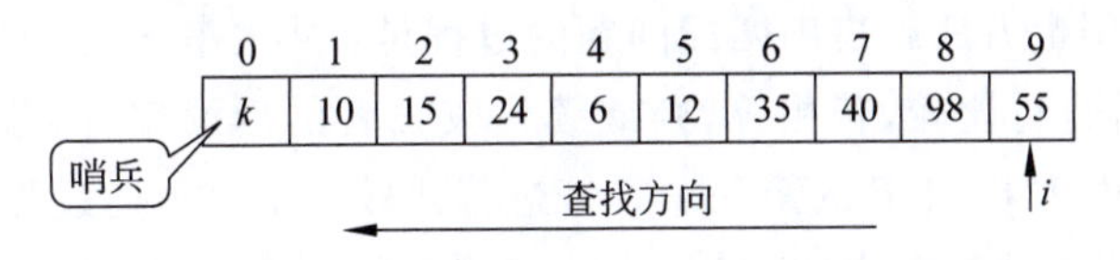


图 5-1　改进的顺序查找示意图

【算法实现 2】　设函数 SeqSearch2 实现改进的顺序查找算法,程序如下:

源代码 5-3

```
int SeqSearch2(int r[ ], int n, int k)
{
  int i = n;
  r[0] = k;                                     //设置哨兵
  while (r[i] != k)                             //不用检测比较位置是否越界
    i--;
  return i;
}
```

【算法分析2】 算法 SeqSearch2 的时间主要耗费在条件表达式(r[i] != k),设 $p_i$ 表示查找第 $i$ 个元素的概率,等概率情况下,执行次数为:

$$\sum_{i=1}^{n} p_i c_i = \frac{1}{n}\sum_{i=1}^{n}(n-i+1) = \frac{n+1}{2} = O(n)$$

顺序查找算法和其改进算法的时间复杂度都是 $O(n)$,但是算法 SeqSearch1 要执行两个判断,而算法 SeqSearch2 只执行一个判断。实验表明,改进算法在待查找集合的长度大于 1000 时,进行一次顺序查找的时间几乎减少一半。

### 5.2.2 串匹配问题

【问题】 给定两个字符串 $S$ 和 $T$,在主串 $S$ 中查找子串 $T$ 的过程称为串匹配(string matching,也称模式匹配),$T$ 称为模式。在文本处理系统、操作系统、编译系统、数据库系统以及 Internet 信息检索系统中,串匹配是使用最频繁的操作。串匹配问题具有两个明显的特征:①问题规模很大,常常需要在大量信息中进行匹配,因此,算法的一次执行时间不容忽视;②匹配操作执行频率高,因此,算法改进所取得的效益因积累往往比表面上看起来要大得多。

**应用实例**

在 Word 等文本编辑器中有这样一个功能:在"查找"对话框中输入待查找内容(常见的是查找某个字或词),编辑器会在整个文档中进行查找,将与待查找内容相匹配的部分高亮显示。

【想法1】 应用蛮力法解决串匹配问题的过程是:从主串 $S$ 的第一个字符开始和模式 $T$ 的第一个字符进行比较,若相等,则继续比较二者的后续字符;若不相等,则从主串 $S$ 的第二个字符开始和模式 $T$ 的第一个字符进行比较。重复上述过程,若 $T$ 中的字符全部比较完毕,则说明本趟匹配成功;若 $S$ 中的字符全部比较完毕,则匹配失败。这个算法称为朴素的模式匹配算法,简称 **BF 算法**,如图 5-2 所示。

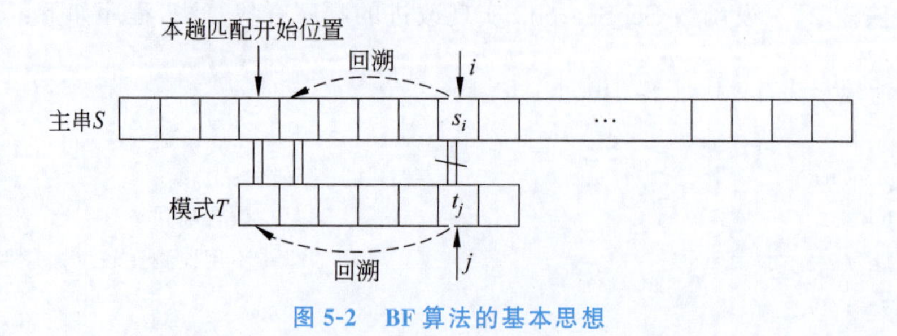


图 5-2 BF 算法的基本思想

设主串 $S$="abcabcacb",模式 $T$="abcac",BF 算法的匹配过程如图 5-3 所示。

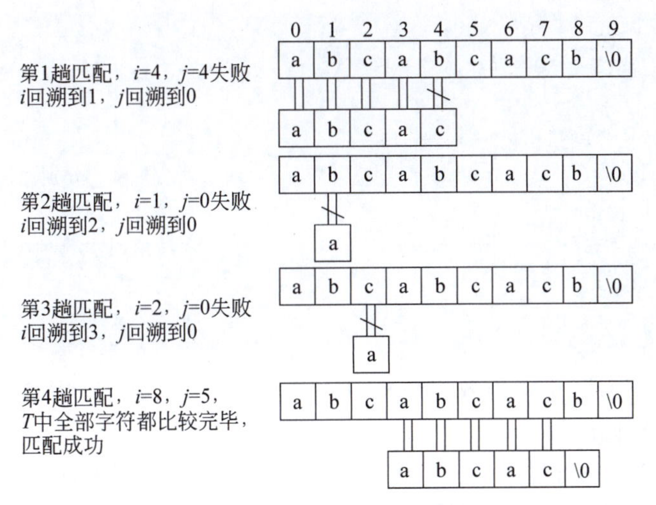


图 5-3　BF 算法的执行过程

【算法 1】　设字符数组 $S$ 存放主串，字符数组 $T$ 存放模式，BF 算法如下。

> 算法：串匹配算法 BF
> 输入：主串 $S$，模式 $T$
> 输出：$T$ 在 $S$ 中的位置
> 1. 初始化主串比较的开始位置 index＝0；
> 2. 在串 $S$ 和串 $T$ 中设置比较的起始下标 i＝0，j＝0；
> 3. 重复下述操作，直到 $S$ 或 $T$ 的所有字符均比较完毕：
>    3.1 如果 S[i]等于 T[j]，则继续比较 $S$ 和 $T$ 的下一对字符；
>    3.2 否则，下一趟匹配的开始位置 index＋＋，回溯下标 i＝index，j＝0；
> 4. 如果 T 中所有字符均比较完，则返回匹配开始位置的序号；否则返回 0；

【算法分析 1】　设主串 $S$ 长度为 $n$，模式 $T$ 长度为 $m$，在匹配成功的情况下，考虑最坏情况，即每趟不成功的匹配都发生在串 $T$ 的最后一个字符。

例如：$S$＝"aaaaaaaaaaab"

$T$＝"aaab"

设匹配成功发生在 $s_i$ 处，则在 $i-1$ 趟不成功的匹配共比较了 $(i-1)\times m$ 次，第 $i$ 趟成功的匹配共比较了 $m$ 次，所以总共比较了 $i\times m$ 次，平均比较次数是：

$$\sum_{i=1}^{n-m+1} p_i \times (i \times m) = \sum_{i=1}^{n-m+1} \frac{1}{n-m+1} \times (i \times m) = \frac{m(n-m+2)}{2}$$

一般情况下，$m \ll n$，因此最坏情况下的时间复杂度是 $O(n \times m)$。

【算法实现 1】　设字符数组 $S$ 和 $T$ 分别存储主串和模式，程序如下。

源代码 5-4

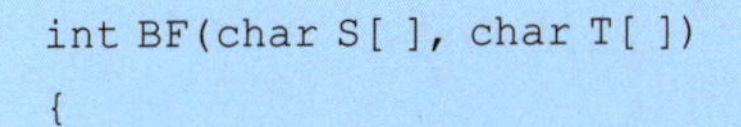

```
int BF(char S[ ], char T[ ])
{
```

```
    int index = 0, i = 0, j = 0;
    while ((S[i] != '\0') && (T[j] != '\0'))
    {
      if (S[i] == T[j]) {i++; j++;}
      else {index++; i = index; j = 0; }          //i 和 j 分别回溯
    }
    if (T[j] == '\0') return index + 1;           //返回本趟匹配开始位置的序号
    else return 0;
}
```

**【想法 2】** BF 算法简单但效率较低,KMP 算法[①]对于 BF 算法有了很大改进,基本思想是主串不进行回溯。

分析 BF 算法的执行过程,造成 BF 算法效率低的原因是回溯,即在某趟匹配失败后,对于主串 $S$ 要回溯到本趟匹配开始字符的下一个字符,模式 $T$ 要回溯到第一个字符,而这些回溯往往是不必要的。观察图 5-3 所示的匹配过程,在第 1 趟匹配过程中,S[0]~S[3]和T[0]~T[3]匹配成功,S[4]≠T[4]匹配失败。因为在第 1 趟中有 S[1]=T[1],而 T[0]≠T[1],因此有 T[0]≠S[1],所以第 2 趟是不必要的,同理第 3 趟也是不必要的,可以直接到第 4 趟。进一步分析第 4 趟中的第一对字符 S[3]和 T[0]的比较是多余的,因为第 1 趟中已经比较了 S[3]和 T[3],并且 S[3]=T[3],而 T[0]=T[3],因此必有 S[3]=T[0],因此第 4 趟比较可以从第二对字符 S[4]和 T[1]开始进行,这就是说,第 1 趟匹配失败后,下标 i 不回溯,而是将下标 j 回溯至第 2 个字符,从 T[1]和 S[4]开始进行比较。

综上所述,希望某趟在 S[i]和 T[j]匹配失败后,下标 $i$ 不回溯,下标 $j$ 回溯至某个位置 $k$,从 T[k]和 S[i]开始进行比较。显然,关键问题是如何确定位置 $k$。

观察部分匹配成功时的特征,某趟在 S[i]和 T[j]匹配失败后,下一趟比较从 S[i]和 T[k]开始,则有 T[0]~T[k−1]=S[i−k]~S[i−1]成立,如图 5-4(a)所示;在部分匹配成功时,有 T[j−k]~T[j−1]=S[i−k]~S[i−1]成立,如图 5-4(b)所示。

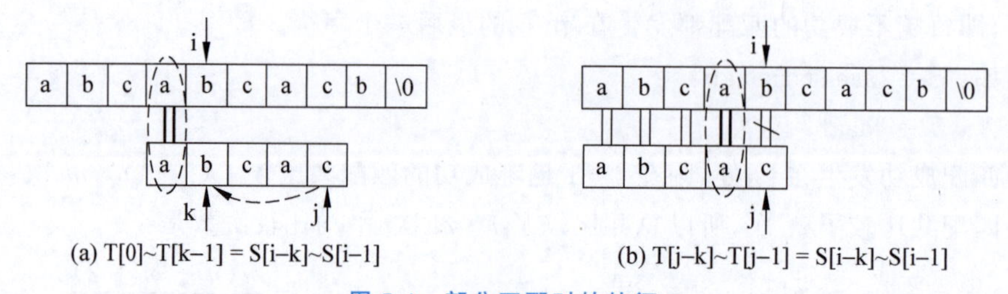


图 5-4 部分匹配时的特征

由 T[0]~T[k−1]=S[i−k]~S[i−1]和 T[j−k]~T[j−1]=S[i−k]~S[i−1],可得:

① KMP 算法是克努思(Knuth)、莫里斯(Morris)和普拉特(Pratt)设计的。

$$T[0] \sim T[k-1] = T[j-k] \sim T[j-1] \tag{5-1}$$

式(5-1)说明，模式中的每一个字符 T[j]都对应一个 $k$ 值，这个 $k$ 值仅依赖于模式本身，与主串无关，且 T[0]～T[k−1]是 T[0]～T[j−1]的真前缀，T[j−k]～T[j−1]是 T[0]～T[j−1]的真后缀，$k$ 是 T[0]～T[j−1]的真前缀和真后缀相等的最大子串的长度。用 next[j]表示 T[j]对应的 $k$ 值($0 \leqslant j < m$)，定义如下：

$$\text{next}[j]=\begin{cases}-1 & j=0\\ \max\{k \mid 1 \leqslant k < j \text{ 且 } T[0]\cdots T[k-1]=T[j-k]\cdots T[j-1]\} & \text{集合非空}\\ 0 & \text{其他情况}\end{cases}$$

设模式 $T$="ababc"，根据 next[j]的定义，计算过程如下：

j=0 时，next[0]=−1

j=1 时，next[1]=0

j=2 时，T[0]≠T[1]，则 next[2]=0

j=3 时，T[0]T[1]≠T[1]T[2]，T[0]=T[2]，则 next[3]=1

j=4 时，T[0]T[1]T[2]≠T[1]T[2]T[3]，T[0]T[1]=T[2]T[3]，则 next[4]=2

设主串 $S$="ababaababcb"，模式 $T$="ababc"，模式 $T$ 的 next 值为{−1，0，0，1，2}，KMP 算法的匹配过程如图 5-5 所示。

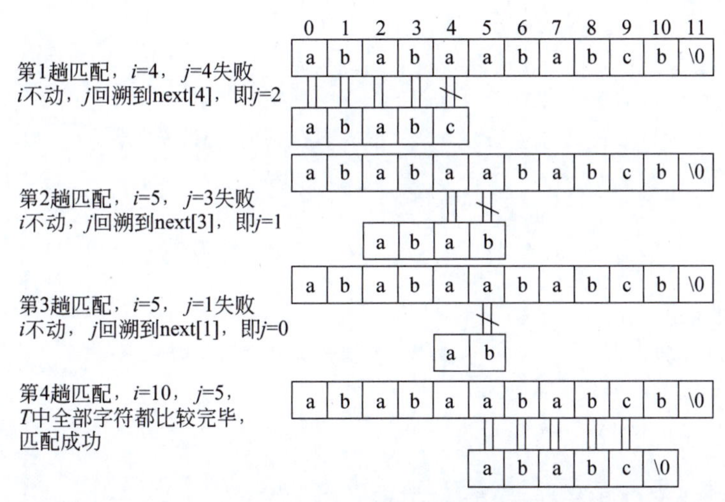


图 5-5　KMP 算法的执行过程

**【算法 2】** 在求得了模式 $T$ 的 next 值后，KMP 算法如下。

> 算法：串匹配算法 KMP
> 输入：主串 $S$，模式 $T$
> 输出：$T$ 在 $S$ 中的位置
> 1. 在串 $S$ 和串 $T$ 中分别设置比较的起始下标 i=0，j=0；
> 2. 重复下述操作，直到 $S$ 或 $T$ 的所有字符均比较完毕：
>    2.1 如果 S[i]等于 T[j]，则继续比较 $S$ 和 $T$ 的下一对字符；

2.2 否则,将下标 j 回溯到 next[j]位置,即 j=next[j];
2.3 如果 j 等于-1,则将下标 i 和 j 分别加 1,准备下一趟比较;
3. 如果 $T$ 中所有字符均比较完毕,则返回本趟匹配开始位置的序号;否则返回 0;

【算法分析 2】 在求得模式 $T$ 的 next 值后,KMP 算法只需将主串扫描一遍,设主串的长度为 $n$,则 KMP 算法的时间复杂度是 $O(n)$。

【算法实现 2】 设函数 GetNext 用蛮力法求得模式 $T$ 的 next 值,函数 KMP 实现 KMP 算法,程序如下。

源代码 5-5

```
void GetNext(char T[ ], int next[ ])
{
  int i, j, len;
  next[0] = -1;
  for (j = 1; T[j]!='\0'; j++)                //依次求 next[j]
  {
    for (len = j - 1; len >= 1; len--)  //相等子串的最大长度为 j-1
    {
      for (i = 0; i < len; i++)           //比较 T[0]~T[len-1]与 T[j-len]~T[j-1]
        if (T[i] != T[j-len+i]) break;
      if (i == len) { next[j] = len; break;}
    }
    if (len < 1) next[j] = 0;              //其他情况,无相等子串
  }
}
int KMP(char S[ ], char T[ ])               //求 T 在 S 中的序号
{
  int i = 0, j = 0;
  int next[80];                             //假定模式最长为 80 个字符
  GetNext(T, next);
  while (S[i] != '\0' && T[j] != '\0')
  {
    if (S[i] == T[j]) {i++; j++; }
    else
    {
      j = next[j];
      if (j == -1) {i++; j++;}
    }
  }
  if (T[j] == '\0') return (i - j + 1); //返回本趟匹配开始位置序号
  else return 0;
}
```

课件 5-3

## 5.3　排序问题中的蛮力法

### 5.3.1　选择排序

【问题】 选择排序(selection sort)的基本思想是：第 $i$ 趟排序在无序序列 $r_i \sim r_n$ 中找到值最小的记录，并和第 $i$ 个记录交换作为有序序列的第 $i$ 个记录，如图 5-6 所示。

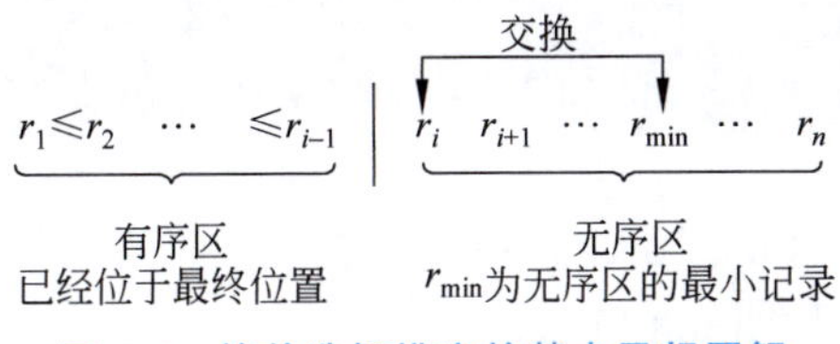


图 5-6　简单选择排序的基本思想图解

【想法】 图 5-7 给出了一个选择排序的例子(无序区用方括号括起来)，具体的排序过程如下。

(1) 将整个记录序列划分为有序区和无序区，初始时有序区为空，无序区含有待排序的所有记录。

(2) 在无序区查找值最小的记录，将它与无序区的第一个记录交换，使得有序区扩展一个记录，同时无序区减少一个记录。

(3) 重复执行步骤(2)，直至无序区只剩下一个记录。

| | |
|---|---|
| 初始序列 | [**49** 27 65 38 **13**] |
| 第一趟排序结果 | 13 [**27** 65 38 49] |
| 第二趟排序结果 | 13 27 [**65** **38** 49] |
| 第三趟排序结果 | 13 27 38 [**65** **49**] |
| 第四趟排序结果 | 13 27 38 49 [65] |

图 5-7　简单选择排序的过程示例

【算法实现】 设数组 r[n]存储待排序记录序列，注意，数组下标从 0 开始，则第 i 个记录存储在 r[i−1]中。程序如下。

源代码 5-6

```
void SelectSort(int r[ ], int n)
{
  int i, j, index, temp;
  for (i = 0; i < n - 1; i++)                    //进行 n-1 趟选择排序
  {
    index = i;
    for (j = i + 1; j < n; j++)                  //在无序区中查找最小记录
      if (r[j] < r[index]) index = j;
```

```
        temp = r[i]; r[i] = r[index]; r[index] = temp;      //交换记录
    }
}
```

【算法分析】 算法 SelectSort 的基本语句是内层循环体的比较语句(r[j] < r[index]),执行次数为:

$$\sum_{i=0}^{n-2}\sum_{j=i+1}^{n-1}1=\sum_{i=0}^{n-2}(n-i-1)=\frac{n(n-1)}{2}=O(n^2)$$

## 5.3.2 起泡排序

【问题】 起泡排序(bubble sort)的基本思想是:两两比较相邻记录,如果反序则交换,直至没有反序的记录,如图5.8所示。

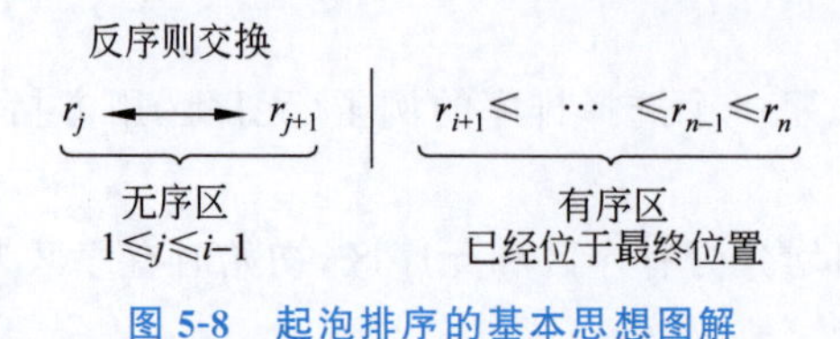


图 5-8 起泡排序的基本思想图解

【想法】 图5-9给出了一个起泡排序的例子(方括号括起来的为无序区),具体的排序过程如下。

(1) 将整个待排序的记录序列划分成有序区和无序区,初始时有序区为空,无序区包括所有待排序的记录。

(2) 对无序区从前向后依次比较相邻记录,若反序则交换,从而使值较小的记录向前移,值较大的记录向后移(像水中的气泡,体积大的先浮上来,起泡排序因而得名)。

(3) 重复执行步骤(2),直至无序区没有反序的记录。

| | | | | | | | | |
|---|---|---|---|---|---|---|---|---|
| 初始键值序列 | [50 | 13 | 55 | 97 | 27 | 38 | 49 | 65] |
| 第一趟排序结果 | [13 | 50 | 55 | 27 | 38 | 49 | 65] | **97** |
| 第二趟排序结果 | [13 | 50 | 27 | 38 | 49] | **55** | **65** | 97 |
| 第三趟排序结果 | [13 | 27 | 38 | 49] | **50** | 55 | 65 | 97 |
| 第四趟排序结果 | 13 | 27 | 38 | 49 | 50 | 55 | 65 | 97 |

图 5-9 起泡排序过程示例

【算法实现】 注意,在一趟起泡排序过程中,如果有多个记录交换到最终位置,下一趟起泡排序将不再处理这些记录;另外,在一趟起泡排序过程中,如果没有交换记录操作,则表明序列已经有序,算法将终止。起泡排序算法请参见2.1.1节。

【算法分析】 参见2.1.4节。

# 5.4　图问题中的蛮力法

课件 5-4

## 5.4.1　哈密顿回路问题

【问题】　著名的爱尔兰数学家哈密顿(William Hamilton)提出了周游世界问题。假设正十二面体的 20 个顶点代表 20 个城市,哈密顿回路问题(Hamilton cycle problem)要求从一个城市出发,经过每个城市恰好一次,然后回到出发城市。图 5-10 所示是一个正十二面体的展开图,按照图中的顶点编号所构成的回路,就是哈密顿回路的一个解。

【想法】　蛮力法求解哈密顿回路的基本思想是,对于给定的无向图 $G=(V, E)$,依次考查图中所有顶点的全排列,满足以下两个条件的全排列($v_{i1}$, $v_{i2}$, …, $v_{in}$)构成的回路就是哈密顿回路:

(1) 相邻顶点之间存在边,即$(v_{ij}, v_{ij+1})\in E(1\leqslant j\leqslant n-1)$;

(2) 最后一个顶点和第一个顶点之间存在边,即$(v_{in}, v_{i1})\in E$。

例如,对于图 5-11 所示无向图,表 5-1 给出了蛮力法求解哈密顿回路的过程。

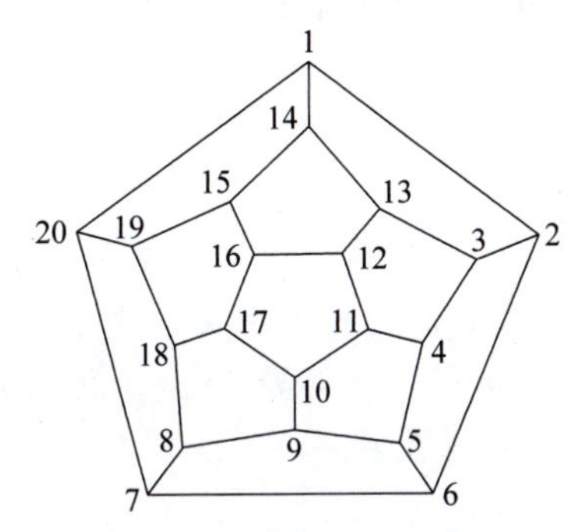

图 5-10　哈密顿回路问题示意图

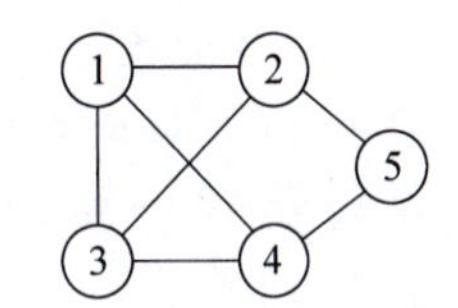

图 5-11　一个无向图

表 5-1　蛮力法求解哈密顿回路的过程

| 序号 | 路径 | $(v_{ij}, v_{ij+1})\in E$ | $(v_{in}, v_{i1})\in E$ |
|---|---|---|---|
| 1 | 12345 | 1→2→3→4→5(是) | 否 |
| 2 | 12354 | 1→2→3　5→4(否) | 是 |
| 3 | 12435 | 1→2　4→3　5(否) | 否 |
| 4 | 12453 | 1→2　4→5　3(否) | 是 |
| 5 | 12534 | 1→2→5　3→4(否) | 是 |
| **6** | **12543** | **1→2→5→4→3(是)** | **是** |

【算法】　蛮力法求解哈密顿回路的算法用伪代码描述如下。

```
算法:哈密顿回路 HamiltonCycle
输入:无向图 G=(V, E)
```

输出：如果存在哈密顿回路，则输出该回路，否则，输出无解信息

1. 对顶点集合{1, 2, …, $n$}的每一个全排列 $v_{i1}v_{i2}\cdots v_{in}$ 执行下述操作：
   1.1 循环变量 $j$ 从 1 至 $n-1$ 重复执行下述操作：
      1.1.1 如果顶点 $v_{ij}$ 和 $v_{ij+1}$ 之间不存在边，则转步骤 1 考查下一个全排列；
      1.1.2 否则 j++；
   1.2 如果 $v_{in}$ 和 $v_{i1}$ 之间存在边，则输出全排列 $v_{i1}v_{i2}\cdots v_{in}$，算法结束；
2. 输出无解信息；

【算法分析】 算法 HamiltonCycle 在找到一条哈密顿回路后，即可结束算法，例如表 5-1 试探了 6 个全排列后找到了一条哈密顿回路。但是，最坏情况下需要考查顶点集合的所有全排列，时间复杂度为 $O(n!)$。

## 5.4.2 TSP 问题

【问题】 **TSP 问题**(traveling salesman problem)是指旅行家要旅行 $n$ 个城市然后回到出发城市，要求各个城市经历且仅经历一次，并要求所走的路程最短。

**应用实例**

某工厂生产 $n$ 种颜色的汽车，随着汽车颜色的转换，生产线上每台机器都需要从一种颜色切换到另一种颜色，转换开销取决于转换的两种颜色及其顺序。例如，从黄色切换到黑色需要 30 个单位的开销，从黑色切换到黄色需要 80 个单位的开销，从黄色切换到绿色需要 35 个单位的开销，等等。问题是找到一个最优生产调度，使得颜色转换的总开销最少。

【想法】 蛮力法求解 TSP 问题的基本思想是，找出所有可能的旅行路线，即依次考查图中所有顶点的全排列，从中选取路径长度最短的哈密顿回路(也称为简单回路)。例如，对于图 5-12 所示无向带权图，表 5-2 给出了用蛮力法求解 TSP 问题的过程。

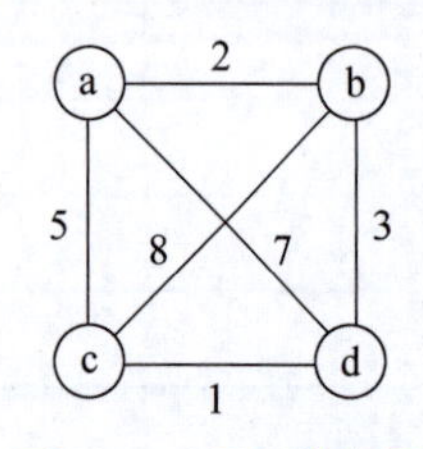


图 5-12 无向带权图

表 5-2 蛮力法求解 TSP 问题的过程

| 序号 | 路径 | 路径长度 | 是否最短 |
|---|---|---|---|
| 1 | a→b→c→d→a | 18 | 否 |
| **2** | **a→b→d→c→a** | **11** | **是** |
| 3 | a→c→b→d→a | 23 | 否 |
| **4** | **a→c→d→b→a** | **11** | **是** |
| 5 | a→d→b→c→a | 23 | 否 |
| 6 | a→d→c→b→a | 18 | 否 |

【算法】 蛮力法求解 TSP 问题与求解哈密顿回路问题类似，不同的仅是将回路经过

的边上的权值相加得到相应的路径长度，具体算法请读者自行设计。

【算法分析】 蛮力法求解TSP问题必须依次考查顶点集合的所有全排列，从中找出路径长度最短的简单回路，因此，时间下界是$\Omega(n!)$。除了该问题的一些规模非常小的实例外，蛮力法几乎是不实用的。

## 5.5 几何问题中的蛮力法

课件5-5

### 5.5.1 最近对问题

【问题】 最近对问题(nearest points problem)要求在包含$n$个点的集合中找出距离最近的两个点。严格地讲，距离最近的点对可能多于一对，简单起见，只找出其中的一对即可。

**应用实例**

在空中交通控制问题中，若将飞机作为空间中移动的一个点来处理，则具有最大碰撞危险的两架飞机，就是这个空间中最接近的一对点。这类问题是计算几何中研究的基本问题之一。

【想法】 简单起见，只考虑二维的情况，假设所讨论的点以标准笛卡儿坐标形式给出，两个点$p_i=(x_i, y_i)$和$p_j=(x_j, y_j)$之间的距离是欧几里得(Euclidean distance)距离：

$$d=\sqrt{(x_i-x_j)^2+(y_i-y_j)^2} \tag{5-2}$$

【算法】 蛮力法求解最近对问题的过程是显而易见的：分别计算每一对点之间的距离，然后找出距离最小的那一对。为了避免对同一对点计算两次距离，可以只考虑$i<j$的点对$(p_i, p_j)$。在求欧几里得距离时，可以免去求平方根操作，因为如果被开方的数越小，则它的平方根也越小。

【算法实现】 设数组x[n]和y[n]存储$n$个点的坐标，函数ClosestPoints的形参index1和index2以传引用形式接收最近点对的下标，假设最大距离不超过1000，程序如下。

源代码5-7

```
int ClosestPoints(int x[ ], int y[ ], int n, int &index1, int &index2)
{
  int i, j, d, minDist = 1000;
  for (i = 0; i < n - 1; i++)
    for (j = i + 1; j < n; j++)                    //只考虑 i<j 的点对
    {
      d = (x[i]-x[j]) * (x[i]-x[j]) + (y[i]-y[j]) * (y[i]-y[j]);
      if (d < minDist)
      {
```

```
            minDist = d;
            index1 = i; index2 = j;
        }
    }
    return minDist;
}
```

【算法分析】 算法 ClosestPoints 的基本语句是计算两个点的欧几里得距离，主要操作是求平方，执行次数为：

$$T(n)=\sum_{i=1}^{n-1}\sum_{j=i+1}^{n}2=2\sum_{i=1}^{n-1}(n-i)=n(n-1)=O(n^2)$$

### 5.5.2 凸包问题

定义 5.1 对于平面上若干个点构成的有限集合，如果以集合中任意两点 $P$ 和 $Q$ 为端点的线段上的点都属于该集合，则称该集合是凸集合(convex set)。

显然，任意凸多边形都是凸集合，图 5-13 给出了一些凸集合和非凸集合的例子。

定义 5.2 一个点集 $S$ 的凸包(convex hull)是包含 $S$ 的最小凸集合，其中，最小是指 $S$ 的凸包一定是所有包含 $S$ 的凸集合的子集。

对于平面上 $n$ 个点的集合 $S$，它的凸包就是包含所有这些点(或者在内部，或者在边界上)的最小凸多边形，最小凸多边形上的点称为凸包的极点(extreme dot)。图 5-14 给出了一个凸包的例子，其中，凸包的极点是 $p_1$、$p_2$、$p_6$、$p_7$、$p_4$。

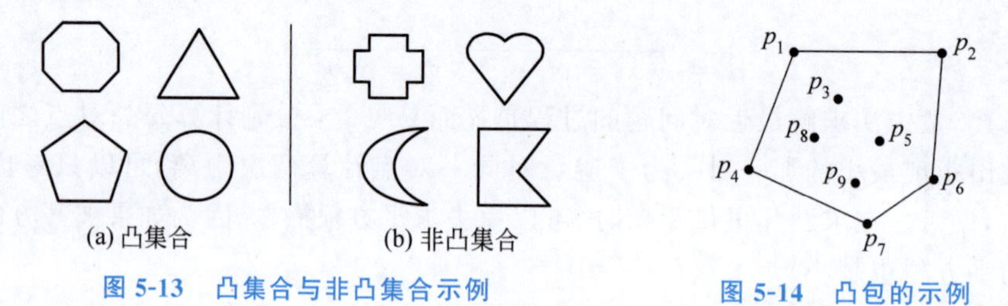


图 5-13 凸集合与非凸集合示例

图 5-14 凸包的示例

**应用实例**

基于眼睛粗定位是将人脸区域送入分类器进行判别的人脸检测方法，该方法能够正确检测 0°～360°旋转人脸图像，适用于非监视环境下的人脸检测。眼睛粗定位方法是一种基于彩色图像的定位方法，首先将皮肤部分提取出来，然后使用凸包填充算法，将大多数皮肤部分填充为凸包的形状，这样，就可以肯定在填充后的这些区域中，必定含有眼睛部分。

【问题】 凸包问题(convex hull problem)要求为平面上具有 $n$ 个点的集合 $S$ 构造最小凸多边形。

**【想法】** 设经过集合 $S$ 中两个点$(x_i, y_i)$和$(x_j, y_j)$的线段是 $l_{ij}$，如果该集合中的其他点都位于线段 $l_{ij}$ 的同一侧(假定不存在三点同线的情况)，则线段 $l_{ij}$ 是该集合凸包边界的一部分。在平面上，经过两个点$(x_i, y_i)$和$(x_j, y_j)$的直线由下面的方程定义：

$$Ax + By + C = 0 \quad (其中, A = y_i - y_j, B = x_j - x_i, C = x_i y_j - x_j y_i) \tag{5-3}$$

这条直线把平面分成两个半平面：其中一个半平面中的点都满足 $Ax+By+C>0$，另一个半平面中的点都满足 $Ax+By+C<0$。

**【算法】** 可以基于上述原理设计一个简单但缺乏效率的算法：对于点集 $S$ 中每一对顶点构成的线段，依次检验其余点是否位于这条线段的同一边。由于线段构成了凸包的边界，则满足条件的所有线段就构成了该凸包的边界。为了避免重复检验同一点对构成的线段，只考虑 $i<j$ 的点对$(p_i, p_j)$。

**【算法实现】** 设数组 x[n]和 y[n]存储 $n$ 个点的坐标，数组 px[n]和 py[n]存储所有极点的坐标，变量 sign1 和 sign2 表示两个半平面，函数 BulgePack 的返回值是极点的个数。程序如下。

源代码 5-8

```
int BulgePack(int x[ ], int y[ ], int n, int px[ ], int py[ ])
{
  int i, j, k, sign1, sign2;
  int A, B, C, index = 0;
  for (i = 0; i < n - 1; i++)
    for (j = i +1; j < n; j++)
    {
      sign1 = 0; sign2 = 0;                          //初始化 sign1 和 sign2
      A = y[i] - y[j]; B = x[j] - x[i]; C = x[i] * y[j] -x[j] * y[i];
      for (k = 0; k < n; k++)
      {
        if (k != i && k != j)
        {
          if (A * x[k] + B * y[k] + C > 0) sign1 = 1;
          else sign2 = 1;
          if (sign1 == sign2) break;                 //两个半平面均有点
        }
      }
      if (k == n)                                    //点 i 和 j 是极点
      {
        px[index] = x[i]; py[index++] = y[i];
        px[index] = x[j]; py[index++] = y[j];
      }
    }
    return index;
}
```

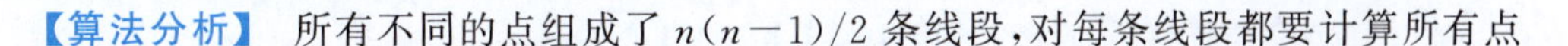
**【算法分析】** 所有不同的点组成了 $n(n-1)/2$ 条线段，对每条线段都要计算所有点

在表达式 $Ax+By+C$ 中的符号，所以，算法的时间复杂度是 $O(n^3)$。

# 5.6 拓展与演练

## 5.6.1 KMP 算法中 next 值的计算

设模式的长度为 $m$，用蛮力法求解 KMP 算法中的 next 值时，next[0]可直接给出，计算 next[j]($1\leqslant j\leqslant m-1$)则需要在 T[0] …T[j−1]中分别取长度为 j−1、…、2、1 的真前缀和真后缀并比较是否相等，最坏情况下的时间代价是：

$$\sum_{j=1}^{m-1}(j-1)=\frac{(m-1)(m-2)}{2}=O(m^2)$$

但实际上，只需将模式扫描一遍，就能够在线性时间内求得模式的 next 值。

因为 T[0]既没有真前缀也没有真后缀，因此 next[0]= −1。假设已经计算出 next[0]，next[1]，…，next[j]，如何计算 next[j+1]呢？设 k=next[j]，则 T[0]…T[k−1]=T[j−k]…T[j−1]，这意味着 T[0]…T[k−1]是 T[0]…T[j−1]的真前缀，同时 T[j−k]…T[j−1]是 T[0]…T[j−1]的真后缀。为了计算 next[j+1]，比较 T[k]和 T[j]，可能出现两种情况：

(1) T[k]=T[j]：说明 T[0]～T[k−1]T[k]=T[j−k]～T[j−1]T[j]，如图 5-15 所示。由 next 值的定义，next[j+1]=k+1。

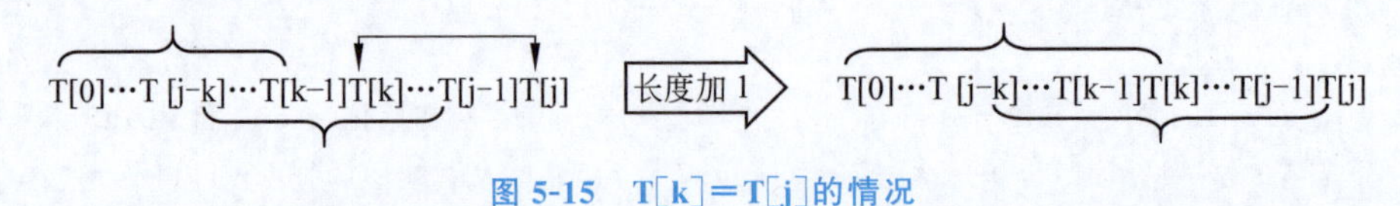


图 5-15　T[k]=T[j]的情况

(2) T[k]≠T[j]：此时要找出 T[0]…T[j−1]的真前缀和真后缀相等的第 2 大子串，由于 T[0]…T[j−1]的真前缀和真后缀相等的最大子串是 T[0]…T[k−1]，而 next[k]的值为 T[0]…T[k−1]的真前缀和真后缀相等的最大子串的长度，则 T[0]…T[next[k]−1]即 T[0]…T[j−1]的真前缀和真后缀相等的第 2 大子串，如图 5-16 所示。令 k=next[k]，再比较 T[k]和 T[j]，此时仍会出现两种情况。当 T[k]=T[j]时，与情况(1)类似，此时，next[j+1]=k+1；当 T[k]≠T[j]时，与情况(2)类似，再找出 T[0]…T[k−1]的真前缀和真后缀相等的最大子串，重复(2)的过程，直至 T[k]=T[j]，或 next[k]=−1，说明 T[0]…T[j−1]不存在真前缀和真后缀相等的子串，此时，next[j+1]=0。

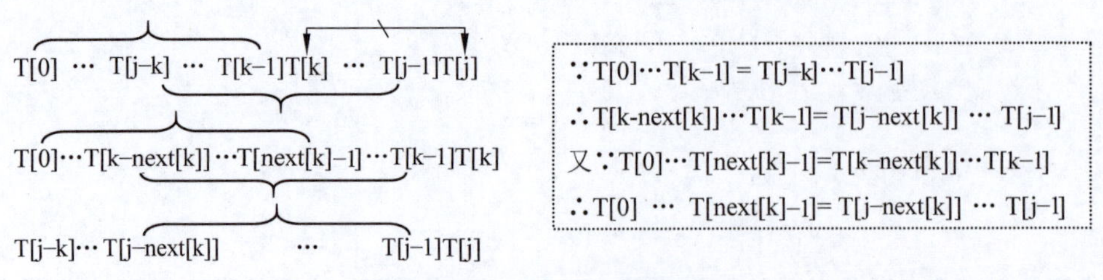


图 5-16　T[k]≠T[j]的情况

例如，模式 $T$="abaababc"的 next 值计算如下。

j=0 时，next[0]=−1

j=1 时，k=next[0]=−1，next[1]=0

j=2 时，k=next[1]=0，T[0]≠T[1]；k=next[k]=next[0]=−1，next[2]=0

j=3 时，k=next[2]=0，T[0]=T[2]，next[3]=k+1=0+1=1

j=4 时，k=next[3]=1，T[1]≠T[3]；k=next[k]=next[1]=0，T[0]=T[3]，next[4]=k+1=1

j=5 时，k=next[4]=1，T[1]=T[4]，next[5]=k+1=1+1=2

j=6 时，k=next[5]=2，T[2]=T[5]，next[6]=k+1=2+1=3

j=7 时，k=next[6]=3，T[3]≠T[6]；k=next[k]=next[3]=1，T[1]=T[6]，next[7]=k+1=2

基于以上想法，在线性时间内求得模式 next 值的程序如下。

```
void GetNext(char T[ ], int next[ ])
{
  int j = 0, k = -1;
  next[0] = -1;
  while (T[j] != '\0')                          //对模式 T 扫描一遍
  {
    if (k == -1) {next[++j] = 0; k = 0; }       //无相同子串
    else if (T[j] == T[k])                      //确定 next[j+1]的值
    {
      k++; next[++j] = k;                       //相等子串长度加 1
    }
    else k = next[k];                           //取 T[0]~T[j]下一个相等子串的长度
  }
}
```

### 5.6.2　0/1 背包问题

**【问题】**　给定 $n$ 个重量为$\{w_1, w_2, \cdots, w_n\}$、价值为$\{v_1, v_2, \cdots, v_n\}$的物品和一个容量为 $C$ 的背包，**0/1 背包问题**(0/1 knapsack problem)是求这些物品的一个最有价值的子集，并且要能够装到背包中。

**应用实例**

有 $n$ 项可投资的项目，每个项目需要投入资金 $s_i$，可获利润为 $v_i$，现有可用资金总数为 $M$，应选择哪些项目来投资，可获得最大利润。

**【想法】**　用蛮力法解决 0/1 背包问题，需要考虑给定 $n$ 个物品集合的所有子集，找出所有总重量不超过背包容量的子集，计算每个可能子集的总价值，然后找到价值最大的子集。例如,给定4个物品的重量为{7, 3, 4, 5},价值为{42, 12, 40, 25},和一个容量为10的背包,表5-3给出了蛮力法求解0/1背包问题的过程。

表5-3 蛮力法求解0/1背包问题的过程

| 序号 | 子集 | 总重量 | 总价值 | 序号 | 子集 | 总重量 | 总价值 |
|---|---|---|---|---|---|---|---|
| 1 | ∅ | 0 | 0 | 9 | {2,3} | 7 | 52 |
| 2 | {1} | 7 | 42 | 10 | {2,4} | 8 | 37 |
| 3 | {2} | 3 | 12 | 11 | **{3,4}** | **9** | **65** |
| 4 | {3} | 4 | 40 | 12 | {1,2,3} | 14 | 不可行 |
| 5 | {4} | 5 | 25 | 13 | {1,2,4} | 15 | 不可行 |
| 6 | {1,2} | 10 | 54 | 14 | {1,3,4} | 16 | 不可行 |
| 7 | {1,3} | 11 | 不可行 | 15 | {2,3,4} | 12 | 不可行 |
| 8 | {1,4} | 12 | 不可行 | 16 | {1,2,3,4} | 19 | 不可行 |

【算法】 蛮力法求解0/1背包问题的算法用伪代码描述如下。

```
算法：蛮力法求解 0/1 背包问题
输入：重量{w1, w2, …, wn},价值{v1, v2, …, vn},背包容量 C
输出：装入背包的物品编号
1. 初始化最大价值 maxValue=0;结果子集 S=∅;
2. 对集合{1, 2, …, n}的每一个子集 T,执行下述操作：
   2.1 初始化背包的价值 value=0;背包的重量 weight=0;
   2.2 对子集 T 的每一个元素 j 执行下述操作：
       2.2.1 如果 weight+wj < C,则 weight=weight+wj;value=value+vj;
       2.2.2 否则,转步骤 2 考查下一个子集;
   2.3 如果 maxValue < value,则 maxValue=value; S=T;
3. 输出子集 S 中的各元素;
```

【算法分析】 对于具有$n$个元素的集合,其子集数量是$2^n$,所以,无论生成子集的算法效率有多高,蛮力法求解0/1背包问题的时间下限是$\Omega(2^n)$。

## 实验5 任务分配问题

【实验题目】 假设有$n$个任务需要分配给$n$个人执行,每个任务只分配给一个人,每个人只执行一个任务,且第$i$个人执行第$j$个任务的成本是$C_{ij}$($1 \leqslant i, j \leqslant n$),任务分配问题(task allocation)要求找出总成本最小的分配方案。

【实验要求】 分别生成$n$=5,6,7,8,9,10的任务成本,记录实验数据,体会指数级算法随着输入规模增长的时间开销。

【实验提示】 可以用矩阵表示任务分配问题的成本，矩阵元素 $C_{ij}(1\leqslant i, j\leqslant n)$ 表示人员 $i$ 执行任务 $j$ 的成本。任务分配问题就是在成本矩阵中的每一行选取一个元素，这些元素分别属于不同的列，并且元素之和最小。可以用一个 $n$ 元组$(j_1, j_2, \cdots, j_n)$来描述任务分配问题的一个可能解，其中第 $i$ 个分量 $j_i(1\leqslant i\leqslant n)$表示在第 $i$ 行中选择的列号。例如，(2, 3, 1)表示这样一种分配：任务 2 分配给人员 1、任务 3 分配给人员 2、任务 1 分配给人员 3。用蛮力法解决任务分配问题首先生成整数 1～$n$ 的全排列，然后把成本矩阵中的相应元素相加求得每种分配方案的总成本，选出具有最小和的方案。

## 习　题　5

1. 假设在文本"ababcabccabccacbab"中查找模式"abccac"，分别写出采用 BF 算法和 KMP 算法的串匹配过程。

2. 分式化简。设计算法，将一个给定的真分数化简为最简分数形式，例如将 6/8 化简为 3/4。

3. 设计算法，判断一个大整数能否被 11 整除。可以采用以下方法：将该数的十进制表示从右端开始，每两位一组构成一个整数，然后将这些数相加，判断其和能否被 11 整除。例如，将 562843748 分割成 5、62、84、37、48，然后判断(5＋62＋84＋37＋48)能否被 11 整除。

4. 设计算法求解 $a^n \bmod m$，其中 $a$、$n$ 和 $m$ 均为大于 1 的整数。(提示：为了避免 $a^n$ 超出 int 型的表示范围，应该每做一次乘法之后对 $n$ 取模。)

5. 设计算法，在数组 r[n]中删除重复的元素，要求移动元素的次数较少并使剩余元素间的相对次序保持不变。

6. 已知数组 A[n]的元素为整型，设计算法将其调整为左右两部分，左边所有元素为奇数，右边所有元素为偶数，要求时间复杂度为 $O(n)$，空间复杂度为 $O(1)$。

7. $k$ 维空间的最近对问题。$k$ 维空间的两个点 $p_1=(x_1,x_2,\cdots,x_k)$和 $p_2=(y_1,y_2,\cdots,y_k)$的欧几里得距离定义为：$d(p_1,p_2)=\sqrt{\sum_{i=1}^{k}(y_i-x_i)^2}$。设计蛮力算法求 $k$ 维空间最近的点对，并分析时间性能。

8. 设计蛮力算法求解小规模的线性规划问题。假设约束条件为：①$x+y\leqslant 4$；②$x+3y\leqslant 6$；③$x\geqslant 0$ 且 $y\geqslant 0$，使目标函数 $3x+5y$ 取得极大值。

# 第 6 章 分治法

分治者，分而治之也。分治法(divide and conquer method)是最著名的算法设计技术，在计算机科学领域孕育了许多重要、有效的算法。作为解决问题的一般性策略，分治法在政治和军事领域也是克敌制胜的法宝。

## 6.1 概述

课件 6-1

### 6.1.1 分治法的设计思想

用计算机求解问题所需的时间一般都和问题规模有关，问题规模越小，求解问题所需的计算时间就越少，从而也较容易处理。分治法将一个难以直接解决的大问题划分成一些规模较小的子问题，分别求解各个子问题，再合并子问题的解得到原问题的解。一般来说，分治法的求解过程由以下三个阶段组成。

(1) 划分：把规模为 $n$ 的原问题划分为 $k$ 个(通常 $k=2$)规模较小的子问题。

(2) 求解子问题：分别求解各个子问题。各子问题的解法与原问题的解法通常是相同的，可以用递归的方法求解，有时递归处理也可以用循环来实现。

(3) 合并：把各个子问题的解合并起来。合并的代价因情况不同有很大差异，分治算法的效率很大程度上依赖于合并的实现。

在进行问题划分时，根据平衡子问题(balancing sub-problem)的启发式思想，子问题的规模最好大致相同，也就是将原问题划分成规模相等的 $k$ 个子问题。另外，各子问题之间最好相互独立，这涉及分治法的效率，如果各子问题不是独立的，则分治法需要重复求解公共的子问题，此时虽然也可以用分治法，但一般用动态规划法较好。图 6-1 给出了分治法的典型情况。

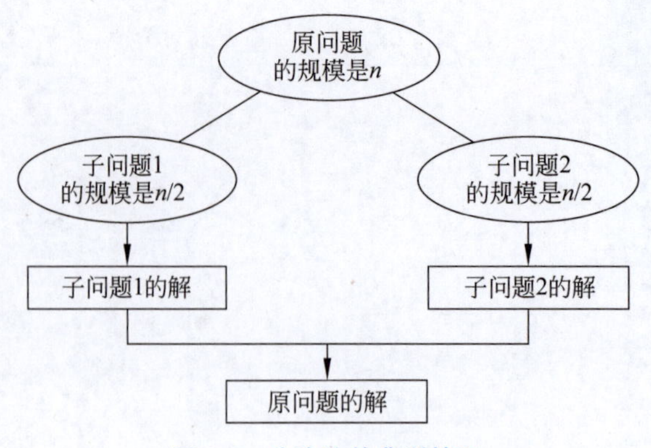


图 6-1 分治法的典型情况

### 6.1.2 分治与递归

由分治法产生的子问题往往是原问题的较小模式,反复应用分治手段,可以使子问题与原问题解法相同而其规模却不断缩小,最终使子问题缩小到很容易直接求解,这自然导致递归过程的产生。分治与递归就像一对孪生兄弟,经常同时应用在算法设计之中,并由此产生许多高效的算法。

递归(recursion)是一种描述问题和解决问题的基本方法,递归程序直接调用自己或通过一系列调用语句间接调用自己,将待求解问题转化为解法相同的子问题,最终实现问题求解。具体地,递归方法的求解思想是:将一个难以直接解决的原问题分解为两部分,一部分是规模足够小的子问题,可以直接求解;另一部分是一些规模较小的子问题,子问题的解决方法与原问题的解决方法相同。如果子问题的规模仍然不够小,则再将子问题分解为规模更小的子问题,如此分解下去,直到子问题的规模足够小,可以直接求解为止。因此,递归必须具备以下两个基本要素,才能在有限次计算后得出结果:①递归出口:确定递归到何时终止,即递归的结束条件。②递归体:确定递归的方式,即原问题是如何分解为子问题的。

很多问题本身就是以递归形式给出的,可以用递归方法求解。例如,阶乘的递归定义。有些问题虽然定义本身不具有明显的递归特征,但其求解方法是递归的,如汉诺塔问题就是这类问题的一个典型代表。

### 6.1.3 一个简单的例子:汉诺塔问题

【问题】 汉诺塔问题(Hanio tower problem)来自一个古老的传说:有一座宝塔(塔A),其上有64个金碟,所有碟子按从大到小由塔底堆放至塔顶。紧挨着这座宝塔有另外两座宝塔(塔B和塔C),要求把塔A上的碟子移动到塔C上去,其间可以借助于塔B。每次只能移动一个碟子,任何时候都不能把一个碟子放在比它小的碟子上面。

【想法】 对于$n$个碟子的汉诺塔问题,可以通过以下三个步骤实现:

(1) 将塔A上的$n-1$个碟子借助塔C先移到塔B上;

(2) 将塔A上剩下的一个碟子移到塔C上;

(3) 将 $n-1$ 个碟子从塔B借助于塔A移到塔C上。

当 $n=3$ 时的求解过程如图6-2所示，显然这是一个递归求解的过程。

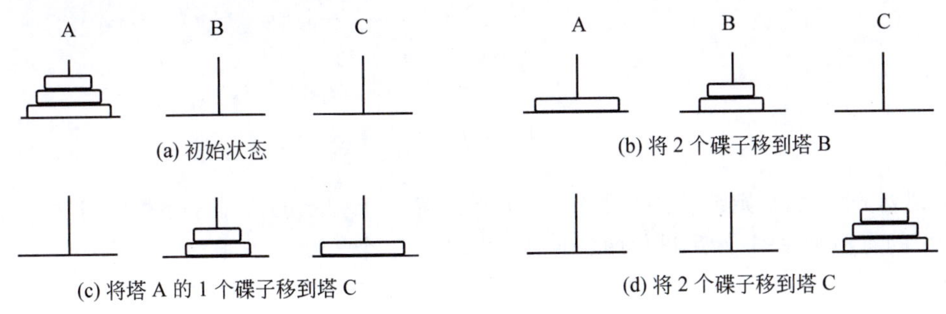


图6-2　汉诺塔问题求解示意图

【算法分析】 汉诺塔问题的递归算法存在如下递推关系式：

$$T(n)=\begin{cases}1 & n=1\\ 2T(n-1)+1 & n>1\end{cases}$$

使用扩展递归技术对递推式进行推导，得到该递推式的解 $O(2^n)$。

【算法实现】 设函数Hanio实现将 $n$ 个碟子从塔A借助塔B移到塔C上，字符型形参A、B和C表示塔A、塔B和塔C，程序如下。

源代码6-1

```
void Hanio(int n, char A, char B, char C)
{
  if (n == 1)
    cout<<A<<"-->"<<C<<"\t";
  else
  {
    Hanio(n-1, A, C, B);
    cout<<A<<"-->"<<C<<"\t";
    Hanio(n-1, B, A, C);
  }
}
```

课件6-2

## 6.2　排序问题中的分治法

### 6.2.1　归并排序

【问题】 归并排序(merge sort)的分治策略如下(图6-3)。

(1) 划分：将待排序序列从中间位置划分为两个长度相等的子序列。

(2) 求解子问题：分别对这两个子序列进行排序，得到两个有序子序列。

(3) 合并：将这两个有序子序列合并成一个有序序列。

【想法】 归并排序首先执行划分过程，将序列划分为两个子序列，如果子序列的长度

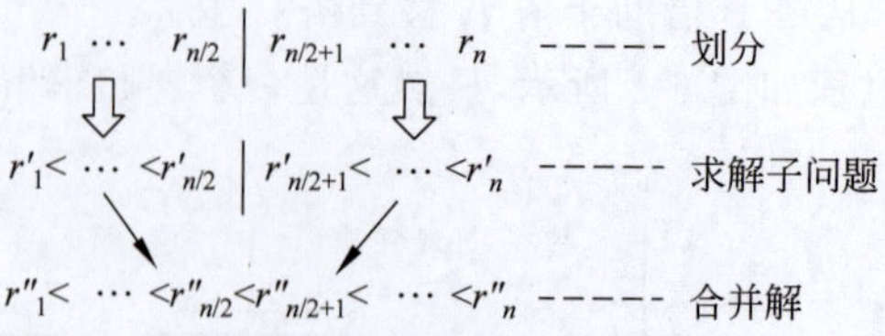

$r_1 \cdots r_{n/2} \mid r_{n/2+1} \cdots r_n$ ------ 划分

$r'_1 < \cdots < r'_{n/2} \mid r'_{n/2+1} < \cdots < r'_n$ ------ 求解子问题

$r''_1 < \cdots < r''_{n/2} < r''_{n/2+1} < \cdots < r''_n$ ------ 合并解

图 6-3 归并排序的分治思想

为 1,则划分结束,否则继续执行划分,结果将具有 $n$ 个记录的待排序序列划分为 $n$ 个长度为 1 的有序子序列;然后进行两两合并,得到$\lceil n/2 \rceil$个长度为 2(最后一个有序序列的长度可能是 1)的有序子序列,再进行两两合并,得到$\lceil n/4 \rceil$个长度为 4 的有序序列(最后一个有序序列的长度可能小于 4),以此类推,直至得到一个长度为 $n$ 的有序序列。图 6-4 给出了归并排序的例子。

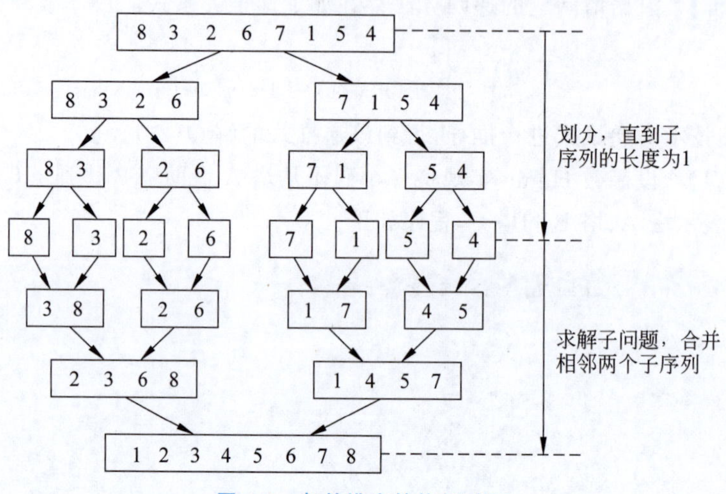


图 6-4 归并排序的执行过程

**【算法】** 设对数组 r[n]进行升序排列,算法如下。

> 算法：归并排序 MergeSort
> 输入：待排序数组 r[n],待排序区间[s, t]
> 输出：升序序列 r[s]～r[t]
> 1. 如果 $s$ 等于 $t$,则待排序区间只有一个记录,算法结束;
> 2. 计算划分的位置：m=(s+t)/2;
> 3. 对前半个子序列 r[s]～r[m]进行升序排列;
> 4. 对后半个子序列 r[m+1]～r[t]进行升序排列;
> 5. 合并两个升序序列 r[s]～r[m]和 r[m+1]～r[t];

**【算法分析】** 设待排序记录个数为 $n$,则执行一趟合并算法的时间复杂度为 $O(n)$,所以,归并排序算法存在如下递推式:

$$T(n)=\begin{cases}1 & n=1\\ 2T(n/2)+n & n>1\end{cases}$$

使用扩展递归技术对递推式进行推导，归并排序的时间复杂度是$O(n\log_2 n)$。

【算法实现】 归并排序的合并操作需要将两个相邻的有序子序列合并为一个有序序列，在合并过程中可能会破坏原来的有序序列，所以，合并不能就地进行。设将有序子序列 r[s]～r[m]和 r[m+1]～r[t]合并为有序序列 r1[s]～r1[t]，再将合并结果传回数组 r[s]～r[t]，设函数 Merge 实现合并操作，函数 MergeSort 实现归并排序，程序如下。

源代码 6-2

```
void Merge(int r[ ], int s, int m, int t)
{
  int r1[t];
  int i = s, j = m + 1, k = s;
  while (i <= m && j <= t)
  {
    if (r[i] <= r[j]) r1[k++] = r[i++];              //较小者放入 r1[k]
    else r1[k++] = r[j++];
  }
  while (i <= m)                                      //处理第一个子序列剩余记录
    r1[k++] = r[i++];
  while (j <= t)                                      //处理第二个子序列剩余记录
    r1[k++] = r[j++];
  for (i = s; i <= t; i++)                            //将合并结果传回数组 r
      r[i] = r1[i];
}
void MergeSort(int r[ ], int s, int t)               //对序列 r[s]~r[t]进行归并排序
{
  if (s == t) return;                                 //只有一个记录,已经有序
  else
  {
    int m = (s + t)/2;                                //划分
    MergeSort(r, s, m);                               //归并排序前半个子序列
    MergeSort(r, m+1, t);                             //归并排序后半个子序列
    Merge(r, s, m, t);                                //合并两个有序子序列
  }
}
```

## 6.2.2 快速排序

【问题】 快速排序(quick sort)的分治策略如下(图 6-5)。

(1) 划分：选定一个记录作为轴值，以轴值为基准将整个序列划分为两个子序列，轴值的位置在划分的过程中确定，并且左侧子序列的所有记录均小于或等于轴值，右侧子序列的所有记录均大于或等于轴值。

(2) 求解子问题：分别对划分后的每一个子序列进行递归处理。

(3) 合并：由于对子序列的排序是就地进行的，所以合并不需要执行任何操作。

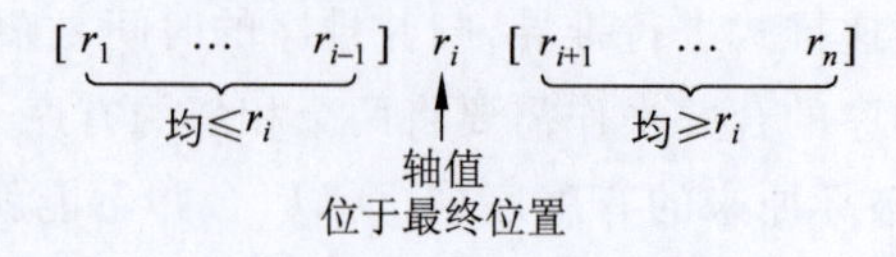


图 6-5　快速排序的分治思想

【想法】 首先对待排序记录序列进行划分，划分的轴值应该遵循平衡子问题的原则，使划分后两个子序列的长度尽量相等。轴值的选择有很多方法，例如，可以随机选出一个记录作为轴值，从而期望划分是较平衡的。假设以第一个记录作为轴值，图 6-6 给出了一个划分的例子(黑体框代表轴值)。

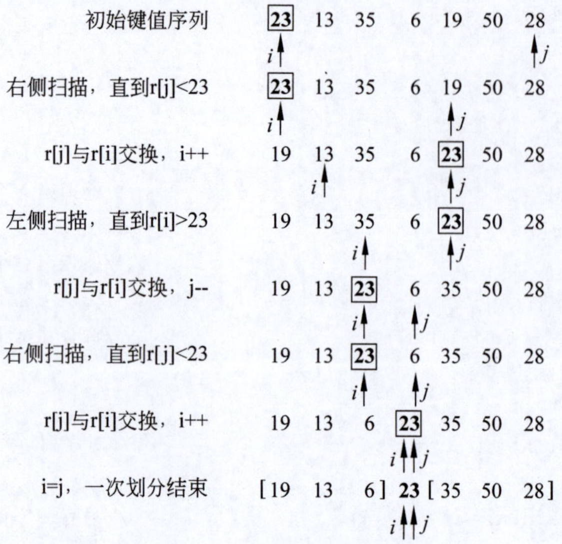

| | | | | | | | |
|---|---|---|---|---|---|---|---|
| 初始键值序列 | **23** | 13 | 35 | 6 | 19 | 50 | 28 |
| | i↑ | | | | | | ↑j |
| 右侧扫描，直到r[j]<23 | **23** | 13 | 35 | 6 | 19 | 50 | 28 |
| | i↑ | | | | ↑j | | |
| r[j]与r[i]交换，i++ | 19 | 13 | 35 | 6 | **23** | 50 | 28 |
| | | i↑ | | | ↑j | | |
| 左侧扫描，直到r[i]>23 | 19 | 13 | 35 | 6 | **23** | 50 | 28 |
| | | | i↑ | | ↑j | | |
| r[j]与r[i]交换，j-- | 19 | 13 | **23** | 6 | 35 | 50 | 28 |
| | | | i↑ | ↑j | | | |
| 右侧扫描，直到r[j]<23 | 19 | 13 | **23** | 6 | 35 | 50 | 28 |
| | | | i↑ | ↑j | | | |
| r[j]与r[i]交换，i++ | 19 | 13 | 6 | **23** | 35 | 50 | 28 |
| | | | | i↑↑j | | | |
| i=j，一次划分结束 | [19 | 13 | 6] | **23** | [35 | 50 | 28] |
| | | | | i↑↑j | | | |

图 6-6　一次划分的过程示例

以轴值为基准将待排序序列划分为两个子序列后，对每一个子序列分别进行递归处理。图 6-7 所示是一个快速排序的完整的例子。

| | | | | | | | |
|---|---|---|---|---|---|---|---|
| 初始键值序列 | 23 | 13 | 35 | 6 | 19 | 50 | 28 |
| 一次划分之后 | [19 | 13 | 6] | **23** | [35 | 50 | 28] |
| 分别进行快速排序 | [6 | 13] | **19** | 23 | [28] | **35** | [50] |
| | **6** | [13] | 19 | 23 | 28 | 35 | 50 |
| 最终结果 | 6 | 13 | 19 | 23 | 28 | 35 | 50 |

图 6-7　快速排序的执行过程

【算法实现】 设函数 Partition 实现对序列 r[first]～r[end]进行划分，函数 QuickSort 实现快速排序，程序如下。

源代码 6-3

```
int Partition(int r[ ], int first, int end)
{
  int temp, i = first, j = end;
  while (i < j)
  {
    while (i < j && r[i] <= r[j]) j--;          //右侧扫描
    if (i < j)
    {
      temp = r[i]; r[i] = r[j]; r[j] = temp;    //将较小记录交换到前面
      i++;
    }
    while (i < j && r[i] <= r[j]) i++;          //左侧扫描
    if (i < j)
    {
      temp = r[i]; r[i] = r[j]; r[j] = temp;    //将较大记录交换到后面
      j--;
    }
  }
  return i;                                     //返回轴值记录的位置
}
void QuickSort(int r[ ], int first, int end)    //快速排序
{
  if (first < end)
  {
    int pivot = Partition(r, first, end);       //划分,pivot 是轴值的位置
    QuickSort(r, first, pivot-1);               //对左侧子序列进行快速排序
    QuickSort(r, pivot+1, end);                 //对右侧子序列进行快速排序
  }
}
```

**【算法分析】** 最好情况下,每次划分对一个记录定位后,该记录的左侧子序列与右侧子序列的长度相同。在具有 $n$ 个记录的序列中,一次划分需要对整个待划分序列扫描一遍,所需时间为 $O(n)$,则有:

$$
\begin{aligned}
T(n) &= 2T(n/2) + n \\
&= 2(2T(n/4) + n/2) + n = 4T(n/4) + 2n \\
&= 4(2T(n/8) + n/4) + 2n = 8T(n/8) + 3n \\
&\quad \vdots \\
&= nT(1) + n\log_2 n = O(n\log_2 n)
\end{aligned}
$$

最坏情况下,待排序记录序列正序或逆序,每次划分只得到一个比上一次划分少一个记录的子序列(另一个子序列为空)。此时,必须经过 $n-1$ 次递归调用才能把所有记录定位,而且第 $i$ 趟划分需要经过 $n-i$ 次比较才能找到第 $i$ 个记录的位置,因此,时间复杂度为:

$$\sum_{i=1}^{n-1}(n-i)=\frac{1}{2}n(n-1)=O(n^2)$$

平均情况下,设轴值记录的关键码第 $k$ 小($1\leqslant k\leqslant n$),则有:

$$T(n)=\frac{1}{n}\sum_{k=1}^{n}(T(n-k)+T(k-1))+n=\frac{2}{n}\sum_{k=1}^{n}T(k)+n$$

这是快速排序的平均时间性能,可以用归纳法证明,其数量级也为 $O(n\log_2 n)$。

由于快速排序是递归执行的,需要一个工作栈来存放每一层递归调用的必要信息,栈的最大容量与递归调用的深度一致。最好情况下要进行$\lfloor \log_2 n \rfloor$次递归调用,栈的深度为 $O(\log_2 n)$;最坏情况下,要进行 $n-1$ 次递归调用,栈的深度为 $O(n)$;平均情况下,栈的深度为 $O(\log_2 n)$。

课件 6-3

## 6.3 组合问题中的分治法

### 6.3.1 最大子段和问题

**【问题】** 给定由 $n$ 个整数(可能有负整数)组成的序列($a_1, a_2, \cdots, a_n$),**最大子段和问题**(sum of largest sub-segment)要求该序列子段之和 $\left(\text{形如}\sum_{k=i}^{j}a_k, 1\leqslant i\leqslant j\leqslant n\right)$ 的最大值。例如,序列(−20, 11, −4, 13, −5, −2)的最大子段和为 $\sum_{k=2}^{4}a_k=20$。

> **应用实例**
>
> 国际期货市场某种商品在某个月的第 1, 2,…, 31 天的价格涨幅分别记为 $a_1$, $a_2$,…, $a_{31}$,若某天的价格下跌,这天的涨幅就是负值。如果想知道在连续哪些天,该商品的价格具有最高涨幅,究竟涨了多少,这个问题就可以抽象为最大子段和问题。

**【想法】** 最大子段和问题的分治策略如下(图 6.8)。

(1) 划分:按照平衡子问题的原则,将序列($a_1, a_2, \cdots, a_n$)划分成长度相同的两个子序列($a_1, \cdots, a_{n/2}$)和($a_{n/2+1}, \cdots, a_n$)。这会出现以下三种情况:

① ($a_1, \cdots, a_n$)的最大子段和=($a_1, \cdots, a_{n/2}$)的最大子段和;

② ($a_1, \cdots, a_n$)的最大子段和=($a_{n/2+1}, \cdots, a_n$)的最大子段和;

③ ($a_1, \cdots, a_n$)的最大子段和 $=\sum_{k=i}^{j}a_k$,且 $1\leqslant i\leqslant n/2, n/2+1\leqslant j\leqslant n$。

(2) 求解子问题:对于划分阶段的情况①和②可递归求解,情况③需要分别计算 $s1=\max\left\{\sum_{k=i}^{n/2}a_k\right\}(1\leqslant i\leqslant n/2)$, $s2=\max\left\{\sum_{k=n/2+1}^{j}a_k\right\}(n/2+1\leqslant j\leqslant n)$,则 $s1+s2$ 为情况③的最大子段和。

(3) 合并:比较在划分阶段三种情况下的最大子段和,取三者之中的较大者为原问题的解。

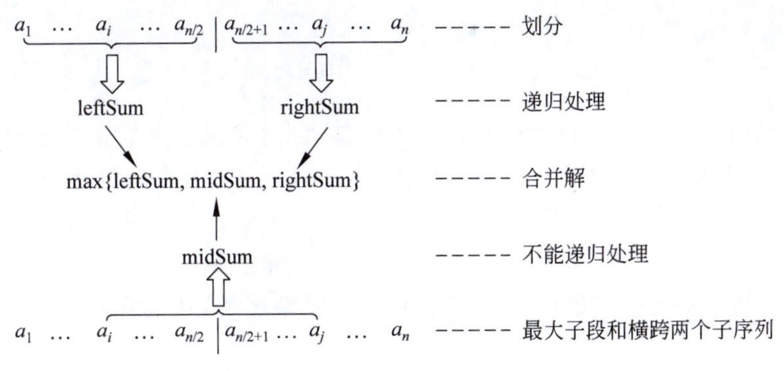


图 6-8　最大子段和问题的分治思想

【算法实现】 最大子段和问题是按照位置进行划分的，设变量 center 表示序列的中间位置，数组 a[n]存放整数序列，程序如下。

源代码 6-4

```
int MaxSum(int a[ ], int left, int right)
{
  int sum = 0, midSum = 0, leftSum = 0, rightSum = 0;
  int i, center, s1, s2, lefts, rights;
  if (left == right)                                //如果序列长度为 1,直接求解
    sum = a[left];
  else
  {
    center = (left + right)/2;                      //划分
    leftSum = MaxSum(a, left, center);              //对应情况①,递归求解
    rightSum = MaxSum(a, center+1, right);          //对应情况②,递归求解
    s1 = 0; lefts = 0;                              //以下对应情况③,先求解 s1
    for (i = center; i >= left; i--)
    {
      lefts += a[i];
      if (lefts > s1) s1 = lefts;
    }
    s2 = 0; rights = 0;                             //再求解 s2
    for (i = center + 1; i <= right; i++)
    {
      rights += a[i];
      if (rights > s2) s2 = rights;
    }
    midSum = s1 + s2;                               //计算情况③的最大子段和
    if (midSum < leftSum) sum = leftSum;            //合并解,取较大者
    else sum = midSum;
    if (sum < rightSum) sum = rightSum;
  }
```

```
    return sum;
}
```

【算法分析】 分析算法 MaxSum 的时间性能,划分情况①和②需要分别递归求解,对应情况③,两个并列 for 循环的时间复杂度是 $O(n)$,所以,存在如下递推式:

$$\begin{cases} T(n)=1 & n=1 \\ T(n)=2T(n/2)+n & n>1 \end{cases}$$

使用扩展递归技术对递推式进行推导,算法的时间复杂度为 $O(n\log_2 n)$。

## 6.3.2 棋盘覆盖问题

【问题】 在一个由 $2^k \times 2^k (k \geqslant 0)$ 个方格组成的棋盘中,恰有一个方格与其他方格不同,称该方格为特殊方格。显然,特殊方格在棋盘中可能出现的位置有 $4^k$ 种,因而有 $4^k$ 种不同的棋盘,图 6-9(a)所示是 $k=2$ 时 16 种棋盘中的一个。棋盘覆盖问题(chess cover problem)要求用图 6-9(b)所示的 4 种不同形状的 L 形骨牌覆盖给定棋盘上除特殊方格以外的所有方格,且任何 2 个 L 形骨牌不得重叠覆盖。

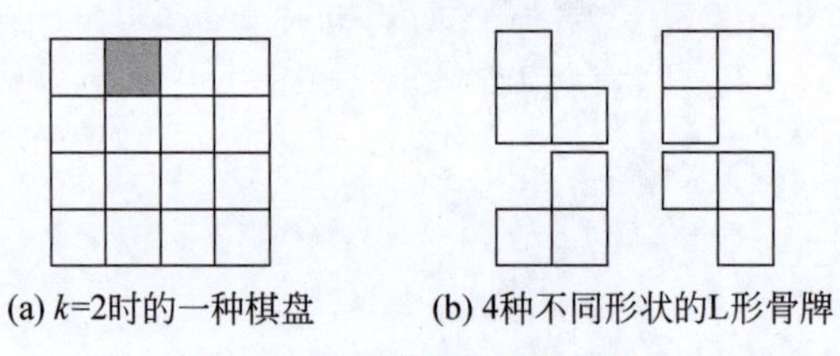

(a) $k$=2时的一种棋盘 (b) 4种不同形状的L形骨牌

图 6-9 棋盘覆盖问题示例

【想法】 应用分治法求解棋盘覆盖问题的技巧在于如何划分棋盘,使划分后的子棋盘的大小相同,并且每个子棋盘均包含一个特殊方格,从而将原问题分解为规模较小的棋盘覆盖问题。$k>0$ 时,可将 $2^k \times 2^k$ 的棋盘划分为 4 个 $2^{k-1} \times 2^{k-1}$ 的子棋盘,如图 6-10(a)所示。这样划分后,由于原棋盘只有一个特殊方格,所以,这 4 个子棋盘中只有一个子棋盘包含该特殊方格,其余 3 个子棋盘中没有特殊方格。为了将这 3 个没有特殊方格的子棋盘转化为特殊棋盘,以便采用递归方法求解,可以用一个 L 形骨牌覆盖这 3 个较小棋盘的会合处,如图 6-10(b)所示,从而将原问题转化为 4 个较小规模的棋盘覆盖问题。递归地使用这种划分策略,直至将棋盘分割为 $1 \times 1$ 的子棋盘。

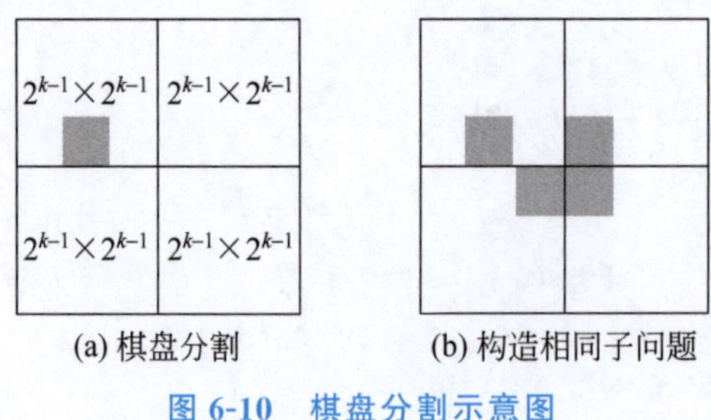


(a) 棋盘分割 (b) 构造相同子问题

图 6-10 棋盘分割示意图

【算法】 下面讨论棋盘覆盖问题有关存储结构的设计，如图 6-11 所示。

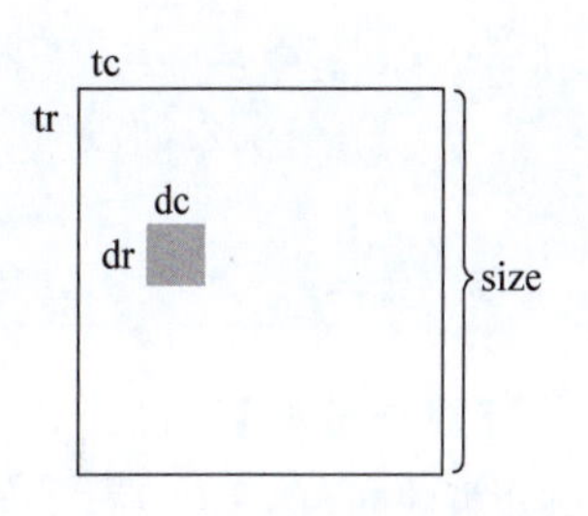


图 6-11　棋盘及特殊方格的表示

(1) 棋盘：可以用一个二维数组 board[size][size]表示一个棋盘，其中，size $=2^k$。为了在递归处理的过程中使用同一个棋盘，将数组 board 设为全局变量。

(2) 子棋盘：整个棋盘用二维数组 board[size][size]表示，其中的子棋盘由棋盘左上角的下标 tr、tc 和子棋盘大小 s 表示。

(3) 特殊方格：用 board[dr][dc]表示特殊方格，dr 和 dc 是该特殊方格在二维数组 board 中的下标。

(4) L 形骨牌：一个 $2^k \times 2^k$ 的棋盘中有一个特殊方格，所以，用到 L 形骨牌的个数为 $(4^k-1)/3$，将所有 L 形骨牌从 1 开始连续编号，用一个全局变量 t 表示。

【算法实现】 设全局变量 t 已初始化为 0，变量 t1 表示本次覆盖所用 L 形骨牌的编号，程序如下。

源代码 6-5

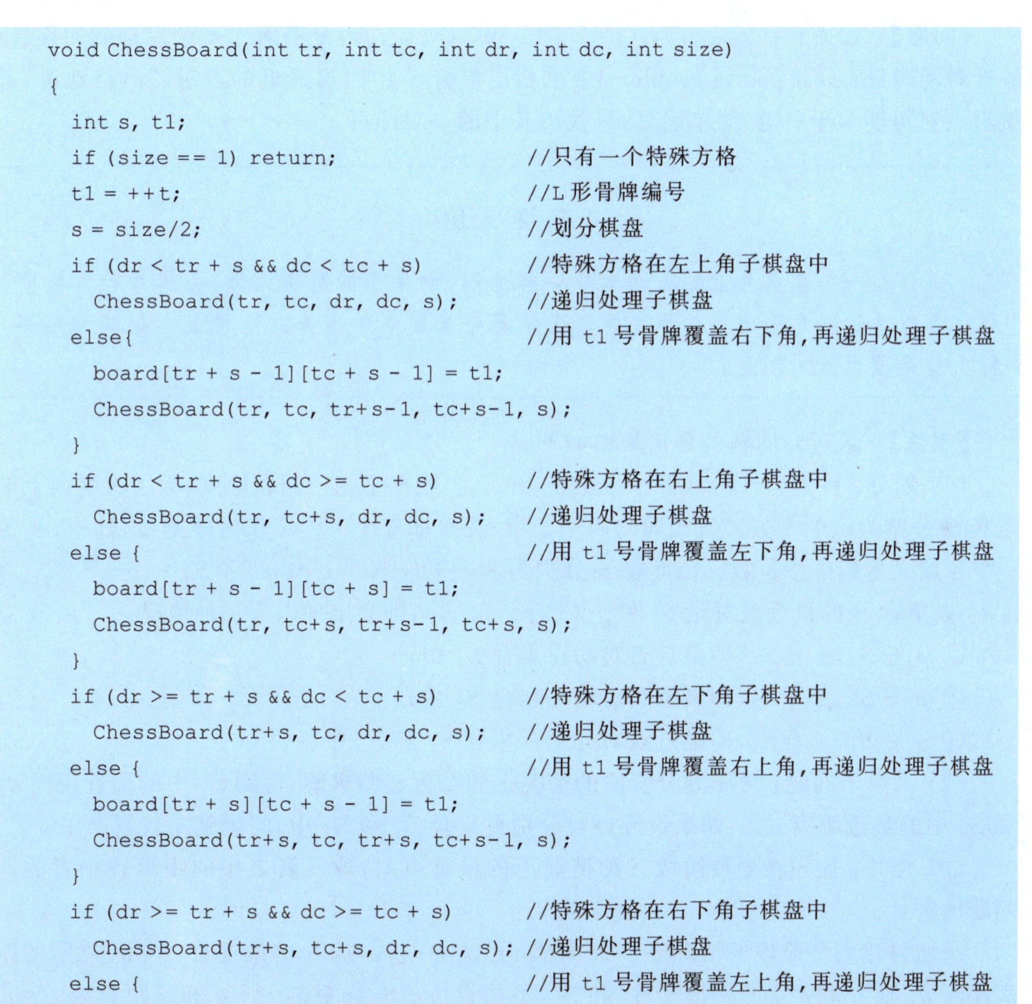

```
void ChessBoard(int tr, int tc, int dr, int dc, int size)
{
  int s, t1;
  if (size == 1) return;                    //只有一个特殊方格
  t1 = ++t;                                 //L 形骨牌编号
  s = size/2;                               //划分棋盘
  if (dr < tr + s && dc < tc + s)           //特殊方格在左上角子棋盘中
    ChessBoard(tr, tc, dr, dc, s);          //递归处理子棋盘
  else{                                     //用 t1 号骨牌覆盖右下角，再递归处理子棋盘
    board[tr + s - 1][tc + s - 1] = t1;
    ChessBoard(tr, tc, tr+s-1, tc+s-1, s);
  }
  if (dr < tr + s && dc >= tc + s)          //特殊方格在右上角子棋盘中
    ChessBoard(tr, tc+s, dr, dc, s);        //递归处理子棋盘
  else {                                    //用 t1 号骨牌覆盖左下角，再递归处理子棋盘
    board[tr + s - 1][tc + s] = t1;
    ChessBoard(tr, tc+s, tr+s-1, tc+s, s);
  }
  if (dr >= tr + s && dc < tc + s)          //特殊方格在左下角子棋盘中
    ChessBoard(tr+s, tc, dr, dc, s);        //递归处理子棋盘
  else {                                    //用 t1 号骨牌覆盖右上角，再递归处理子棋盘
    board[tr + s][tc + s - 1] = t1;
    ChessBoard(tr+s, tc, tr+s, tc+s-1, s);
  }
  if (dr >= tr + s && dc >= tc + s)         //特殊方格在右下角子棋盘中
    ChessBoard(tr+s, tc+s, dr, dc, s);      //递归处理子棋盘
  else {                                    //用 t1 号骨牌覆盖左上角，再递归处理子棋盘
```

```
        board[tr + s][tc + s] = t1;
        ChessBoard(tr+s, tc+s, tr+s, tc+s, s);
    }
}
```

**【算法分析】** 设 $T(k)$是算法 ChessBoard 覆盖一个 $2^k \times 2^k$ 棋盘所需时间,从算法的划分策略可知,$T(k)$满足如下递推式:

$$\begin{cases} T(k) = 1 & k = 0 \\ T(k) = 4T(k-1) & k > 0 \end{cases}$$

解此递推式可得 $T(k) = O(4^k)$。

课件 6-4

## 6.4 几何问题中的分治法

### 6.4.1 最近对问题

**【问题】** 设 $S = \{(x_1, y_1), (x_2, y_2), \cdots, (x_n, y_n)\}$是平面上 $n$ 个点构成的集合,**最近对问题**(nearest points problem)要求找出集合 $S$ 中距离最近的点对。严格地讲,最接近点对可能多于一对,简单起见,只找出其中的一对即可。

> **应用实例**
>
> 假设在一个金属片上钻 $n$ 个大小一样的洞,如果洞的距离太近,金属片就可能断裂。可以通过任意两个洞的最小距离来估算金属断裂的概率。这种最小距离问题实际上就是最近点对问题。

**【想法】** 最近对问题的分治策略如下。

(1) 划分:将集合 $S$ 分成两个子集 $S_1$ 和 $S_2$。根据平衡子问题原则,为了将平面上的点集 $S$ 分割为点的个数大致相同的两个子集,选取垂直线 $x = m$ 作为分割线,其中,$m$ 为 $S$ 中各点 $x$ 坐标的中位数。由此将 $S$ 分割为 $S_1 = \{p \in S \mid x_p \leqslant m\}$和 $S_2 = \{q \in S \mid x_q > m\}$。设集合 $S$ 的最近点对是 $p_i$ 和 $p_j$ $(1 \leqslant i, j \leqslant n)$,则会出现以下三种情况:

① $p_i \in S_1, p_j \in S_1$,即最近点对均在集合 $S_1$ 中;

② $p_i \in S_2, p_j \in S_2$,即最近点对均在集合 $S_2$ 中;

③ $p_i \in S_1, p_j \in S_2$,即最近点对分别在集合 $S_1$ 和 $S_2$ 中。

(2) 求解子问题:对于划分阶段的情况①和②可递归求解,得到 $S_1$ 中的最近距离 $d_1$ 和 $S_2$ 中的最近距离 $d_2$。如果最近点对分别在集合 $S_1$ 和 $S_2$ 中,问题就比较复杂了。

(3) 合并:比较在划分阶段三种情况下的最近点对,取三者之中的距离较小者为原问题的解。

下面讨论划分阶段的情况③。令 $d = \min(d_1, d_2)$。若 $S$ 的最近对$(p, q)$之间的距离小于 $d$,则 $p$ 和 $q$ 必分别属于 $S_1$ 和 $S_2$,不妨设 $p \in S_1, q \in S_2$,则 $p$ 和 $q$ 距直线 $x = m$

的距离均小于$d$，所以，可以将求解限制在以$x=m$为中心、宽度为$2d$的垂直带$P1$和$P2$中，垂直带之外的任何点对之间的距离都一定大于$d$，如图6-12所示。

假设点$p(x, y)$是集合$P1$和$P2$中$y$坐标最小的点，则点$p$可能在$P1$中也可能在$P2$中，现在需要找出和点$p$之间的距离小于$d$的点。显然，这样点的$y$坐标一定位于区间$[y, y+d]$，因为$P1$和$P2$中点的相互之间的距离至少为$d$，可用鸽笼原理证明$P1$和$P2$中最多各有4个点，如图6-13所示。所以，可以将$P1$和$P2$中的点按照$y$坐标升序排列，顺序地处理$P1$和$P2$中的点$p(x, y)$，在$y$坐标区间$[y, y+d]$内最多取出8个候选点，计算候选点和点$p$之间的距离。

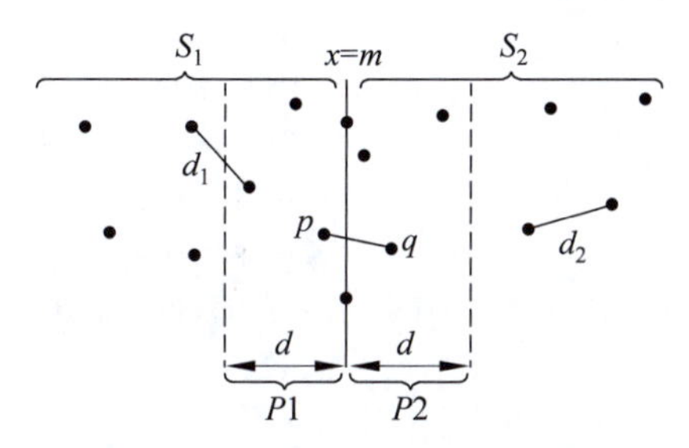

图6-12　最近对问题的分治思想

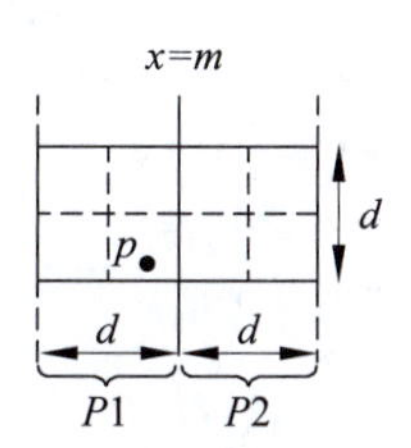

图6-13　点$p$需要考查的区域

**【算法】** 简单起见，假设点集$S$已按$x$坐标升序排列，算法如下。

算法：最近对问题 ClosestPoints
输入：按$x$坐标升序排列的$n(n\geqslant 2)$个点的集合$S=\{(x_1, y_1), (x_2, y_2), \cdots, (x_n, y_n)\}$
输出：最近点对的距离
1. 如果$n$等于2，则返回$(x_1, y_1)$和$(x_2, y_2)$之间的距离，算法结束；
2. 划分：$m=S$中各点$x$坐标的中位数；
3. $d_1=$计算$\{(x_1, y_1), \cdots, (x_m, y_m)\}$的最近对距离；
4. $d_2=$计算$\{(x_m, y_m), \cdots, (x_n, y_n)\}$的最近对距离；
5. $d=\min\{d_1, d_2\}$；
6. 依次考查集合$S$中的点$p(x, y)$：
   6.1 如果$(x\leqslant x_m$并且$x\geqslant x_m-d)$，则将点$p$放入集合$P$中；
   6.2 如果$(x>x_m$并且$x\leqslant x_m+d)$，则将点$p$放入集合$P$中；
7. 将集合$P$按$y$坐标升序排列；
8. 对集合$P$中的每个点$p(x, y)$，在$y$坐标区间$[y, y+d]$内最多取出8个候选点，计算与点$p$的最近距离$d_3$；
9. 返回$\min\{d, d_3\}$；

**【算法分析】** 应用分治法求解含有$n$个点的最近对问题，由于划分阶段的情况①和②可递归求解，情况③的时间代价是$O(n)$，合并子问题解的时间代价是$O(1)$，因此算法的时间复杂度可由下面的递推式表示：

$$T(n)=\begin{cases}1 & n=2\\ 2T(n/2)+n & n>2\end{cases}$$

使用扩展递归技术求解递推式,可得 $T(n)=O(n\log_2 n)$。

【算法实现】 设数组 x[n]和 y[n]表示 $n$ 个点的坐标且已按 $x$ 坐标升序排列,数组 px[n]和 py[n]存储集合 $P1$ 和 $P2$ 的坐标,函数 ClosestPoints 求最近对的距离,函数 QuickSort 将集合中的点按 $y$ 坐标升序排列,程序如下。

源代码 6-6

```
double ClosestPoints(int x[ ], int y[ ], int low, int high)
{
  double d1, d2, d3, d;
  int mid, i, j, index, px[n], py[n];
  if (high - low == 1)                                          //只有两个点
    return (x[high]-x[low]) * (x[high]-x[low])+(y[high]-y[low]) * (y[high]-y[low]);
  mid = (low + high)/2;                                         //计算中间点
  d1 = ClosestPoints(x, y, low, mid);                           //递归求解子问题①
  d2 = ClosestPoints(x, y, mid, high);                          //递归求解子问题②
  if (d1 <= d2) d = d1;                                         //以下为求解子问题③
  else d = d2;
  index = 0;
  for (i = mid; (i >= low) && (x[mid] - x[i] < d); i--)  //建立点集合 P1
  {
    px[index] = x[i]; py[index++] = y[i];
  }
  for (i = mid+1; (i <= high) && (x[i] - x[mid] < d); i++)//建立点集合 P2
  {
    px[index] = x[i]; py[index++] = y[i];
  }
  QuickSort(px, py, 0, index-1);                                //对集合 P 按 y 坐标升序排列
  for (i = 0; i < index; i++)                                   //依次处理集合 P 中的点
    for (j = i + 1; j < index; j++)
      if (py[j] - py[i] >= d)                                   //超出 y 坐标的范围
        break;
      else
      {
        d3 = (px[j]-px[i]) * (px[j]-px[i])+(py[j]-py[i]) * (py[j]-py[i]);
        if (d3 < d) d = d3;
      }
  return d;
}
```

### 6.4.2 凸包问题

【问题】 设 $S=\{(x_1, y_1), (x_2, y_2), \cdots, (x_n, y_n)\}$是平面上 $n$ 个点构成的集合,凸包问题(convex hull problem)要求找出集合 $S$ 的最小凸多边形。

【想法】 设$p_1=(x_1,y_1)$，$p_2=(x_2,y_2)$，…，$p_n=(x_n,y_n)$按照$x$轴坐标升序排列，则最左边的点$p_1$和最右边的点$p_n$一定是该集合的凸包极点，如图6-14所示。设$p_1p_n$是经过点$p_1$和$p_n$的直线，这条直线把集合$S$分成两个子集：$S_1$是位于直线上侧和直线上的点构成的集合，$S_2$是位于直线下侧和直线上的点构成的集合。$S_1$的凸包由下列线段构成：以$p_1$和$p_n$为端点的线段构成的下边界，以及由多条线段构成的上边界，这条上边界称为上包(upper envelope)。类似地，$S_2$中的多条线段构成的下边界称为下包(lower envelope)。整个集合$S$的凸包是由上包和下包构成的。由此得到凸包问题的分治策略：

(1) 划分：设$p_1p_n$是经过最左边的点$p_1$和最右边的点$p_n$的直线，则直线$p_1p_n$把集合$S$分成两个子集$S_1$和$S_2$。

(2) 求解子问题：求集合$S_1$的上包和集合$S_2$的下包。

(3) 合并解：求解过程中得到凸包的极点，因此，合并步骤无须执行任何操作。

下面讨论如何求解子问题。对于集合$S_1$，首先找到$S_1$中距离直线$p_1p_n$最远的点$p_{max}$，如图6-15所示。$S_1$中所有在直线$p_1p_{max}$上侧的点构成集合$S_{1,1}$，$S_1$中所有在直线$p_{max}p_n$上侧的点构成集合$S_{1,2}$，包含在三角形$p_{max}p_1p_n$之中的点可以不考虑了。递归地继续构造集合$S_{1,1}$的上包和集合$S_{1,2}$的上包，然后将求解过程中得到的所有最远距离的点连接起来，就可以得到集合$S_1$的上包。同理，可求得集合$S_1$的下包。

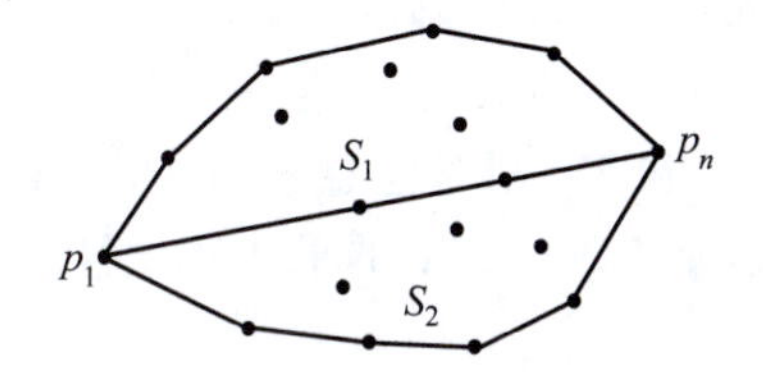

图6-14 点集合$S$的上包和下包

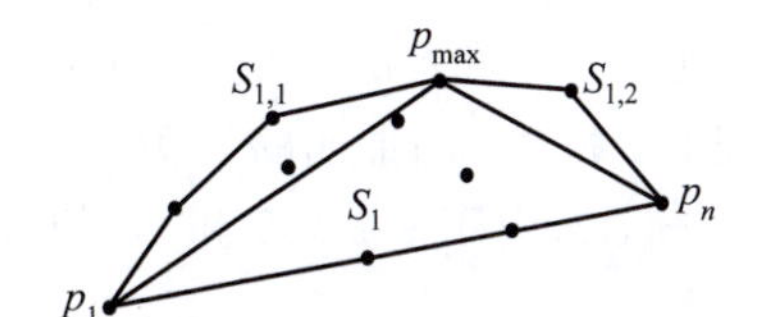

图6-15 递归地求集合$S_1$的上包

接下来的问题是如何判断一个点在给定直线的上侧还是下侧，以及如何计算一个点到给定直线的距离。在平面上，经过两个点$p_i(x_i,y_i)$和$p_j(x_j,y_j)$的直线方程为：

$$Ax+By+C=0 \quad (其中，A=y_i-y_j,\ B=x_j-x_i,\ C=x_iy_j-y_ix_j)$$

对于点$p(x_0,y_0)$，如果点$p$在直线$p_ip_j$的上侧，则$Ax+By+C>0$；如果点$p$在直线$p_ip_j$的下侧，则$Ax+By+C<0$，并且点$p$到直线$p_ip_j$的距离为：

$$d=\frac{Ax_0+By_0+C}{\sqrt{A^2+B^2}}$$

【算法】 分治法求解凸包问题的关键是求给定直线的上包和下包，下面给出求直线$p_ip_j$的上包算法，求下包算法请读者自行给出。

| 算法：求直线$p_ip_j$的上包 UpHull<br>输入：按$x$坐标升序排列的$n(n\geqslant 2)$个点的集合$S=\{(x_i,y_i),(x_{i+1},y_{i+1}),\cdots,(x_j,y_j)\}$<br>输出：凸包的极点 |
|---|

1. 如果 $n$ 等于 2,则输出$(x_i, y_i)$和$(x_j, y_j)$,算法结束;
2. maxd=0; max=$i+1$;
3. 循环变量 $k$ 从 $i+1$ 至 $j-1$,依次对集合 $S$ 的点 $p_k(x_k, y_k)$执行下述操作:
   3.1 如果点 $p_k$ 在直线 $p_ip_j$ 的上侧,则 $d$ =该点到直线的距离;
   3.2 如果($d$ > maxd),则 maxd=$d$; max=$k$;
4. 递归求解 $p_ip_{max}$的上包和 $p_{max}p_j$ 的上包;

【算法分析】 分治法求解凸包问题首先要对点集合 $S$ 进行排序,设$|S|=n$,则时间代价是 $O(n\log_2 n)$。如果每次对集合进行划分都得到两个规模大致相等的子集合,这是最好情况,时间复杂度是 $O(n\log_2 n)$;如果每次划分只得到比上一次划分少一个元素的子集合(另一个子集合为空),这是最坏情况,时间复杂度是 $O(n^2)$;平均情况与最好情况同数量级。

课件 6-5

## 6.5 拓展与演练

### 6.5.1 扩展欧几里得算法

**定理 6.1** 若 $d$ 能整除 $a$ 且 $d$ 能整除 $b$,则 $d$ 能整除 $a$ 和 $b$ 的任意线性组合 $ax+by$。

**定理 6.2** 令 gcd($a$, $b$)表示自然数 $a$ 和 $b$ 的最大公约数,则 gcd($a$, $b$)是 $a$ 和 $b$ 的最小正线性组合。$a$ 和 $b$ 的最小正线性组合是在 $ax+by$ 的所有值中,值最小的正整数。

定理 6.1 和 6.2 的证明略。例如,5 能够整除 35 和 25,则对任意 $x$ 和 $y$,一定有 5 能整除 $35x+25y$;由于 5 是 35 和 25 的最大公约数,则 $35x+25y$ 的最小正线性组合一定是 5。

【问题】 gcd($a$, $b$)是 $a$ 和 $b$ 的最小正线性组合,那么在这个最小正线性组合中,$x$ 和 $y$ 的值是多少? 即当 $x$ 和 $y$ 取何值时,$ax+by$=gcd($a$, $b$)。

【想法】 扩展欧几里得算法是用辗转相除法求 $ax+by$=gcd($a$, $b$)的整数解,辗转相除可以用递归实现。表 6-1 给出了扩展欧几里得算法的执行过程示例,在递归执行过程中,每一次辗转相除后变换 $ax+by$=gcd($a$, $b$)中 $a$ 和 $b$ 的值得到等价的线性组合,在达到递归结束条件求得 gcd($a$, $b$)的值后再依次返回,求得每一个等价线性组合的整数解,最终求得使 $ax+by$=gcd($a$, $b$)成立的整数解。注意,这个整数解可能是负整数。

表 6-1 扩展欧几里得算法的求解过程示例(箭头表示求解顺序)

| 辗转相除递归求 gcd(35, 25) ↓ | 递归返回求得 $35x+25y=5$ 的整数解 ↑ |
|---|---|
| $35x+25y$=gcd(35, 25),35 % 25=10 | $x=y'=-2$, $y=x'-(35/25)y'=3$ |
| $25x'+10y'$=gcd(25, 10),25 % 10=5 | $x'=y''=1$, $y'=x''-(25/10)y''=-2$ |
| $10x''+5y''$=gcd(10, 5),10 % 5=0 | $x''=y'''=0$, $y''=x'''-(10/5)y'''=1$ |
| $5x'''+0y'''$=gcd(5, 0),得到 gcd(35, 25)=5 | $x'''=1$, $y'''=0$ |

下面推导等价线性组合解之间的关系。若 $b=0$,则 $\gcd(a, b)=a$,得到 $x=1, y=0$(实际上 $y$ 可以取任意值);若 $b\neq 0$,则

$$ax+by=\gcd(a, b)=\gcd(b, a \bmod b)=bx'+(a \bmod b)y'$$

整理得

$$ax+by=bx'+(a \bmod b)y'=bx'+[a-(a/b)\times b]y'=ay'+b[x'-(a/b)y']$$

则

$$x=y' \text{ 且 } y=x'-(a/b)y'$$

以上就是扩展欧几里得算法,也是求二元一次方程的基本方法。

**【算法实现】** 设递归函数 ExGcd 实现扩展欧几里得算法,形参 $a$ 和 $b$ 表示 $ax+by=\gcd(a, b)$的系数,形参 $x$ 和 $y$ 以传引用形式接收求得的整数解,函数的返回值是 $a$ 和 $b$ 的最大公约数,程序如下。

源代码 6-7

```
int ExGcd(int a, int b, int &x, int &y)
{
  int d, temp;
  if (0 == b) { x = 1; y = 0; return a; }
  d = ExGcd(b, a % b, x, y);
  temp = x; x = y; y = temp - a / b * y;
  return d;
}
```

### 6.5.2 中国剩余定理

**【问题】** 《孙子算经》中的问题(简称孙子问题):有物不知其数,三个一数余二,五个一数余三,七个一数又余二,问该物总数几何?

**【想法】** 《孙子算经》中记载的解法是:三三数之,取数七十,与余数二相乘;五五数之,取数二十一,与余数三相乘;七七数之,取数十五,与余数二相乘。将诸乘积相加,然后减去一百零五的倍数,得到结果二十三。孙子问题实际上是求线性同余方程组的解,这个求解方法就是中国剩余定理。

孙子问题的关键是从 5 和 7 的公倍数中找一个除以 3 余 1 的数 $c_1$(70),从 3 和 7 的公倍数中找一个除以 5 余 1 的数 $c_2$(21),从 3 和 5 的公倍数中找一个除以 7 余 1 的数 $c_3$(15),然后计算$(70\times 2+21\times 3+15\times 2)\ \%\ (3\times 5\times 7)=23$。

**定理 6.3** 令线性同余方程 $ax=1 \pmod n$表示 $ax$ 除以 $n$ 的余数等于 1,$a$ 和 $n$ 的线性组合方程 $ax'+ny'=\gcd(a, n)$,如果 $a$ 和 $n$ 互质,则有 $ax=a\times(x' \bmod n)$。

证明略。例如线性同余方程 $35x=1 \pmod 3$,35 和 3 的线性组合方程 $35x'+3y'=\gcd(35, 3)$,解得 $x'=8$,则 $ax=a\times(x' \bmod n)=35\times(8\ \%\ 3)=70$。

**【算法】** 设有 $k$ 个线性同余方程,余数为$\{b_1, b_2, \cdots, b_k\}$,除数为$\{n_1, n_2, \cdots, n_k\}$,线性同余方程组如下:

$$a=b_1 \pmod{n_1}$$

$$a = b_2 (\bmod n_2)$$
$$\vdots$$
$$a = b_k (\bmod n_k)$$

则 $a$ 是线性同余方程组的解。中国剩余定理算法如下。

> 算法：中国剩余定理 ModsGcd
> 输入：余数$\{b_1, b_2, \cdots, b_k\}$，除数$\{n_1, n_2, \cdots, n_k\}$
> 输出：线性同余方程组的解 $a$
> 1. 计算 $k$ 个除数的最小公倍数 $n = n_1 \times n_2 \times \cdots \times n_k$；
> 2. 循环变量 $i$ 从 1 至 $k$ 重复执行下述操作：
>    2.1 计算 $m_i = n / n_i$；
>    2.2 调用扩展欧几里得算法求 $m_i \times x + n_i \times y = \gcd(m_i, n_i)$ 的解；
>    2.3 计算 $c_i = m_i \times (x \% n_i)$；
>    2.4 计算 $a = (a + c_i \times b_i) \% n$；
> 3. 返回 $a$ 的值；

**【算法实现】** 设变量 a 表示线性同余方程组的解，数组 b[k]和 n[k]分别存储余数和除数，函数 ModsGcd 在执行过程中调用函数 ExGcd 求方程 m[i]x+n[i]y=gcd(m[i], n[i])的解，程序如下。

源代码 6-8

```
int ModsGcd(int b[ ], int n[ ], int k)
{
  int i, total = 1, a = 0, d, m[k], c[k], x, y;
  for (i = 0; i < k; i++)
    total = total * n[i];
  for (i = 0; i < k; i++)
  {
    m[i] = total / n[i];
    d = ExGcd(m[i], n[i], x, y);                    //d的值一定是1
    c[i] = m[i] * (x % n[i]);
    a = (a + c[i] * b[i]) % total;
  }
  return a;
}
```

## 实验 6　Karatsuba 乘法

**【实验题目】** Karatsuba 乘法[①]用于实现两个大整数相乘。所谓大整数相乘是指整数比较大，相乘的结果超出了基本数据类型的表示范围，所以不能直接做乘法运算。算法

① 该算法由 Anatoly Karatsuba 于 1960 年发现，发表于 1962 年。当时他还是一名 23 岁的学生。

的基本原理是将大整数拆分成两段后变成较小的整数，下面通过一个例子说明。

设 $x=1234$，$y=5678$，如图 6-16 所示，首先将 $x$ 拆为 $a$ 和 $b$ 两部分，将 $y$ 拆为 $c$ 和 $d$ 两部分，然后执行 Karatsuba 乘法，计算过程如下：

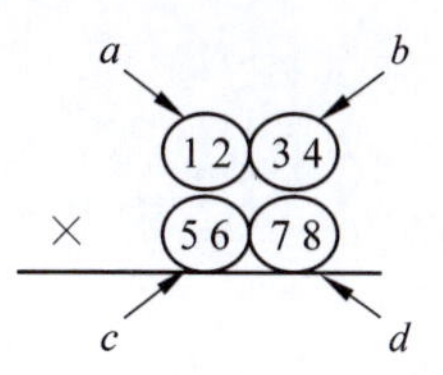

图 6-16　Karatsuba 乘法的思想

步骤 1：计算 $a\times c=12\times 56=672$；

步骤 2：计算 $b\times d=34\times 78=2652$；

步骤 3：计算 $(a+b)\times(c+d)=(12+34)\times(56+78)=6164$；

步骤 4：步骤 3 的结果减去步骤 1 和步骤 2 的结果 $6164-672-2652=2840$；

步骤 5：计算 $672\times 10^4+2840\times 10^2+2652=7\ 006\ 652$。

【实验要求】 ①说明 Karatsuba 乘法的基本原理；②从键盘上输入两个长度大于 10 的大整数，用 Karatsuba 乘法实现这两个整数相乘，并验证结果的正确性。

【实验提示】 用数组存储两个大整数，用递归函数实现 Karatsuba 乘法，当整数很大时先进行拆分，如果拆分出来的整数还是很大就继续拆分，直到两个整数足够小可以直接求解。

## 习　题　6

1. 对于待排序序列(5, 3, 1, 9)，分别画出归并排序和快速排序的递归运行轨迹。

2. 设计分治算法求一个数组中的最大元素，并分析时间性能。

3. 设计分治算法，实现将数组 A[n]中所有元素循环左移 $k$ 个位置，要求时间复杂度为 $O(n)$，空间复杂度为 $O(1)$。例如，对 abcdefgh 循环左移 3 位得到 defghabc。

4. 设计递归算法生成 $n$ 个元素的所有排列对象。

5. 在非降序序列$(r_1, r_2, \cdots, r_n)$中，存在序号 $i(1\leqslant i\leqslant n)$，使得 $r_i=i$。请设计一个分治算法找到这个元素，要求算法在最坏情况下的时间性能为 $O(\log_2 n)$。

6. 设 $\boldsymbol{M}$ 是一个 $n\times n$ 的整数矩阵，其中每一行从左到右、每一列从上到下的元素按升序排列。设计分治算法确定一个给定的整数 $x$ 是否在 $\boldsymbol{M}$ 中，并分析算法的时间复杂度。

7. 设 $a_1, a_2, \cdots, a_n$ 是集合$\{1, 2, \cdots, n\}$的一个全排列，如果 $i<j$ 且 $a_i>a_j$，则序偶$(a_i, a_j)$称为该排列的一个逆序。例如，2, 3, 1 有两个逆序：(3, 1)和(2, 1)。设计算法统计给定排列中含有逆序的个数。

8. 矩阵乘法。两个 $n\times n$ 的矩阵 $\boldsymbol{X}$ 和 $\boldsymbol{Y}$ 的乘积是另外一个 $n\times n$ 的矩阵 $\boldsymbol{Z}$，且满足 $Z_{ij}=\sum_{k=1}^{n} X_{ik}\times Y_{kj}(1\leqslant i,j\leqslant n)$，这个公式给出了运行时间为 $O(n^3)$的算法。可以将矩阵 $\boldsymbol{X}$ 和 $\boldsymbol{Y}$ 都拆分成四个 $n/2\times n/2$ 的子块，从而 $\boldsymbol{X}$ 和 $\boldsymbol{Y}$ 的乘积可以用这些子块进行表达，即

$$\boldsymbol{XY}=\begin{bmatrix} A & B \\ C & D \end{bmatrix}\begin{bmatrix} E & F \\ G & H \end{bmatrix}=\begin{bmatrix} AE+BG & AF+BH \\ CE+DG & CF+DH \end{bmatrix}$$

从而得到分治算法：先递归地计算 8 个规模为 $n/2$ 的矩阵乘积 $\boldsymbol{AE}$、$\boldsymbol{BG}$、$\boldsymbol{AF}$、$\boldsymbol{BH}$、$\boldsymbol{CE}$、$\boldsymbol{DG}$、$\boldsymbol{CF}$、$\boldsymbol{DH}$，然后再花费 $O(n^2)$的时间完成加法运算。请设计分治算法实现矩阵乘法，并分析时间性能。

# 第 7 章　减　治　法

分治法是把一个大问题划分为若干个子问题,分别求解各个子问题,然后再把子问题的解进行合并得到原问题的解。**减治法**(reduce and conquer method)同样是把一个大问题划分为若干个子问题,但是只须求解其中的一个子问题,无须对子问题的解进行合并。所以,严格地说,减治法应该是一种退化了的分治法。

## 7.1　概　　述

课件 7-1

### 7.1.1　减治法的设计思想

减治法将原问题分解为若干个子问题,并且原问题(规模为 $n$)的解与子问题(规模通常为 $n/2$)的解之间存在某种确定的关系,这种关系通常表现为:

(1) 原问题的解只存在于其中一个较小规模的子问题中;

(2) 原问题的解与其中一个较小规模子问题的解之间存在某种对应关系。

由于原问题的解与子问题的解之间存在确定的关系,所以,只须求解其中一个较小规模的子问题就可以得到原问题的解。减治法的设计思想如图 7-1 所示。

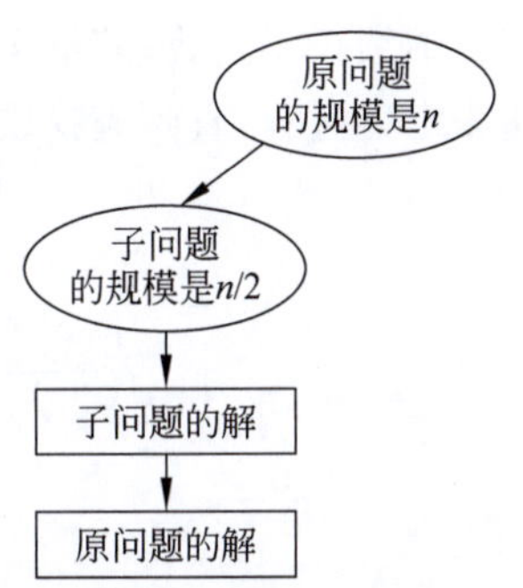


图 7-1　减治法的设计思想

例如,对于给定的整数 $a$ 和非负整数 $n$,应用减治法计算 $a^n$ 的基本思想是:如果 $n=1$,可以简单地返回 $a$ 的值;如果 $n$ 是偶数并且 $n>1$,可以把该问题的规模减半,即计算 $a^{n/2}$ 的值,而且规模为 $n$ 的解 $a^n$ 和规模减半的解 $a^{n/2}$ 之间具有明显的对应关系 $a^n=(a^{n/2})^2$;如果 $n$ 是奇数并且 $n>1$,可以先用偶指数的规则计算 $a^{n-1}$,再把结果乘以 $a$。

### 7.1.2 一个简单的例子：俄式乘法

【问题】 俄式乘法(Russian multiplication)用来计算两个正整数 $n$ 和 $m$ 的乘积，运算规则是：如果 $n$ 是偶数，计算 $n/2\times 2m$；如果 $n$ 是奇数，计算 $(n-1)/2\times 2m+m$；当 $n$ 等于 1 时，返回 $m$ 的值。据说 19 世纪的俄国农夫使用该算法并因此得名，这个算法也使得乘法的硬件实现速度非常快，因为只使用移位就可以完成二进制数的折半和加倍。

【想法】 俄式乘法利用了规模是 $n$ 的解和规模是 $n/2$ 的解之间的关系，图 7-2 给出了利用俄式乘法计算 9×10 的例子。

| $n$ | $m$ | |
|---|---|---|
| 9 | 10 | 10 |
| 4 | 20 | |
| 2 | 40 | |
| 1 | 80 | + 80 |
| | | 90 |

图 7-2 俄式乘法

【算法实现】 表达式(n & 1) == 0 判断整数 $n$ 是否为偶数，表达式 n≫1 实现 $n/2$ 运算，表达式 m≪1 实现 $2\times m$ 运算，程序如下。

源代码 7-1

```
int RussMul(int n, int m)
{
  if (1 == n) return m;
  if ((n & 1) == 0) return RussMul(n >> 1, m << 1);
  else return RussMul(n - 1 >> 1, m << 1) + m;
}
```

课件 7-2

## 7.2 查找问题中的减治法

### 7.2.1 折半查找

【问题】 应用折半查找方法在一个有序序列中查找值为 $k$ 的记录。若查找成功，返回记录 $k$ 在序列中的位置；若查找失败，返回失败信息。

【想法】 折半查找(binary search)(图 7-3)利用了记录序列有序的特点，查找过程是：若给定值与中间记录相等，则查找成功；若给定值小于中间记录，则在记录序列的左半区继续折半查找；若给定值大于中间记录，则在记录序列的右半区继续折半查找。不断重复上述过程，直到查找成功，或所查找的区域无记录，则查找失败①。

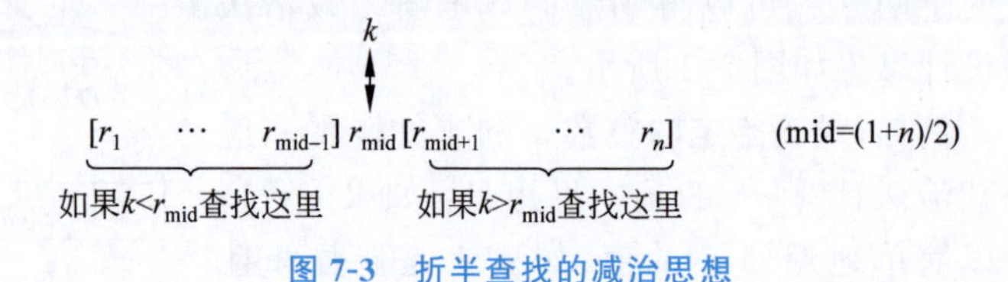


图 7-3 折半查找的减治思想

例如，在有序序列{7, 14, 18, 21, 23, 29, 31, 35, 38}中查找 18 的过程如图 7-4 所示。

① 在传统的算法设计技术分类中，折半查找属于分治技术的典型应用。但其实由于折半查找与待查值每比较一次，根据比较结果都会使得查找区间减半。所以，严格来讲，折半查找应该属于减治技术的成功应用。

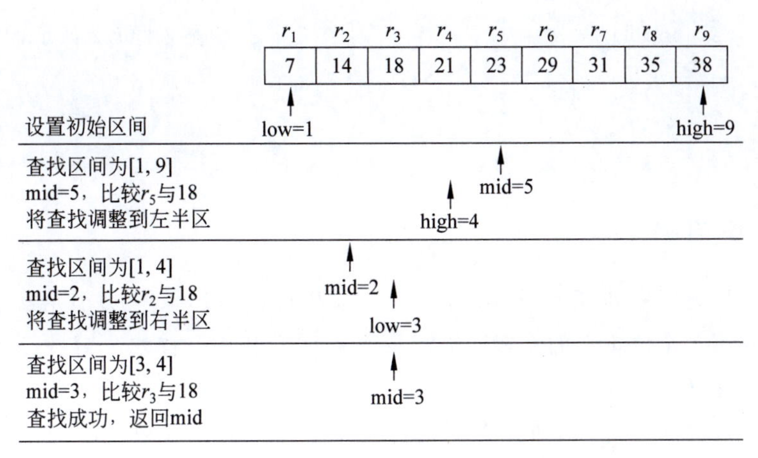


图 7-4　折半查找的查找过程示例

【算法】 折半查找算法用伪代码描述如下。

算法：折半查找 BinSearch
输入：有序序列$\{r_1, r_2, \cdots, r_n\}$，待查值 $k$
输出：若查找成功，返回记录 $k$ 的位置，若查找失败，返回失败标志 0
1. 设置初始查找区间：low=1；high=$n$；
2. 测试查找区间[low，high]是否存在，若不存在，则查找失败，返回 0；
3. 取中间点 mid=(low+high)/2；比较 $k$ 与 $r_{mid}$，有以下三种情况：
　3.1 若 $k < r_{mid}$，则 high=mid−1；查找在左半区进行，转步骤 2；
　3.2 若 $k > r_{mid}$，则 low=mid+1；查找在右半区进行，转步骤 2；
　3.3 若 $k = r_{mid}$，则查找成功，返回记录在表中位置 mid；

【算法分析】 折半查找将给定值与序列的中间记录进行比较，每比较一次，或者查找成功，或者将查找区间减半，因此得到如下递推式：

$$T(n)=\begin{cases}1 & n=1\\ T(n/2) & n>1\end{cases}$$

应用扩展递归技术求解递推式，折半查找的时间复杂度为 $O(\log_2 n)$。

【算法实现】 注意到数组下标从 0 开始，则第 $i$ 个元素存储在 r[i−1]中，程序如下。

源代码 7-2

```
int BinSearch(int r[ ], int n, int k)
{
  int mid, low = 0, high = n - 1;
  while (low <= high)                          //当查找区间存在
  {
    mid = (low + high) / 2;
    if (k < r[mid]) high = mid - 1;
    else if (k > r[mid]) low = mid + 1;
```

```
        else return mid + 1;                        //查找成功,返回元素序号
    }
    return 0;                                       //查找失败,返回 0
}
```

### 7.2.2 选择问题

**【问题】** 设无序序列 $T=(r_1, r_2, \cdots, r_n)$,$T$ 的第 $k(1\leqslant k\leqslant n)$ 小元素定义为 $T$ 按升序排列后在第 $k$ 个位置上的元素。给定一个序列 $T$ 和一个整数 $k$,寻找 $T$ 的第 $k$ 小元素的问题称为选择问题(choice problem)。

**【想法】** 选择问题的一个很自然的想法是将序列 $T$ 排序,然后取第 $k$ 个元素就是 $T$ 的第 $k$ 小元素。但是这个算法的最好时间复杂度是 $O(n\log_2 n)$,应用减治技术可以将算法的平均时间性能提高到 $O(n)$。

设待查找序列为 $r_1\sim r_n$,选定一个轴值(比较的基准)对序列 $r_1\sim r_n$ 进行划分,使得比轴值小的元素都位于轴值的左侧,比轴值大的元素都位于轴值的右侧,假定轴值的最终位置是 $s$,则:

(1) 若 $k=s$,则 $r_s$ 就是第 $k$ 小元素;

(2) 若 $k<s$,则第 $k$ 小元素一定在序列 $r_1\sim r_{s-1}$ 中;

(3) 若 $k>s$,则第 $k$ 小元素一定在序列 $r_{s+1}\sim r_n$ 中。

无论哪种情况,或者已经得出结果,或者将选择问题的查找区间减少一半(如果轴值恰好是序列的中值)。选择问题的减治思想如图 7-5 所示。图 7-6 给出了一个选择问题的过程示例。

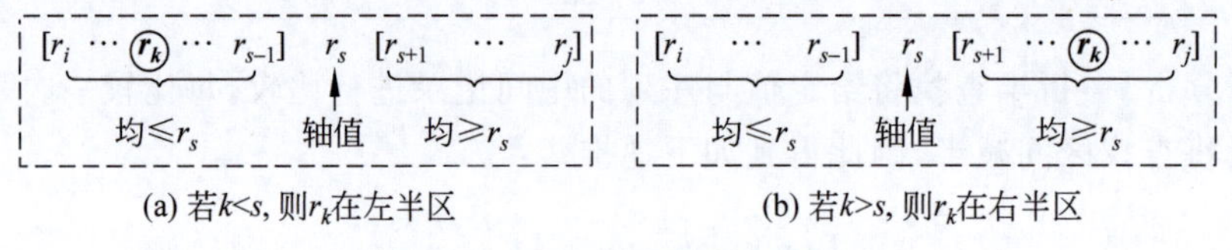


图 7-5 选择问题的减治思想

| | | | | | | | | | |
|---|---|---|---|---|---|---|---|---|---|
| 初始查找序列 | 5 | 3 | 8 | 1 | 4 | 6 | 9 | 2 | 7 |
| 以 5 为轴值划分序列 | 2 | 3 | 4 | 1 | **5** | 6 | 9 | 8 | 7 |
| 4<5，只在左侧查找 | 2 | 3 | 4 | 1 | | | | | |
| 以 2 为轴值划分序列 | 1 | **2** | 4 | 3 | | | | | |
| 4>2，只在右侧查找 | | | 4 | 3 | | | | | |
| 以 4 为轴值划分，找到第 4 小元素 | | | 3 | **4** | | | | | |

图 7-6 选择问题的查找过程示例(查找第 4 小元素)

**【算法】** 减治法求解选择问题的算法用伪代码描述如下。

算法：选择问题 SelectMinK
输入：无序序列$\{r_1, r_2, \cdots, r_n\}$，位置 $k$
输出：返回第 $k$ 小的元素值
1. 设置初始查找区间：$i=1$；$j=n$；
2. 以 $r_i$ 为轴值对序列 $r_i \sim r_j$ 进行一次划分，得到轴值的位置 $s$；
3. 将轴值位置 $s$ 与 $k$ 比较，有下列三种情况：
　(1) $k=s$：将 $r_s$ 作为结果返回；
　(2) $k<s$：$j=s-1$，转步骤 2；
　(3) $k>s$：$i=s+1$，转步骤 2；

**【算法分析】** 算法 SelectMink 的效率取决于轴值的选取。如果每次划分的轴值恰好是序列的中值，则可以保证处理的区间比上一次减半，由于在一次划分后，只需处理一个子序列，所以，比较次数的递推式应该是：

$$\begin{cases} T(n)=0 & n=1 \\ T(n)=T(n/2)+n & n>1 \end{cases}$$

使用扩展递归技术对递推式进行推导，得到该递推式的解是 $O(n)$，这是最好情况。如果每次划分的轴值恰好是序列中的最大值或最小值（例如，在找最小元素时总是在最大元素处划分），则处理区间只能比上一次减少 1 个，所以，比较次数的递推式应该是：

$$\begin{cases} T(n)=0 & n=1 \\ T(n)=T(n-1)+n & n>1 \end{cases}$$

使用扩展递归技术对递推式进行推导，得到该递推式的解是 $O(n^2)$，这是最坏情况。平均情况下，假设每次划分的轴值是划分序列中的一个随机位置的元素，则处理区间以随机的方式减少，可以证明，算法 SelectMink 可以在 $O(n)$ 的平均时间内找出 $n$ 个元素中的第 $k$ 小元素。

**【算法实现】** 设函数 Partition 对区间[low, high]进行划分（请参见 6.2.2 节），函数 SelectMinK 实现求数组 r[n]中第 $k$ 小元素，程序如下。

源代码 7-3

```
int SelectMinK(int r[ ], int low, int high, int k)
{
  int s;                                          //s 为轴值位置
  s = Partition(r, low, high);
  if (s == k)                                     //查找成功
    return r[s];
  if (s > k)
    return SelectMinK(r, low, s-1, k);            //在 r[low]~r[s-1]中继续查找
  else
    return SelectMinK(r, s+1, high, k);           //在 r[s+1]~r[high]中继续查找
}
```

课件 7-3

## 7.3 排序问题中的减治法

### 7.3.1 插入排序

**【问题】** 插入排序(insertion sort)的基本思想是：依次将待排序序列中的每一个记录插入一个已排好序的序列中，直至全部记录都排好序，如图 7-7 所示。

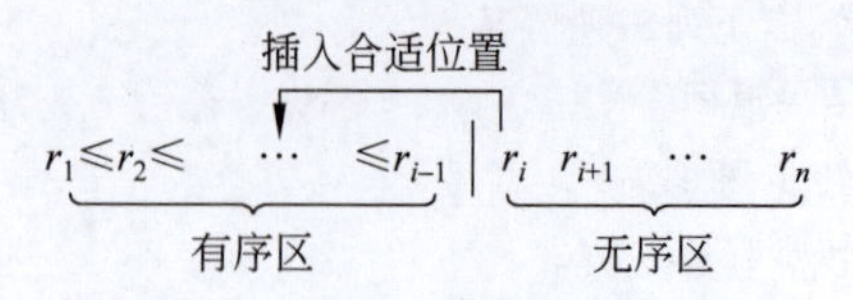


图 7-7 直接插入排序的减治思想

**【想法】** 插入排序属于减治法的减一技术，即每一趟排序后将问题规模减小 1。图 7-8 给出了一个直接插入排序的过程示例(方括号括起来的是无序区)，排序过程如下：

(1) 将整个待排序的记录序列划分成有序区和无序区，初始时有序区为待排序记录序列的第一个记录，无序区包括所有剩余待排序记录；

(2) 将无序区的第一个记录插入有序区的合适位置，从而使无序区减少一个记录，有序区增加一个记录；

(3) 重复执行步骤(2)，直至无序区没有记录。

| | | | | | | |
|---|---|---|---|---|---|---|
| 初始序列 | 12 | [15 | 9 | 20 | 10 | 6] |
| 第一趟排序结果 | 12 | 15 | [9 | 20 | 10 | 6] |
| 第二趟排序结果 | 9 | 12 | 15 | [20 | 10 | 6] |
| 第三趟排序结果 | 9 | 12 | 15 | 20 | [10 | 6] |
| 第四趟排序结果 | 9 | 10 | 12 | 15 | 20 | [6] |
| 第五趟排序结果 | 6 | 9 | 10 | 12 | 15 | 20 |

图 7-8 直接插入排序的过程示例

**【算法实现】** 待排序记录序列存储在 r[1]～r[n]中，一般情况下，在 $i-1$ 个记录的有序区 r[1]～r[i－1]中插入一个记录 r[i]时，首先要查找 r[i]的正确插入位置。最简单地，可以采用顺序查找。为了在寻找插入位置的过程中避免数组下标越界，在 r[0]处设置“哨兵”。在自 $i-1$ 起往前查找的过程中，同时后移记录[①]。程序如下。

源代码 7-4

```
void InsertSort(int r[ ], int n)
{
  int i, j;
  for (i = 2; i <= n; i++)                         //从第 2 个记录开始执行插入操作
```

① r[0]有两个作用：一是进入查找插入位置的循环之前，暂存了 r[i]的值，使得不因记录的后移而丢失r[i]的内容；二是在查找插入位置的循环中充当“哨兵”。

```
    {
        r[0] = r[i];                              //暂存待插记录,设置哨兵
        for (j = i - 1; r[0] < r[j]; j--)         //寻找插入位置
            r[j+1] = r[j];                        //记录后移
        r[j+1] = r[0];
    }
}
```

**【算法分析】** 算法 InsertSort 由两层嵌套循环组成,外层循环执行 $n-1$ 次,内层循环的执行次数取决于在第 $i$ 个记录前有多少个记录大于第 $i$ 个记录。最好情况下,待排序序列为正序,每趟只需与有序序列的最后一个记录比较一次,移动两次记录,则比较次数为 $n-1$,记录的移动次数为 $2(n-1)$,因此,时间复杂度为 $O(n)$。最坏情况下,待排序序列为逆序,在第 $i$ 趟插入时,第 $i$ 个记录必须与前面 $i-1$ 个记录以及哨兵做比较,并且每比较一次就要做一次记录的移动,则比较次数为 $\sum_{i=2}^{n} i=\frac{(n+2)(n-1)}{2}$,记录的移动次数为 $\sum_{i=2}^{n}(i+1)=\frac{(n+4)(n-1)}{2}$,因此,时间复杂度为 $O(n^2)$。平均情况下,待排序序列中各种可能排列的概率相同,在插入第 $i$ 个记录时平均需要比较有序区中全部记录的一半,所以比较次数为 $\sum_{i=2}^{n}\frac{i}{2}=\frac{(n+2)(n-1)}{4}$,移动次数为 $\sum_{i=2}^{n}\frac{i+1}{2}=\frac{(n+4)(n-1)}{4}$,时间复杂度为 $O(n^2)$。

## 7.3.2 堆排序

堆(heap)是具有下列性质的完全二叉树:每个结点的值都小于或等于其左右孩子结点的值(称为小根堆);或者每个结点的值都大于或等于其左右孩子结点的值(称为大根堆)。将具有 $n$ 个结点的堆按层序从 1 开始编号,结点之间满足如下关系:

$$\begin{cases}k_i \leqslant k_{2i} \\ k_i \leqslant k_{2i+1}\end{cases} \quad 或 \quad \begin{cases}k_i \geqslant k_{2i} \\ k_i \geqslant k_{2i+1}\end{cases} \quad 1 \leqslant i \leqslant \lfloor n/2 \rfloor$$

以结点的层序编号作为下标,将堆用顺序存储结构(数组)来存储,则堆对应于一组序列,如图 7-9 所示。

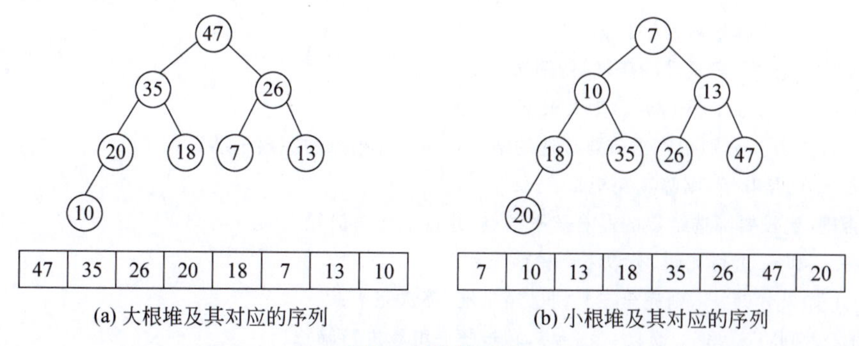


图 7-9 堆的示例

【问题】 堆排序(heap sort)是利用堆(假设利用大根堆)的特性进行排序的方法，基本思想是：首先将待排序的记录序列构造成一个堆，此时，堆顶记录是堆中所有记录的最大者，将堆顶记录和堆中最后一个记录交换，然后将剩余记录再调整成堆，这样又找出了次大记录，以此类推，直至堆中只有一个记录，如图7-10所示。

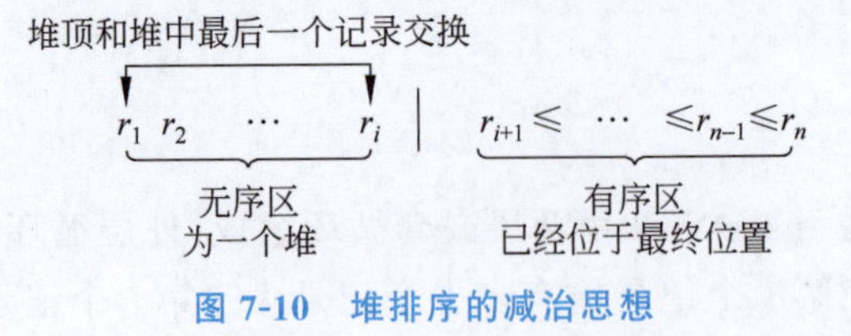


图7-10 堆排序的减治思想

【想法】 如何将一个无序序列调整为堆(称为堆调整)是堆排序算法的关键，筛选法调整是成功应用减治法的例子。图7-11(a)所示是一棵完全二叉树，且根结点28的左右子树均是堆。为了将整个二叉树调整为堆，首先将根结点28与其左右子树的根结点比较，根据堆的定义，应将28与35交换，如图7-11(b)所示。经过这一次交换，破坏了原来左子树的堆结构，需要对左子树再进行调整，调整后的堆如图7-11(c)所示。

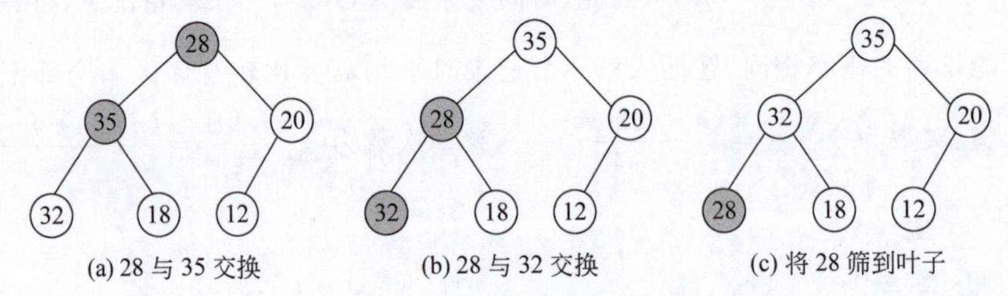


图7-11 筛选法调整堆的示例

由这个例子可以看出，在堆调整的过程中，总是将根结点(被调整结点)与左右孩子结点进行比较，若不满足堆的条件，则将根结点与左右孩子结点的较大者进行交换，这个调整过程一直进行到所有子树均为堆或将被调整的结点(原来的根结点)交换到叶子为止。这个自堆顶至叶子的调整过程称为筛选(sift)。

【算法】 假设当前要筛选结点的编号为$k$，堆中最后一个结点的编号为$n$，且结点$k$的左右子树均是堆($r_{k+1} \sim r_n$满足堆的条件)，算法如下。

算法：筛选法调整堆 SiftHeap

输入：$r_{k+1} \sim r_n$满足堆的条件，待筛选的记录$r_k$

输出：$\{r'_k, r'_{k+1}, \cdots, r'_n\}$为大根堆

1. 设置$i$和$j$，分别指向当前要筛选的结点和要筛选结点的左孩子结点；
2. 若$r_i$已是叶子，则筛选完毕；
   否则，比较要筛选结点的左右孩子结点，并将$j$指向值较大的结点；
3. 将$r_i$和$r_j$进行比较，有以下两种情况：
   3.1 如果$r_i > r_j$，则完全二叉树已经是堆，筛选完毕；
   3.2 否则将$r_i$和$r_j$交换；令$i=j$，转步骤2继续进行筛选；

【算法分析】 算法 SiftHeap 将根结点与左右孩子结点进行比较，若不满足堆的条件，则将根结点与左右孩子结点的较大者进行交换，所以，每比较一次，需要调整的完全二叉树的问题规模就减少一半，因此，时间性能是 $O(\log_2 n)$。

【算法实现】 堆排序首先将无序序列调整成堆，由于叶子结点均可看成是堆，因此，可以从编号最大的分支结点直至根结点反复调用筛选算法。注意到数组下标从 0 开始，则 r[i]的左孩子是 r[2i+1]，r[i]的右孩子是 r[2i+2]。根结点（堆顶记录）存储在 r[0]，一般情况下，第 $i$ 趟排序的堆中有 $n-i+1$ 个记录，即堆中最后一个记录是 r[n−i]，将 r[0]与 r[n−i]相交换；第 $i$ 趟排序后，无序区有 $n-i$ 个记录，在无序区对应的完全二叉树中，只需筛选根结点即可重新建堆。程序如下。

源代码 7-5

```
void SiftHeap(int r[ ], int k, int n)
{
  int i, j, temp;
  i = k; j = 2 * i + 1;
  while (j < n)                               //筛选还没有进行到叶子
  {
    if (j < n-1 && r[j] < r[j+1]) j++;        //比较 i 的左右孩子，j 为较大者
    if (r[i] > r[j])                          //根结点已经大于左右孩子中的较大者
      break;
    else
    {
      temp = r[i]; r[i] = r[j]; r[j] = temp;  //将被筛结点与结点 j 交换
      i = j; j = 2 * i + 1;                   //被筛结点位于原来结点 j 的位置
    }
  }
}
void HeapSort(int r[ ], int n)
{
  int i, temp;
  for (i = (n-1)/2; i >= 0; i--)             //初始建堆，最后一个分支的下标是(n-1)/2
    SiftHeap(r, i, n) ;
  for (i = 1; i <= n-1; i++)                  //重复执行移走堆顶及重建堆的操作
  {
    temp = r[0]; r[0] = r[n-i]; r[n-i] = temp;
    SiftHeap(r, 0, n-i);                      //只需调整根结点
  }
}
```

## 7.4 组合问题中的减治法

课件 7-4

### 7.4.1 淘汰赛冠军问题

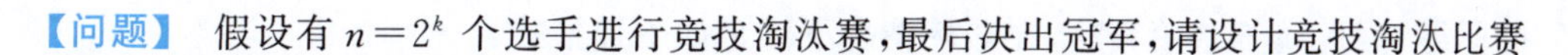

【问题】 假设有 $n=2^k$ 个选手进行竞技淘汰赛，最后决出冠军，请设计竞技淘汰比赛

的过程。

【想法】 开始时将所有选手分成 $n/2$ 组,每组两个选手进行比赛,被淘汰者不参加以后的比赛,第一轮比赛后剩余 $n/2$ 个选手。再将 $n/2$ 个选手分成 $n/4$ 组,每组两个选手进行比赛……直至剩余最后两个选手,进行一次比赛即可选出最后的冠军。图7-12给出了求解淘汰赛冠军问题的过程示例(假设按照字符编码进行比较)。

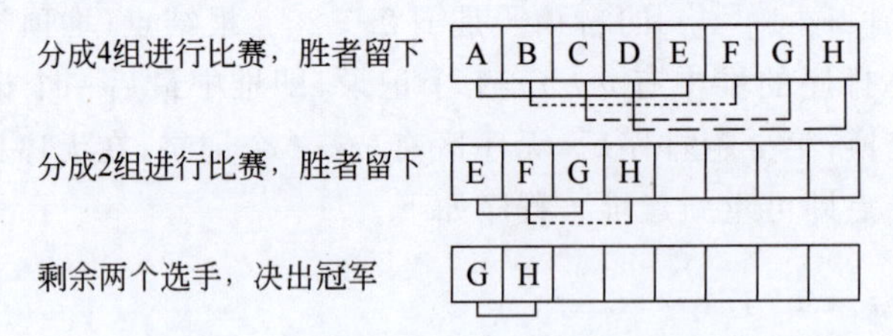


图7-12 减治法求解淘汰赛冠军问题示例

【算法实现】 设函数Comp模拟两位选手mem1和mem2的比赛,若mem1获胜则函数Comp返回1,否则返回0,并假定可以在常数时间内完成函数Comp的执行。简单起见,用字符表示选手,设字符数组r[n]存储 $n$ 个选手。程序如下。

源代码7-6

```
char Game(char r[ ], int n)
{
  int i, j;
  for (i = n/2; i >= 1; i = i/2)
    for (j = 0; j < i; j++)
      if (Comp(r[j], r[i+j]) == 0) r[j] = r[i+j];          //胜者存入 r[j]中
  return r[0];
}
```

【算法分析】 设 $n=2^k$,外层循环共执行 $\log_2 n$ 次,内层循环的执行次数分别是 $n/2$, $n/4$,…,1,函数Comp可以在常数时间内完成,因此,算法Game的执行时间为:

$$T(n)=\sum_{i=1}^{k}\frac{n}{2^i}=n\left(1-\frac{1}{2^k}\right)=n-1=O(n)$$

### 7.4.2 假币问题

【问题】 在 $n$ 枚外观相同的硬币中,有一枚是假币,并且已知假币较轻。可以通过一台天平来任意比较两组硬币,从而得知两组硬币的质量是否相同,或者哪一组更轻一些,假币问题(false coin problem)要求设计一个高效的算法来检测出这枚假币。

【想法】 解决假币问题最自然的想法就是一分为二,也就是把 $n$ 枚硬币分成两组,每组有 $\lfloor n/2 \rfloor$ 枚硬币,如果 $n$ 为奇数,就留下一枚硬币,然后把两组硬币分别放到天平的两端。如果两组硬币的质量相同,那么留下的硬币就是假币;否则,用同样的方法对较轻的那一组硬币进行同样的处理,因为假币一定在较轻的那一组里。

在假币问题中,由于把硬币分成了两组,每次用天平比较后,只需解决一个规模减半的问题,因此属于减治算法,在最坏情况下满足如下递推式:

$$\begin{cases} T(n)=0 & n=1 \\ T(n)=T(n/2)+1 & n>1 \end{cases}$$

应用扩展递归技术求解这个递推式，得到 $T(n)=O(\log_2 n)$。

实际上，减半不是假币问题的最好选择，考虑不是把硬币分成两组，而是分成三组，前两组有 $\lceil n/3 \rceil$ 组硬币，其余的硬币作为第三组，将前两组硬币放到天平上，如果重量相同，则假币一定在第三组中，用同样的方法对第三组进行处理；如果前两组的重量不同，则假币一定在较轻的那一组中，用同样的方法对较轻的那组硬币进行处理。显然这个算法满足如下递推式：

$$\begin{cases} T(n)=0 & n=1 \\ T(n)=T(n/3)+1 & n>1 \end{cases}$$

这个递推式的解是 $T(n)=O(\log_3 n)$。

【算法】 设函数 Coin 实现假币问题，通过累加天平两端硬币的重量来模拟天平的操作，算法如下。

> 算法：假币问题 Coin
> 输入：硬币所在数组的下标范围 low 和 high，硬币的个数 $n$
> 输出：假币在硬币集合中的序号
> 1. 如果 $n=1$，则该硬币为假币，输出对应的序号，算法结束；
> 2. 计算 3 组的硬币个数 num1、num2 和 num3；
> 3. add1 ＝第 1 组硬币的重量和；add2＝第 2 组硬币的重量和；
> 4. 根据情况执行下述三种操作之一：
>    4.1 如果 add1＜add2，则在第 1 组硬币中查找；
>    4.2 如果 add1＞add2，则在第 2 组硬币中查找；
>    4.3 如果 add1＝add2，则在第 3 组硬币中查找；

【算法实现】 设数组 a[n]存储 $n$ 枚硬币的重量，参数 low 和 high 表示假币所在的数组下标范围，设变量 num1、num2 和 num3 分别存储 3 组硬币的个数，程序如下。

源代码 7-7

```
int Coin(int a[ ], int low, int high, int n)
{
  int i, num1, num2, num3;
  int add1 = 0, add2 = 0;
  if (n == 1)
    return low + 1;                          //返回序号
  if (n % 3 == 0)                            //3 组硬币的个数相同
    num1 = num2 = n / 3;
  else                                       //前两组有⌈n/3⌉枚硬币
    num1 = num2 = n / 3 + 1;
  num3 = n - num1 - num2;
  for (i = 0; i < num1; i++)                 //计算第 1 组硬币的重量和
    add1 = add1 + a[low + i];
```

```
    for (i = num1; i < num1 + num2; i++)                    //计算第 2 组硬币的重量和
      add2 = add2 + a[low + i];
    if (add1 < add2)                                        //在第 1 组查找
      return Coin(a, low, low + num1 - 1, num1);
    else if (add1 > add2)                                   //在第 2 组查找
      return Coin(a, low + num1, low + num1 + num2 - 1, num2);
    else                                                    //在第 3 组查找
      return Coin(a, low + num1 + num2, high, num3);
}
```

课件 7-5

## 7.5 拓展与演练

### 7.5.1 两个序列的中位数

【问题】 一个长度为 $n(n\geqslant 1)$ 的升序序列 $S$，处在第 $n/2$ 个位置的数称为序列 $S$ 的中位数(median number)，例如，序列 $S1=\{11, 13, 15, 17, 19\}$ 的中位数是 15。两个序列的中位数是所有元素的升序序列的中位数，例如，$S2=\{2, 4, 6, 8, 20\}$，则 $S1$ 和 $S2$ 的中位数是 11。现有两个等长升序序列 $A$ 和 $B$，试设计一个在时间和空间两方面都尽可能高效的算法，找出两个序列的中位数。

【想法】 分别求出序列 $A$ 和 $B$ 的中位数，记为 $a$ 和 $b$，有下列三种情况：

(1) $a=b$：则 $a$ 为两个序列的中位数。

(2) $a<b$：则中位数只能出现在 $a$ 和 $b$ 之间，在序列 $A$ 中舍弃 $a$ 之前的元素得到序列 $A_1$，在序列 $B$ 中舍弃 $b$ 之后的元素得到序列 $B_1$。

(3) $a>b$：则中位数只能出现在 $b$ 和 $a$ 之间，在序列 $A$ 中舍弃 $a$ 之后的元素得到序列 $A_1$，在序列 $B$ 中舍弃 $b$ 之前的元素得到序列 $B_1$。

分别求出序列 $A_1$ 和 $B_1$ 的中位数，重复上述过程，直至两个序列都只有一个元素，则较小者为所求。

例如，对于两个序列 $A=\{11, 13, 15, 17, 19\}$，$B=\{2, 4, 10, 15, 20\}$，求序列 $A$ 和 $B$ 的中位数的过程如表 7-1 所示，在求解过程中注意保持两个序列的长度相等。

表 7-1 求两个序列中位数的过程

| 步骤 | 操作说明 | 序列 A | 序列 B |
|---|---|---|---|
| 1 | 初始序列 | {11, 13, 15, 17, 19} | {2, 4, 10, 15, 20} |
| 2 | 分别求中位数 | {11, 13, [15], 17, 19} | {2, 4, [10], 15, 20} |
| 3 | 15>10，结果为[10, 15] | 舍弃 15 之后元素，得{11,13,15} | 舍弃 10 之前元素，得{10,15,20} |
| 4 | 分别求中位数 | {11, [13], 15} | {10, [15], 20} |
| 5 | 13<15，结果为[13, 15] | 舍弃 13 之前元素，得{13,15} | 舍弃 15 之后元素，得{10,15} |

续表

| 步骤 | 操作说明 | 序列 A | 序列 B |
|---|---|---|---|
| 6 | 分别求中位数 | {13,15} | {10,15} |
| 7 | 10<13,结果为[10, 13] | 舍弃 13 之后元素,{13} | 舍弃 10 之前元素,{15} |
| 8 | 长度为 1,较小者为所求 | {13} | {15} |

【算法】 减治法求解两个序列中位数的算法用伪代码描述如下。

算法：两个序列中位数 SearchMid
输入：两个长度为 $n$ 的有序序列 $A$ 和 $B$
输出：序列 $A$ 和 $B$ 的中位数
1. 循环直到序列 $A$ 和序列 $B$ 均只有一个元素：
　1.1 $a$ ＝序列 $A$ 的中位数；
　1.2 $b$ ＝序列 $B$ 的中位数；
　1.3 比较 $a$ 和 $b$,执行下面三种情况之一：
　　1.3.1 若 $a=b$,则返回 $a$,算法结束；
　　1.3.2 若 $a<b$,则在序列 $A$ 中舍弃 $a$ 之前的元素,在序列 $B$ 中舍弃 $b$ 之后的元素,转步骤 1；
　　1.3.3 若 $a>b$,则在序列 $A$ 中舍弃 $a$ 之后的元素,在序列 $B$ 中舍弃 $b$ 之前的元素,转步骤 1；
2. 返回较小者；

【算法分析】 由于每次求两个序列的中位数后,得到的两个子序列的长度都是上一个序列的一半,因此,循环共执行 $\log_2 n$ 次,时间复杂度为 $O(\log_2 n)$。算法除简单变量外没有额外开辟临时空间,因此,空间复杂度为 $O(1)$。

【算法实现】 为了记载序列 $A$ 和 $B$ 在查找过程中的区间变化,用下标 s1 和 e1 表示序列 $A$ 的上下界,用下标 s2 和 e2 表示序列 $B$ 的上下界,注意每次舍弃元素后要保证序列 $A$ 和序列 $B$ 中剩余元素的个数相等。程序如下。

源代码 7-8

```
int SearchMid(int A[ ], int B[ ], int n)
{
  int s1 = 0, e1 = n - 1, s2 = 0, e2 = n - 1;
  int mid1, mid2;
  while (s1 < e1 && s2 < e2)                        //循环直到区间只有一个元素
  {
    mid1= (s1 + e1)/2;                              //序列 A 的中位数的下标
    mid2 = (s2 + e2)/2;                             //序列 B 的中位数的下标
    if (A[mid1] == B[mid2]) return A[mid1];         //第①种情况
    if (A[mid1] < B[mid2]) {                        //第②种情况
      if ((s1 + e1) % 2 == 0) s1 = mid1;
```

```
        else s1 = mid1 + 1;                                  //保证两个子序列的长度相等
        e2 = mid2;
      }
      else{
        if ((s2 + e2) % 2 == 0) s2 = mid2;
        else s2 = mid2 + 1;                                  //保证两个子序列的长度相等
        e1 = mid1;
      }
    }
    if (A[s1] < B[s2]) return A[s1];                         //较小者为所求
    else return B[s2];
  }
```

## 7.5.2 topK 问题

【问题】 从大批量数据中寻找最大的前 $k$ 个数据,例如,从10万个数据中寻找最大的前1000个数。

【想法】 使用优先队列可以很好地解决这个问题。优先队列(priority queue)是按照某种优先级进行排列的队列,通常采用堆来实现,图7-13所示为一个极小优先队列。

首先用前 $k$ 个数据构建极小优先队列,则队头元素(堆顶)是 $k$ 个数据中值最小的元素。然后依次取每一个数据 $a_i(k<i\leqslant n)$ 与队头元素进行比较,若大于队头元素,则将 $a_i$ 覆盖队头元素(相当于将队头元素删除);若小于队头元素,则将 $a_i$ 丢弃掉。如此操作,直至所有数据都取完,最后极小优先队列中的 $k$ 个元素就是最大的前 $k$ 个数。

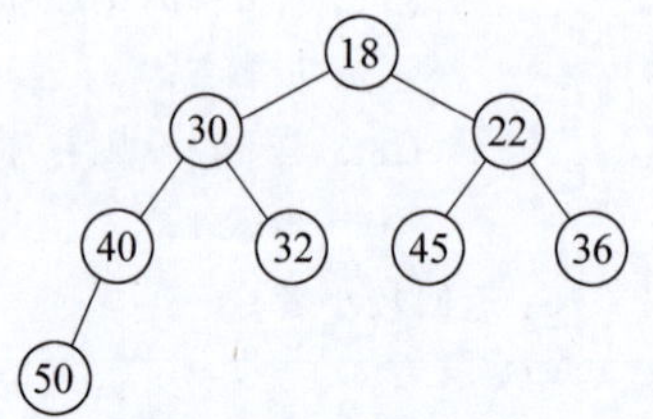

图7-13 极小优先队列

【算法】 设函数 MaxTopK 在 $n$ 个数中找出前 $k$ 个最大的数,算法如下。

算法:寻找最大的前 $k$ 个数 MaxTopK
输入:数据 a[n],$k$
输出:最大的前 $k$ 个数 max[k]
1. 用 a[0]~a[k−1]构建极小优先队列 max[k];
2. 循环变量 $i$ 从 $k$ 至 $n-1$ 重复执行下述操作:
   2.1 如果 a[i]小于 max[0],将 a[i]丢弃,转步骤2取下一个数;
   2.2 将 a[i]覆盖 max[0];筛选法调整元素 max[0];
3. 输出数组 max[k];

【算法实现】 算法 MaxTopK 的步骤1花费 $O(k\log_2 k)$ 的时间构建极小队列,步骤2是两层嵌套循环,外层循环执行 $n-k$ 次,内层循环最坏情况下执行 $O(\log_2 k)$ 次,因此,时间复杂度为 $O(k\log_2 k)+O((n-k)\log_2 k)=O(n\log_2 k)$。

【算法实现】　设函数 MaxTopK 在数组 a[n]中寻找前 $k$ 个最大数据，数组 max[k]存储极小优先队列，程序如下。

源代码 7-9

```
void MaxTopK(int a[ ], int n, int k, int max[ ])
{
  int i, j, par, child, temp;
  for (i = 0; i < k; i++)                        //用 a[0]~a[k-1]构建极小队列
  {
    max[i] = a[i];                               //依次将 a[i]插入极小队列
    for (j = i; j > 0; )
    {
      par = (j - 1) / 2;
      if (max[j] > max[par]) break;
      else
      {
        temp = max[j]; max[j] = max[par]; max[par] = temp;
        j = par;
      }
    }
  }
  for ( ; i < n; i++)                            //依次取剩余数据
  {
    if (a[i] <= max[0]) continue;                //小于第 k 个最大的数，丢弃
    max[0] = a[i]; j = 0; child = 2 * j + 1;
    while (child < k)                            //筛选法调整堆
    {
      if ((child + 1 < k) && (max[child] > max[child+1])) child++;
      if (max[j] < max[child]) break;
      else
      {
        temp = max[j]; max[j] = max[child]; max[child] = temp;
        j = child; child = 2 * j + 1;
      }
    }
  }
}
```

## 实验7　假币问题的复杂版本

【实验题目】　在7.4.2节介绍的假币问题中，如果不知道假币与真币相比是较轻还是较重，则问题的求解难度大大增加。如何用最少的比较次数找出这枚假币呢？

**【实验要求】** (1)根据实验提示设计八枚硬币的三分算法;(2)将八枚硬币扩展到 $n$ 枚硬币问题,要求上机实现并记录实验数据。

**【实验提示】** 设有八枚硬币$\{a, b, c, d, e, f, g, h\}$,任取六枚硬币$\{a, b, c, d, e, f\}$,在天平两端各放三枚进行比较。假设$\{a, b, c\}$放在天平的一端,$\{d, e, f\}$放在天平的另一端,可能出现三种比较结果:

- $a+b+c>d+e+f$
- $a+b+c=d+e+f$
- $a+b+c<d+e+f$

若 $a+b+c>d+e+f$,可以肯定这六枚硬币中必有一枚为假币,同时也说明 $g$ 和 $h$ 为真币。接下来将天平两端各去掉一枚硬币,假设去掉硬币 $c$ 和 $f$,同时将天平两端的硬币各换一枚,假设对换硬币 $b$ 和 $e$,进行第二次比较,比较的结果同样可能有三种:

① $a+e>d+b$:天平两端去掉硬币 $c$ 和 $f$ 且对换硬币 $b$ 和 $e$ 后,天平两端的轻重关系保持不变,说明假币必然是 $a$ 和 $d$ 中的一个,接下来用一枚真币(如 $h$)和 $a$ 进行比较,就能找出假币。若 $a>h$,则 $a$ 是较重的假币;若 $a=h$,则 $d$ 为较轻的假币;不可能出现 $a<h$ 的情况。

② $a+e=d+b$:天平两端由不平衡变为平衡,表明假币一定在去掉的两枚硬币 $c$ 和 $f$ 中,同样用一枚真币(例如 $h$)和 $c$ 进行比较,若 $c>h$,则 $c$ 是较重的假币;若 $c=h$,则 $f$ 为较轻的假币;不可能出现 $c<h$ 的情况。

③ $a+e<d+b$:由于对换硬币 $b$ 和 $e$ 引起两端轻重关系的改变,可以肯定 $b$ 或 $e$ 中有一枚是假币,同样用一枚真币(例如 $h$)和 $b$ 进行比较,若 $b>h$,则 $b$ 是较重的假币;若 $b=h$,则 $e$ 为较轻的假币;不可能出现 $b<h$ 的情况。

对于 $a+b+c=d+e+f$ 和 $a+b+c<d+e+f$ 的情况,可按照上述方法作类似的分析。由于问题的解决是经过一系列比较和判断,可以用判定树来描述这个判定过程。图 7-14 给出了八枚硬币的判定过程,图中?表示对其两端的硬币进行轻重比较,大写字母 H 和 L 分别表示假币较重或较轻,边线旁边给出的是天平的状态。八枚硬币中,每一枚硬币都可能是或轻或重的假币,因此共有 16 种结果,判定树有 16 个叶子结点,从图中可看出,每种结果都需要经过三次比较才能得到。

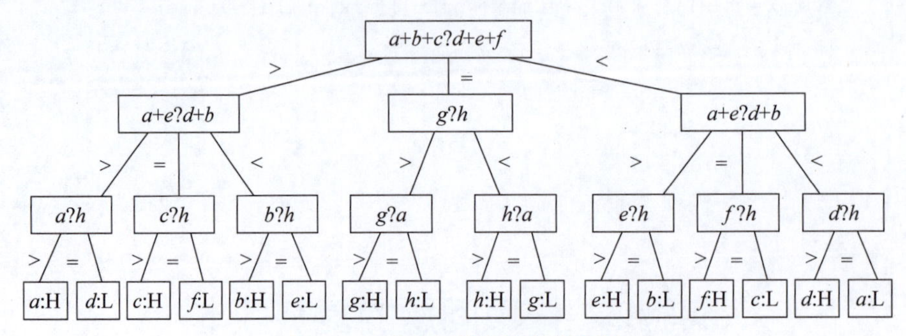


图 7-14 八枚硬币问题的判定树

## 习 题 7

1. 下面这个折半查找算法正确吗？如果正确，请给出算法的正确性证明；如果不正确，请说明产生错误的原因。

```
int BinSearch(int r[ ], int n, int k)
{
  int mid, low = 0, high = n - 1;
  while (low <= high)
  {
    mid = (low + high) / 2;
    if (k < r[mid]) high = mid;
    else if (k > r[mid]) low = mid;
    else return mid;
  }
  return 0;
}
```

2. 修改折半查找算法使之能够进行范围查找。所谓范围查找是要找出在给定值 $a$ 和 $b$ 之间的所有元素($a \leqslant b$)。

3. 插入法调整堆。已知($k_1$, $k_2$, …, $k_n$)是堆，设计算法将($k_1$, $k_2$, …, $k_n$, $k_{n+1}$)调整为堆(假设调整为大根堆)。

4. 拿子游戏：游戏开始时共有 $n$ 根火柴，两个玩家轮流拿走1、2、3或4根火柴，拿走最后一根火柴的玩家获胜。请为先走的玩家设计一个制胜的策略(如果存在)。

5. 在120枚外观相同的硬币中，有一枚是假币，并且已知假币与真币的质量不同，但不知道假币与真币相比是较轻还是较重。可以通过一台天平来任意比较两组硬币，最坏情况下，能不能通过5次比较检测出这枚假币？

# 第 8 章 贪 心 法

贪心法(greedy method)把一个复杂问题分解为一系列较为简单的局部最优选择,每一步选择都是对当前解的一个扩展,直至获得问题的完整解。贪心法的典型应用是求解最优化问题,而且对许多问题都能得到整体最优解,即使不能得到整体最优解,通常也是最优解的很好近似。

## 8.1 概 述

课件 8-1

### 8.1.1 贪心法的设计思想

贪心法把一个复杂问题的求解过程划分为若干个阶段,每一个阶段都按照某种贪心选择策略进行选择,以迭代的方式求得每个阶段的当前最优解,每一次迭代都向给定目标前进一步,最终得到原问题的解。正如其名字一样,贪心法在解决问题的策略上目光短浅,只根据当前已有的信息作出贪心选择。

应用贪心法的关键是确定贪心选择策略,这种贪心选择策略只是根据当前信息作出最好的选择,不去考虑在后面看来这种选择是否合理。贪心法并不是从整体最优考虑,每一个阶段作出的选择都只是某种意义上的局部最优,这种局部最优选择并不总能获得整体最优解(optimal solution),但通常能获得近似最优解(near-optimal solution)。如果一个问题的最优解只能通过蛮力法穷举得到,则贪心法不失为寻找问题近似最优解的一个较好办法。

### 8.1.2 一个简单的例子:付款问题

【问题】 假设有面值为 5 元、2 元、1 元、5 角、2 角、1 角的纸币,需要找给顾客 4 元 6 角现金,付款问题(payment problem)要求找到一个付款方案,使得付出的纸币张数最少。

【想法】 付款问题的贪心选择策略是在不超过应付款金额的条件下,选择面值最大的纸币。首先选出 1 张不超过 4 元 6 角的最大面值的纸币,即2元;其次选出1张不超过2元6角的最大面值的纸币,即2元;再次选出1张不超过6角的最大面值的纸币,即5角,最后选出1张不超过1角的最大面值的纸币,即1角。总共付出4张纸币。

对于上述想法,付款问题应用贪心法得到的是整体最优解,但是如果把面值改为3元、1元、8角、5角、1角,需要付款4元6角现金时,则结果是1个3元、1个1元、1个5角和1个1角共4张纸币,但最优解却是3张纸币:1个3元和2个8角。

【算法实现】 设数组money[6]存储纸币面值,为避免进行实数运算,将纸币的面值扩大10倍。程序首先将应付款sum扩大10倍变成整数,然后按面值从大到小依次试探,最后返回应付纸币的张数。程序如下。

源代码 8-1

```
int PayMoney(double sum)
{
  int money[6] = {50, 20, 10, 5, 2, 1};
  int i, count = 0, n = sum * 10;
  while (n > 0)
  {
    for (i = 0; i < 6; i++)                /* 选取不超过 sum 的最大面值依次试探 */
    {
      if (n >= money[i])
      {
        count++;
        cout<<"面值为"<<(double)money[i]/10<<endl;
        n = n - money[i];
        break;
      }
    }
  }
  return count;
}
```

课件 8-2

## 8.2 图问题中的贪心法

### 8.2.1 TSP问题

【问题】 TSP问题(traveling salesman problem)是指旅行家要旅行 $n$ 个城市,要求经历各个城市且仅经历一次然后回到出发城市,并要求所走的路程最短。

【想法】 TSP问题的贪心策略可以采用最近邻点策略:从任意城市出发,每次在没有到过的城市中选择最近的一个,直至经过了所有城市,最后回到出发城市。如图8-1(a)所示是一个无向图的代价矩阵,从顶点1出发,按照最近邻点的贪心策略,得到的路径是1→4→3→5→2→1,总代价是14,求解过程如图8-1(b)～(f)所示。

【算法】 设 $c_{ij}$ 表示顶点 $i$ 到顶点 $j$ 的代价($1 \leqslant i, j \leqslant n$),集合 $V$ 存储图的顶点,集合

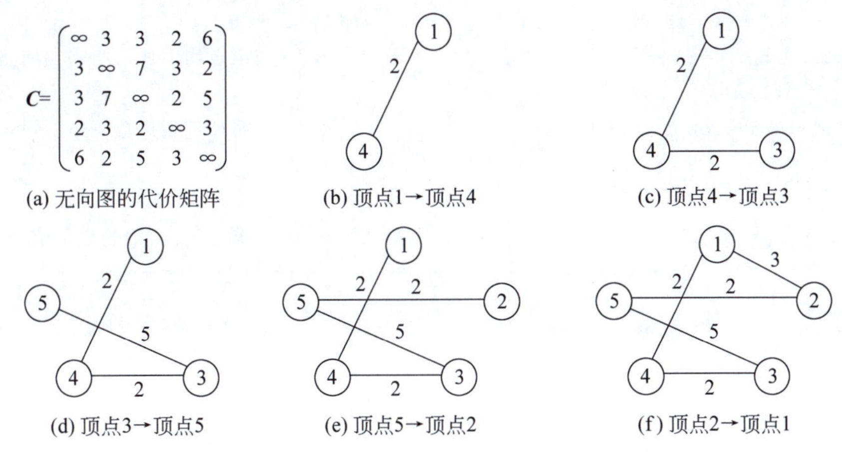


图 8-1　最近邻点贪心策略求解 TSP 问题的过程

$P$ 存储经过的边，出发顶点是 $w$，算法如下。

> 算法：最近邻点贪心选择策略求解 TSP 问题
> 输入：无向带权图 $G=(V, E)$，出发顶点 $w$
> 输出：回路长度 TSPLength
> 1. 初始化：$P=\{\ \}$；TSPLength＝0；
> 2. $u=w$；$V=V-\{w\}$；
> 3. 循环直到集合 $P$ 包含 $n-1$ 条边：
>    3.1 查找与顶点 $u$ 邻接的最小代价边 $(u, v)$ 并且 $v\in V$；
>    3.2 $P=P+\{(u, v)\}$；$V=V-\{v\}$；TSPLength＝TSPLength＋$c_{uv}$；
>    3.3 $u=v$，转步骤 3 继续求解；
> 4. 输出 TSPLength＋$c_{uw}$；

**【算法分析】** 算法共进行 $n-1$ 次贪心选择，每一次选择都需要查找满足贪心条件的最短边，因此时间复杂度为 $O(n^2)$。

需要说明的是，用最近邻点贪心策略求解 TSP 问题所得的结果不一定是最优解，例如，图 8-1(a)中从顶点 1 出发的最优解是 1→2→5→4→3→1，总代价只有 13。当图中顶点个数较多并且各边的代价分布比较均匀时，最近邻点贪心策略可以给出较好的近似解，不过，这个近似解以何种程度近似于最优解，却难以保证。例如，在图 8-1(a)中，如果增大边(2, 1)的代价，则总代价只好随之增加，没有选择的余地。

**【算法实现】** 设函数 TSP 实现最近邻点贪心策略，数组 arc[n][n]存储图中各边的代价，设变量 TSPLength 存储回路长度，edgeCount 存储集合 $P$ 中边的个数，标志数组 flag[n]表示某顶点是否在路径中，程序如下。

源代码 8-2

```
int TSP(int arc[100][100], int n, int w)
{
  int edgeCount = 0, TSPLength = 0;
```

```
    int min, u, v, j;
    int flag[n] = {0};                                    //顶点均未加入哈密顿回路
    u = w; flag[w] = 1;
    while (edgeCount < n-1)                               //循环直到边数等于 n-1
    {
      min = 100;
      for (j = 0; j < n; j++)                             //求 arc[u]中的最小值
        if ((flag[j] == 0) && (arc[u][j] != 0) && (arc[u][j] < min))
        {
          v = j; min = arc[u][j];
        }
      TSPLength += min;
      flag[v] = 1; edgeCount++;                           //将顶点加入路径
      cout<<u<<"-->"<<v<<endl;                            //输出经过的路径
      u = v;                                              //下一次从顶点 v 出发
    }
    cout<<u<<"-->"<<w<<endl;                              //输出最后的回边
    return TSPLength + arc[u][w];                         //返回回路长度
}
```

### 8.2.2 图着色问题

【问题】 给定无向连通图 $G=(V, E)$，图着色问题(graph coloring problem)求图 $G$ 的最小色数 $k$，使得用 $k$ 种颜色对 $G$ 中的顶点着色，可使任意两个相邻顶点着不同颜色。例如，图 8-2 所示的无向图可以只用两种颜色着色，将顶点 1、3 和 4 着一种颜色，将顶点 2 和 5 着另外一种颜色。

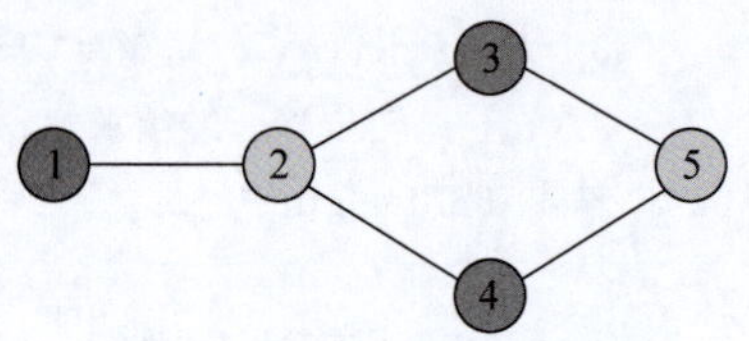

图 8-2 图着色问题的最优解

【想法】 简单起见，假定 $k$ 个颜色的集合为$\{1, 2, \cdots, k\}$。一种显然的贪心策略是选择一种颜色，用该颜色为尽可能多的顶点着色。具体地，取颜色 1，依次考查图中未被着色的每个顶点，如果该顶点的邻接点都未被着色，则用颜色 1 为该顶点着色；再取颜色 2，依次考查图中的未被着色的每个顶点，如果某顶点着颜色 2 与其相邻顶点的着色不发生冲突，则用颜色 2 为该顶点着色；如果还有未着色的顶点，则取颜色 3 并为尽可能多的顶点着色，依次类推。

【算法】 设数组 color[n]表示顶点的着色情况，算法如下。

算法：贪心法求解图着色问题 ColorGraph
输入：无向连通图 $G=(V, E)$
输出：最小色数 $k$
1. 所有顶点置未着色状态；颜色 $k$ 初始化为 0；

> 2. 循环直到所有顶点均着色
>   2.1 取下一种颜色 k++；
>   2.2 循环变量 $i$ 从 1 至 $n$ 依次考查所有顶点：
>     2.2.1 若顶点 $i$ 已着色，则转步骤 2.2，考查下一个顶点；
>     2.2.2 若顶点 $i$ 着颜色 $k$ 不冲突，则 color[i]=k；
> 3. 输出各顶点的着色；

【算法分析】 算法 ColorGraph 需要试探 $k$ 种颜色，每种颜色都需要对所有顶点进行冲突测试，设无向图有 $n$ 个顶点，则算法的时间复杂度是 $O(k\times n)$。

需要说明的是，贪心法求解图着色问题得到的不一定是最优解。考虑一个具有 $2n$ 个顶点的无向图，顶点的编号从 1 到 $2n$，当 $i$ 是奇数时，顶点 $i$ 与除了顶点 $i+1$ 之外的其他所有编号为偶数的顶点邻接，当 $i$ 是偶数时，顶点 $i$ 与除了顶点 $i-1$ 之外的其他所有编号为奇数的顶点邻接，这样的图称为二部图(bipartite graph)。图 8-3 所示是一个具有 8 个顶点的二部图。

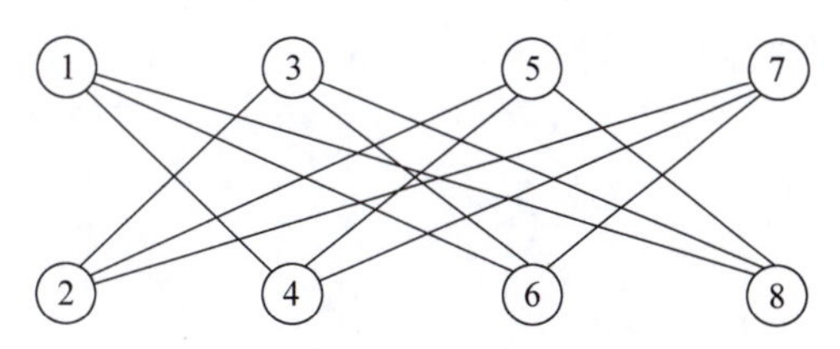


图 8-3　具有 8 个顶点的二部图

显然，二部图只用两种颜色就可以完成着色，例如，将奇数顶点全部着颜色 1，将偶数顶点全部着颜色 2。如果用贪心法以 1, 3, …, $2n-1$, 2, 4, …, $2n$ 的顺序为二部图着色，则算法可以得到这个最优解。但是如果用贪心法以 1, 2, 3, …, $2n$ 的顺序为二部图着色，则算法得到的解是 $n$ 种颜色。

【算法实现】 设函数 ColorGraph 实现贪心法进行图着色，数组 arc[n][n]存储图中各边的代价，数组 color[n]表示各顶点的着色情况，变量 flag 表示图中是否有尚未涂色的顶点，程序如下。

源代码 8-3

```
int ColorGraph(int arc[100][100] , int n, int color[ ])
{
  int i, j, k = 0, flag = 1;
  while (flag == 1)
  {
    k++; flag = 0;                                  //取下一种颜色
    for (i = 0; i < n; i++)
    {
      if (color[i] != 0) continue;                  //顶点 i 已着色
      color[i] = k;                                 //顶点 i 着颜色 k
      for (j = 0; j < n; j++)
```

```
                if (arc[i][j] == 1 && color[i] == color[j]) break;
            if (j < n)                                       //发生冲突,取消涂色
            {
                color[i] = 0; flag = 1;
            }
        }
    }
    return k;
}
```

### 8.2.3 最小生成树

在无向图中,若任意两个顶点之间均有路径,则称该图是**连通图**(connected graph)。连通图的**生成树**(spanning tree)是包含图中全部顶点的一个极小连通子图,一棵具有 $n$ 个顶点的生成树有且仅有 $n-1$ 条边。图 8-4 给出了连通图的生成树示例,显然,生成树可能不唯一。无向连通网的生成树上各边的权值之和称为**生成树的代价**,在图的所有生成树中,代价最小的生成树称为**最小生成树**(minimal spanning tree)。图 8-5 给出了连通网的最小生成树示例。

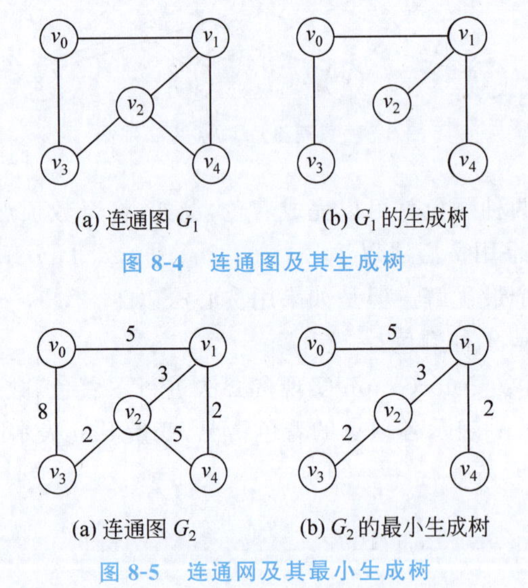


(a) 连通图 $G_1$　　(b) $G_1$ 的生成树

图 8-4　连通图及其生成树

(a) 连通图 $G_2$　　(b) $G_2$ 的最小生成树

图 8-5　连通网及其最小生成树

【问题】 设 $G=(V,E)$ 是一个无向连通网,求 $G$ 的最小生成树。

**应用实例**

假设图 $G$ 的顶点表示城镇,边 $(u, v)$ 上的代价表示从城镇 $u$ 到城镇 $v$ 铺设电话线的代价,图 $G$ 的最小生成树就是铺设一个可以覆盖所有城镇的电话网络的最小代价解决方案。

**【想法】** 最小生成树问题的贪心策略可以采用最近顶点策略：任选一个顶点，并以此建立生成树的根结点，每一步的贪心选择都把不在生成树的最近顶点添加到生成树中。**Prim 算法**就应用了这个贪心策略，使生成树以一种自然的方式生长，即从任意顶点开始，每一步都为这棵树添加一个分枝，直到生成树中包含全部顶点。

设最小生成树 $T=(U, TE)$，初始时 $U=\{u_0\}$（$u_0$ 为任意顶点），$TE=\{\ \}$。显然，Prim 算法的关键是如何找到连接 $U$ 和 $V-U$ 的最短边来扩充生成树 $T$。对于每一个不在当前生成树中的顶点 $v\in V-U$，都必须知道顶点 $v$ 连接生成树的最短边信息。所以，对顶点 $v$ 需要保存两个信息：lowcost[$v$]表示顶点 $v$ 到生成树中所有顶点的最短边；adjvex[$v$]表示该最短边在生成树中的顶点。例如，对于图 8-6(a)所示连通网，图 8-6(b)～(g)给出了从顶点 $v_0$ 出发，用 Prim 算法构造最小生成树的过程。

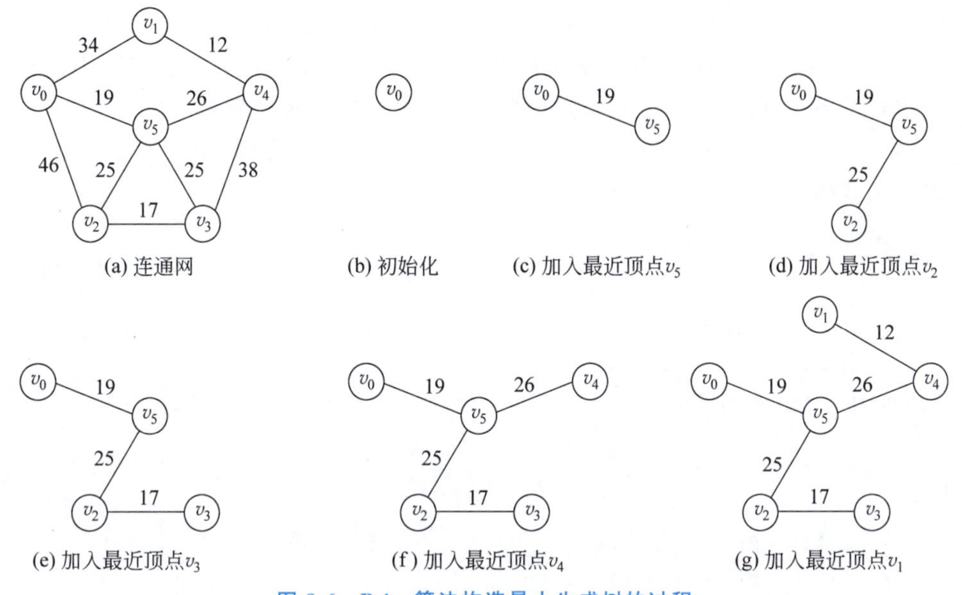


图 8-6 Prim 算法构造最小生成树的过程

**【算法】** 设数组 adjvex[$n$]和 lowcost[$n$]分别存储候选最短边的邻接点和权值，式(8-1)表示候选最短边($v_i$, $v_k$)的权值为 $w$，其中 $v_i\in V-U$，$v_k\in U$。

$$\begin{cases}\text{adjvex}[i]=k\\ \text{lowcost}[i]=w\end{cases} \tag{8-1}$$

假设从顶点 $w$ 出发构造最小生成树，初始时，$U=\{w\}$，lowcost[$w$]=0，表示顶点 $w$ 已加入集合 $U$，令 adjvex[$i$]=0，lowcost[$i$]=($w$, $i$)的权值($1\leqslant i\leqslant n-1$)。然后在数组 lowcost[$n$]中不断选取最小权值 lowcost[$k$]，并将 lowcost[$k$]置为 0，表示顶点 $k$ 已加入集合 $U$。由于顶点 $k$ 从集合 $V-U$ 进入集合 $U$ 后，候选最短边集发生了变化，依据式(8-2)更新数组 adjvex[$n$]和 lowcost[$n$]。

$$\begin{cases}\text{lowcost}[j]=\min\{\text{lowcost}[j],\text{cost}(j,k)\}\\ \text{adjvex}[j]=k\ (\text{如果 cost}(j,k)<\text{lowcost}[j])\end{cases} \tag{8-2}$$

设图 $G$ 采用代价矩阵存储，起始顶点是 $w$，Prim 算法如下。

算法：Prim 算法
输入：无向连通网 $G=(V,E)$，起始点 $w$
输出：最小生成树
1. 根据式(8-1)初始化数组 adjvex[n]和 lowcost[n]；
2. $U=\{w\}$；输出顶点 $w$；
3. 重复执行下列操作 $n-1$ 次：
  3.1 在 lowcost 中选取最短边，取 adjvex 中对应的顶点序号 $k$；
  3.2 输出顶点 $k$ 和对应的权值；
  3.3 $U=U+\{k\}$；
  3.4 根据式(8-2)调整数组 adjvex[n]和 lowcost[n]；

【算法分析】 设连通网有 $n$ 个顶点，步骤 1 进行初始化的时间开销是 $O(n)$，步骤 3 循环 $n-1$ 次，内嵌两个循环，其一是在长度为 $n$ 的数组求最小值，时间开销是 $O(n)$，其二是调整辅助数组，时间开销是 $O(n)$，因此，Prim 算法的时间复杂度为 $O(n^2)$。

【算法实现】 设数组 arc[n][n]存储图中各边的代价，函数 Prim 实现从顶点 $w$ 开始构造最小生成树并返回生成树的代价，程序如下。

源代码 8-4

```
int Prim(int arc[100][100], int n, int w)
{
  int i, j, k, min, minDist = 0;
  int lowcost[n], adjvex[n];
  for (i = 0; i < n; i++)                        //初始化
  {
    lowcost[i] = arc[w][i]; adjvex[i] = w;
  }
  lowcost[w] = 0;                                //将顶点 w 加入集合 U
  for (i = 0; i < n - 1; i++)
  {
    min = 100;                                   //假设权值均小于 100
    for (j = 0; j < n; j++)                      //寻找最短边的邻接点 k
    {
      if ((lowcost[j] != 0) && (lowcost[j] < min))
      {
        min = lowcost[j]; k = j;
      }
    }
    cout<<adjvex[k]<<"--"<<k<<endl;              //输出最小生成树的边
    minDist = minDist + lowcost[k];
    lowcost[k] = 0;                              //将顶点 k 加入集合 U 中
    for (j = 0; j < n; j++)                      //调整数组
    {
      if (arc[k][j] < lowcost[j])
```

```
        {
          lowcost[j] = arc[k][j]; adjvex[j] = k;
        }
      }
    }
  return minDist;
}
```

## 8.3 组合问题中的贪心法

课件 8-3

### 8.3.1 背包问题

【问题】 给定 $n$ 个物品和一个容量为 $C$ 的背包，物品 $i(1\leqslant i\leqslant n)$ 的重量是 $w_i$，其价值为 $v_i$，背包问题(knapsack problem)是如何选择装入背包的物品，使得装入背包中物品的总价值最大。注意和 0/1 背包问题的区别，在背包问题中，可以将某种物品的一部分装入背包中，但不可以重复装入。

【想法】 用贪心法求解背包问题的关键是如何选定贪心策略，使得按照一定的顺序选择每个物品，并尽可能地装入背包，直至背包装满。至少有三种看似合理的贪心策略：

(1) 选择价值最大的物品，因为这可以尽可能快地增加背包的总价值。但是，虽然每一步选择都获得了背包价值的极大增长，但背包容量却可能消耗得太快，使得装入背包的物品个数减少，从而不能保证目标函数达到最大。

(2) 选择重量最轻的物品，因为这可以装入尽可能多的物品，从而增加背包的总价值。但是，虽然每一步选择都使背包的容量消耗得慢了，但背包的价值却没能保证迅速增长，从而不能保证目标函数达到最大。

(3) 以上两种贪心策略或者只考虑背包价值的增长，或者只考虑背包容量的消耗，为了求得背包问题的最优解，需要在背包价值增长和背包容量消耗二者之间寻找平衡。正确的贪心策略是选择单位重量价值最大的物品。

例如，有 3 个物品，重量分别是{20, 30, 10}，价值分别为{60, 120, 50}，背包的容量为 50，应用三种贪心策略装入背包的物品和获得的价值如图 8-7 所示。

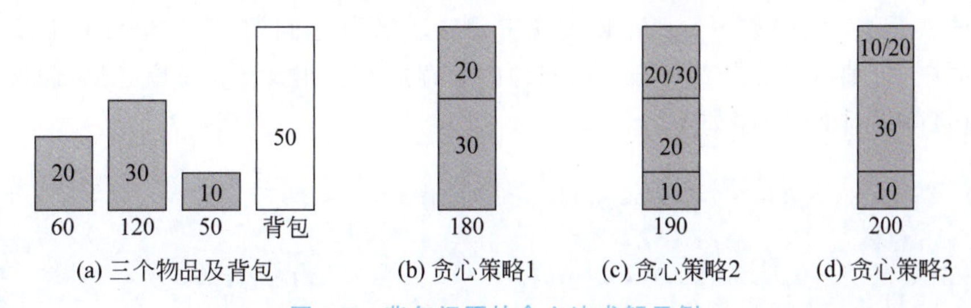


图 8-7 背包问题的贪心法求解示例

【算法】 设背包容量为 $C$，物品重量为 $w=(w_1, w_2, \cdots, w_n)$，价值为 $v=(v_1, v_2, \cdots,$

$v_n$),解为($x_1,x_2,\cdots,x_n$),其中 $x_i=0(1\leqslant i\leqslant n)$表示物品 $i$ 没有被装入背包,算法如下。

> 算法:贪心法求解背包问题 KnapSack
> 输入:背包容量 $C$,物品重量($w_1, w_2, \cdots, w_n$),价值($v_1, v_2, \cdots, v_n$)
> 输出:($x_1, x_2, \cdots, x_n$)
> 1. 改变序列 $w$ 和 $v$ 的排列顺序,使其按单位重量价值降序排列;
> 2. 将 $x_i(1\leqslant i\leqslant n)$初始化为 0;
> 3. 考虑单位重量价值最大的物品:$i=1$;
> 4. 循环直到 $w_i > C$:
>    4.1 将第 $i$ 个物品放入背包:$x_i=1$;
>    4.2 $C=C-w_i$;
>    4.3 i++;
> 5. 最后装入的物品:$x_i=C/w_i$;

**【算法分析】** 算法 KnapSack 的时间主要消耗在将所有物品依其单位重量的价值从大到小排序,因此,时间复杂度为 $O(n\log_2 n)$。

背包问题可以用贪心法求解,而 0/1 背包问题却不能用贪心法求解。图 8-8 给出了一个用贪心法求解 0/1 背包问题的示例,可以看出,对于 0/1 背包问题,用贪心法之所以不能得到最优解,是由于物品不允许分割,因此,无法保证最终能将背包装满,部分闲置的背包容量降低了背包的单位重量价值。事实上,在考虑 0/1 背包问题时,应比较选择该物品和不选择该物品所导致的方案,然后再作出最优选择,由此产生许多互相重叠的子问题,所以,0/1 背包问题适合用动态规划法求解。

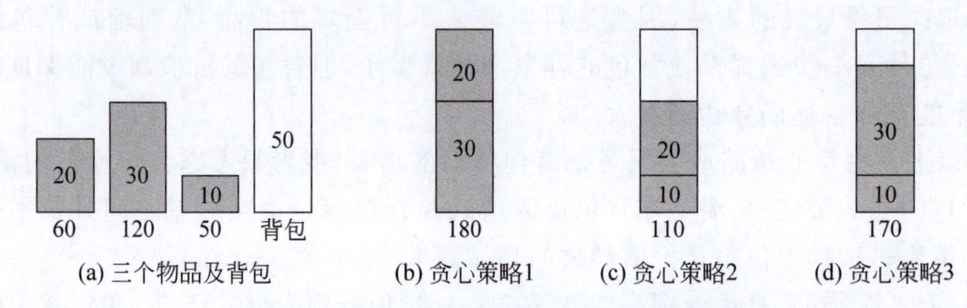


图 8-8 0/1 背包问题的贪心法求解示例

**【算法实现】** 设函数 KnapSack 实现贪心法求解背包问题,$n$ 个物品的重量存放在数组 w[n]中,价值存放在数组 v[n]中,问题的解存放在数组 x[n],简单起见,假设物品已按单位重量降序排列,程序如下。

源代码 8-5

```
double KnapSack(int w[ ], int v[ ], int n, int C)
{
  double x[n] = {0}, maxValue = 0;                //物品可部分装入
  int i;
  for (i = 0; w[i] < C; i++)
```

```
    {
      x[i] = 1;                          //将物品 i 装入背包
      maxValue += v[i];
      C = C - w[i];                      //背包剩余容量
    }
    x[i] = (double)C/w[i];               //物品 i 装入一部分
    maxValue += x[i] * v[i];
    return maxValue;                     //返回背包获得的价值
}
```

## 8.3.2　活动安排问题

【问题】 设有 $n$ 个活动的集合 $E=\{1, 2, \cdots, n\}$，其中每个活动都要求使用同一资源(如演讲会场)，而在同一时间只有一个活动能使用这个资源。每个活动 $i(1\leqslant i\leqslant n)$ 都有一个要求使用该资源的起始时间 $s_i$ 和一个结束时间 $f_i$，且 $s_i<f_i$。如果选择了活动 $i$，则它在半开时间区间 $[s_i, f_i)$ 内占用资源。若区间 $[s_i, f_i)$ 与区间 $[s_j, f_j)$ 不相交，则称活动 $i$ 与活动 $j$ 是相容的。活动安排问题(activity arrangement problem)要求在所给的活动集合中选出个数最多的相容活动。

【想法】 贪心法求解活动安排问题的关键是如何选择贪心策略，使得按照一定的顺序选择相容活动，并能够安排尽量多的活动。至少有两种看似合理的贪心策略：

(1) 最早开始时间：这样可以增大资源的利用率。

(2) 最早结束时间：这样可以使下一个活动尽早开始。

由于活动占用资源的时间没有限制，因此，后一种贪心选择更为合理。从直观上，按这种策略选择相容活动可以为未安排的活动留下尽可能多的时间，也就是说，这种贪心选择的目的是使剩余时间段极大化，以便安排尽可能多的相容活动。

为了在每一次贪心选择时都能快速查找具有最早结束时间的相容活动，可以将 $n$ 个活动按结束时间非降序排列。这样，在贪心选择时取当前活动集合中结束时间最早的活动就归结为取当前活动集合中排在最前面的活动。例如，有 11 个活动等待安排，这些活动按结束时间的非降序排列如表 8-1 所示。

表 8-1　11 个活动的开始时间和结束时间

| $i$ | $s_i$ | $f_i$ | $i$ | $s_i$ | $f_i$ | $i$ | $s_i$ | $f_i$ |
|---|---|---|---|---|---|---|---|---|
| 1 | 1 | 4 | 5 | 3 | 8 | 9 | 8 | 12 |
| 2 | 3 | 5 | 6 | 5 | 9 | 10 | 2 | 13 |
| 3 | 0 | 6 | 7 | 6 | 10 | 11 | 12 | 14 |
| 4 | 5 | 7 | 8 | 8 | 11 | | | |

贪心法求解活动安排问题的过程如图 8-9 所示，其中阴影长条表示该活动已加入解集合中，空白长条表示该活动是当前正在检查相容性的活动。首先选择活动 1 加入解集

合,因为活动1具有最早结束时间;活动2和活动3与活动1不相容,所以舍弃它们;活动4与活动1相容,因此将活动4加入解集合;然后在剩下的活动中找与活动4相容并具有最早结束时间的活动,依次类推。最终被选定的活动集合为{1, 4, 8, 11}。

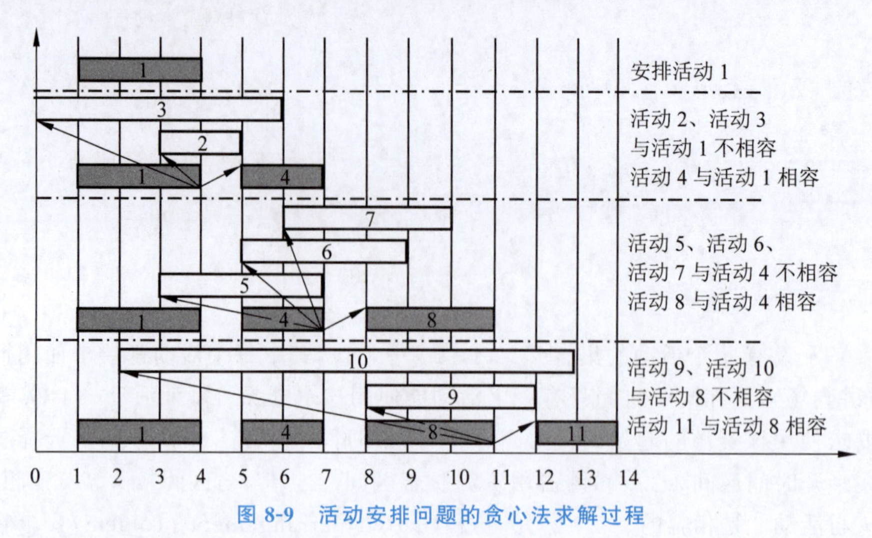


图8-9 活动安排问题的贪心法求解过程

【算法】 设有 $n$ 个活动等待安排,$s_i$ 表示活动 $i$ 的起始时间,$f_i$ 表示活动 $i$ 的结束时间($1 \leqslant i \leqslant n$),集合 $B$ 存放选定的活动,算法如下。

算法:活动安排问题 ActiveManage
输入:$n$ 个活动的开始时间 $\{s_1, s_2, \cdots, s_n\}$ 和结束时间 $\{f_1, f_2, \cdots, f_n\}$
输出:选定的活动集合 $B$
1. 对 $\{f_1, f_2, \cdots, f_n\}$ 按非降序排序,同时相应地调整 $\{s_1, s_2, \cdots, s_n\}$;
2. 最优解中包含活动1:$B=\{1\}$;$j=1$;
3. 循环变量 $i$ 从2至 $n$ 依次考查每一个活动:
 3.1 如果($s_i \geqslant f_j$),则 $B=B+\{j\}$;$j=i$;
 3.2 i++;

【算法分析】 步骤1将活动按结束时间从小到大排序,时间代价是 $O(n\log_2 n)$,步骤3依次考查每一个活动,时间代价是 $O(n)$,因此,算法的时间复杂度为 $O(n\log_2 n)$。

【算法实现】 简单起见,假设数组 s[n]和 f[n]已按结束时间非降序排列,数组 B[n]存储安排的活动,若活动 $i$ 可以安排,则 B[i]=1,程序如下。

源代码8-6

```
int ActiveManage(int s[ ], int f[ ], int B[ ], int n)
{
  int i, j, count;
  B[0] = 1; j = 0; count = 1;
  for (i = 1; i < n; i++)
  {
```

```
    if (s[i] >= f[j])                          //活动 i 与活动 j 相容
    {
      B[i] = 1; count++;                       //安排活动 i
      j = i;                                   //j 是目前安排的最后一个活动
    }
    else B[i] = 0;
  }
  return count;                                //返回已安排的活动个数
}
```

### 8.3.3 埃及分数

【问题】 古埃及人只用分子为 1 的分数，在表示一个真分数时，将其分解为若干个埃及分数之和，例如，7/8 表示为 1/2+1/3+1/24。埃及分数问题(Egypt fraction)要求把一个真分数表示为最少的埃及分数之和的形式。

【想法】 一个真分数的埃及分数表示不是唯一的，例如，7/8 还可以表示为 1/8+1/8+1/8+1/8+1/8+1/8+1/8。显然，把一个真分数表示为最少的埃及分数之和的形式，贪心策略是选择真分数包含的最大埃及分数。以 7/8 为例，7/8 > 1/2，则 1/2 是第一次贪心选择的结果；7/8−1/2=3/8 > 1/3，则 1/3 是第二次贪心选择的结果；3/8−1/3=1/24，则 1/24 是第三次贪心选择的结果，即 7/8=1/2+1/3+1/24。

接下来的问题是：如何找到真分数包含的最大埃及分数？设真分数为 $A/B$，$B$ 除以 $A$ 的整数商为 $C$，余数为 $D$，则有下式成立：

$$B=A\times C+D$$

等式两边除以 $A$，得：

$$\frac{B}{A}=C+\frac{D}{A}<C+1$$

则：

$$\frac{A}{B}>\frac{1}{C+1}$$

即 $1/(C+1)$为真分数 $A/B$ 包含的最大埃及分数。设 $E=C+1$，由于

$$\frac{A}{B}-\frac{1}{E}=\frac{A\times E-B}{B\times E}$$

则真分数减去最大埃及分数后，得到一个真分数，分子是$(A\times E)-B$，分母是 $B\times E$，这个真分数如果存在公因子，需要进一步化简。

【算法】 设函数 EgyptFraction 实现埃及分数问题，算法如下。

算法：埃及分数 EgyptFraction
输入：真分数的分子 $A$ 和分母 $B$
输出：最少的埃及分数之和

1. $E=B/A+1$；
2. 输出 $1/E$；
3. $A=A*E-B$；$B=B*E$；
4. 求 $A$ 和 $B$ 的最大公约数 $R$，如果 $R$ 不为1，则将 $A$ 和 $B$ 同时除以 $R$；
5. 如果 $A$ 等于1，则输出 $1/B$，算法结束；否则转步骤1重复执行；

【算法分析】 假设真分数是 $m/n$，考虑最坏情况，$m/n$ 表示为 $m$ 个 $1/n$ 之和，则对 $m/n$ 的分解要执行 $m$ 次，因此，时间复杂度为 $O(m)$。

【算法实现】 函数 EgyptFraction 在执行过程中需要调用函数 CommFactor 求 $A$ 和 $B$ 的最大公约数并对 $A/B$ 进行化简，程序如下。

源代码 8-7

```
void EgyptFraction(int A, int B)
{
  int E, R;
  cout<<A<<"/"<<B<<" = ";
  do
  {
    E = B/A + 1;                       //求真分数 A/B 包含的最大埃及分数
    cout<<"1/"<<E<<" + ";
    A = A * E - B;                     //以下两条语句计算 A/B - 1/E
    B = B * E;
    R = CommFactor(A, B);              //求 A 和 B 的最大公约数
    if (R > 1)
    {
      A = A/R; B = B/R;                //将 A/B 化简
    }
  } while (A > 1);
  cout<<"1/"<<B<<endl;                 //输出最后一个埃及分数 1/B
  return;
}
```

课件 8-4

## 8.4 拓展与演练

### 8.4.1 贪心法的正确性证明

由于贪心法并不是从整体最优考虑，在每一个阶段作出的贪心选择都只是某种意义上的局部最优，因而有时不能得到整体最优解。对于一个具体的问题，怎么知道是否可以用贪心法求解，以及能否得到问题的最优解呢？这个问题很难给予肯定的回答。但是，从许多可以用贪心法求解的问题中看到，这类问题一般具有两个重要的性质：最优子结构性质(optimal substructure property)和贪心选择性质(greedy selection property)。

### 1. 最优子结构性质

当一个问题的最优解包含其子问题的最优解时，称此问题具有最优子结构性质，也称此问题满足最优性原理。在分析问题是否具有最优子结构性质时，通常先假设由问题的最优解导出的子问题的解不是最优的，然后证明在这个假设下可以构造出比原问题的最优解更好的解，从而导致矛盾。

### 2. 贪心选择性质

所谓贪心选择性质是指问题的整体最优解可以通过一系列局部最优的选择，即贪心选择来得到，贪心法仅在当前状态作出最好选择，即局部最优选择，然后再去求解作出这个选择后产生的相应子问题的解。贪心法通常以自顶向下的方式作出一系列的贪心选择，每作一次贪心选择就将问题简化为规模更小的子问题。

对于一个具体问题，要确定是否具有贪心选择性质，必须证明每一步所作的贪心选择最终导致问题的整体最优解。通常先考查问题的一个整体最优解，并证明可修改这个最优解，使其从贪心选择开始。在作出贪心选择后，原问题简化为规模较小的类似子问题，然后，用数学归纳法证明，通过每一步的贪心选择，最终可得到问题的整体最优解。

**例 8.1**　证明贪心法求解背包问题获得的解是整体最优解。

**证明**：不失一般性，假设物品按其单位重量价值降序排列，即

$$v_1/w_1 \geqslant v_2/w_2 \geqslant \cdots \geqslant v_n/w_n$$

背包问题的贪心策略是选择单位重量价值最大的物品，设 $X=(x_1, x_2, \cdots, x_n)$ 是找到的解。如果所有的 $x_i$ 等于 1，显然解 $X$ 是最优的。否则，设 $j$ 是满足 $0<x_j<1$ 的最小下标，根据贪心策略，当 $i<j$ 时，$x_i=1$；当 $i>j$ 时，$x_i=0$，即解 $(x_1, x_2, \cdots, x_n)$ 为 $(1, \cdots, 1, x_j, 0, \cdots, 0)$ 的形式，并且满足

$$\sum_{i=1}^{n} w_i x_i = C \tag{8-3}$$

此时背包获得的价值为

$$V(X) = \sum_{i=1}^{n} v_i x_i$$

设 $Y=(y_1, y_2, \cdots, y_n)$ 是某个整体最优解，显然

$$\sum_{i=1}^{n} w_i y_i = C \tag{8-4}$$

如果 $X \neq Y$，则一定存在 $k(1 \leqslant k \leqslant n)$，对于 $1 \leqslant i < k$，有 $x_i = y_i$，但 $x_k \neq y_k$。此时，有以下两种情况：

(1) 若 $x_k < y_k$，因为 $y_k < 1$，必有 $x_k < 1$，但是 $x_{k+1} = \cdots = x_n = 0$，所以，

$$\sum_{i=1}^{n} w_i x_i = \sum_{i=1}^{k} w_i x_i = C < \sum_{i=1}^{k} w_i y_i \leqslant \sum_{i=1}^{n} w_i y_i$$

与式(8-4)矛盾；

(2) 若 $x_k > y_k$，有

$$\sum_{i=1}^{n} w_i x_i = \sum_{i=1}^{k} w_i x_i = C > \sum_{i=1}^{k} w_i y_i$$

由式(8-4)可知，$y_{k+1}, \cdots, y_n$ 不全为 0，增大 $y_k$ 的值，同时减少 $y_{k+1}, \cdots, y_n$ 中的不

为0的某些值,得到$Z=(z_1, z_2, \cdots, z_n)$,对于$1\leqslant i<k$,有$z_i=y_i$,对于$k<i\leqslant n$,有$z_i\leqslant y_i$,但$z_k>y_k$,且$\sum_{i=1}^{n} w_i z_i = C$。

由于$v_1/w_1\geqslant v_2/w_2\geqslant\cdots\geqslant v_n/w_n$,所以,在解$Z$中,单位重量价值大的物品增多,单位重量价值小的物品减少,从而解$Z$优于解$Y$,与$Y$是最优解矛盾。

由(1)和(2)可知,$X=Y$,因此,解$X$是整体最优解。

### 8.4.2 田忌赛马

【问题】 田忌赛马是中国历史上有名的扬长避短,从而在竞技中获胜的故事。下面是这个故事的改编:田忌和齐王赛马,他们各有$n$匹马,每次双方各派出一匹马进行赛跑,获胜的一方记1分,失败的一方记$-1$分,平局不计分。假设每匹马只能出场一次,每匹马都有个速度值,比赛中速度快的马一定会获胜。田忌知道所有马的速度值,且田忌可以安排每轮赛跑双方出场的马,问田忌如何安排马的出场次序,使得最后获胜的比分最大?

【想法】 贪心法求解田忌赛马的贪心策略是保证每一场赛跑都是最优方案,分别考虑如下情况。

(1) 田忌最快的马比齐王最快的马快,则拿两匹最快的马进行赛跑,因为田忌最快的马一定能赢一场,此时选齐王最快的马是最优的。

(2) 田忌最快的马比齐王最快的马慢,则拿田忌最慢的马和齐王最快的马进行赛跑,因为齐王最快的马一定能赢一场,此时选田忌最慢的马是最优的。

(3) 田忌最快的马与齐王最快的马速度相等,考虑以下两种情况。

① 田忌最慢的马比齐王最慢的马要快,则拿两匹最慢的马进行赛跑,因为齐王最慢的马一定会输一场,此时田忌选最慢的马一定是最优的。

② 否则,用田忌最慢的马与齐王最快的马赛跑,因为田忌最慢的马一定不能赢一场,而齐王最快的马一定不会输一场,此时选田忌最慢的马一定是最优的。

【算法实现】 设数组t[n]存储田忌$n$匹马的速度,q[n]存储齐王$n$匹马的速度,简单起见,数组t[n]和q[n]均按速度升序排列,[left1, right1]和[left2, right2]分别表示双方尚未赛跑的马,程序如下。

源代码 8-8

```
int TianjiHorse(int t[ ], int q[ ], int n)
{
  int count = 0;
  int left1, right1, left2, right2;
  left1 = left2 = 0;
  right1 = right2 = n - 1;
  while (left1 <= right1)
  {
    if (t[right1] > q[right2])
    {
      count++; right1--; right2--;
    }
```

```
    else if (t[right1] < q[right2])
    {
      count--; left1++; right2--;
    }
    else
    {
      if (t[left1] > q[left2])
      {
        count++; left1++; left2++;
      }
      else
      {
        if (t[left1] < q[right2]) count--;
        left1++; right2--;
      }
    }
  }
  return count;
}
```

【算法分析】 显然,算法 TianjiHorse 的时间复杂度为 $O(n)$。

## 实验 8　合并字符串

【实验题目】 在 C 语言中,合并两个字符串 dest 和 src 的常规做法是在字符串 dest 的后面拼接上字符串 src,产生的成本等于两个字符串的长度之和。对于多个字符串的合并操作,不同的合并顺序可能会有成本差异,例如合并字符串{"red", "blue", "yellow"},如果先合并"red"和"blue",再合并"redblue"和"yellow",产生的成本是 7+13=20,如果先合并"blue"和"yellow",再合并"blueyellow"和"red",产生的成本是 10+13=23。给定 $n$ 个字符串的长度,求合并成一个字符串产生的最小成本。

【实验要求】 ①设计存储结构表示字符串的合并过程;②给出算法的伪代码描述;③设计测试数据,上机实现算法。

【实验提示】 采用贪心法合并字符串,贪心策略是每次选取长度最短的两个字符串进行合并,这样能够保证成本增长得最慢,这实际上是哈夫曼算法,产生的最小成本就是哈夫曼树的带权路径长度。

## 习　题　8

1. 用贪心法求解如下背包问题的最优解:有 7 个物品,重量分别为(2, 3, 5, 7, 1, 4, 1),价值分别为(10, 5, 15, 7, 6, 18, 3),背包容量 $W=15$。写出求解过程。

2. 给定 $n$ 位正整数 $a$，删掉其中任意 $k(k<n)$ 个数字后，剩余的数字按原次序排列组成一个新的正整数。对于给定的正整数 $a$ 和 $k$，设计算法找出剩余数字组成的新整数最小的删数方案。

3. 设有 $n$ 个顾客同时等待一项服务，顾客 $i$ 需要的服务时间为 $t_i(1 \leqslant i \leqslant n)$，如何安排 $n$ 个顾客的服务次序才能使顾客总的等待时间达到最小？

4. 在 0/1 背包问题中，假设各物品按重量递增排列时，其价值恰好按递减排列，对于这个特殊的 0/1 背包问题，设计一个有效的算法找出最优解。

5. 一辆汽车加满油后可行驶 $n$ 公里，旅途中有若干个加油站，加油站之间的距离由数组 A[m]给出，其中 A[i]表示第 $i-1$ 个加油站和第 $i$ 个加油站之间的距离，旅途的起点和终点都各有一个加油站。设计一个有效的算法，计算沿途需要停靠加油的地方，使加油的次数最少。

6. TSP 问题的贪心算法还可以采用最短链接策略：每次选择最短边加入到解集合，但是要保证加入解集合的边最终形成一个哈密顿回路。请说明从剩余边集选择一条边$(u, v)$加入解集合 $S$，应满足什么条件，设计算法并上机实现。

7. 最小生成树问题的贪心算法还可以采用最短边策略：设最小生成树的边集为 $TE$，最短边策略从 $TE=\{\ \}$开始，每一次贪心选择都是在边集 $E$ 中选取最短边$(u, v)$，如果边$(u, v)$加入集合 $TE$ 不产生回路，则将边$(u, v)$加入边集 $TE$。Kruskal 算法就应用了这个贪心策略，使生成树以一种随意的方式生长，先让森林中的树木随意生长，每生长一次就将两棵树合并，最后合并成一棵树。请设计 Kruskal 算法并上机实现。

8. Dijkstra 算法是求解有向图最短路径的一个经典算法，也是应用贪心法的一个成功实例，请描述 Dijkstra 算法的贪心策略和具体算法，并上机实现。

# 第 9 章 动态规划法

动态规划(dynamic programming)是20世纪50年代美国数学家贝尔曼(Richard Bellman)为研究最优控制问题而提出的,"programming"的含义是计划和规划的意思。动态规划作为一种工具在应用数学领域的价值被大家认同以后,在计算机科学领域,动态规划法成为一种通用的算法设计技术用来求解多阶段决策最优化问题。

## 9.1 概　　述

课件 9-1

### 9.1.1 多阶段决策过程

在实际应用中,经常有这样一类问题:该问题有 $n$ 个输入,问题的解由这 $n$ 个输入的一个子集组成,这个子集必须满足某些事先给定的约束条件(constraint condition),满足约束条件的解称为问题的可行解(feasible solution)。满足约束条件的可行解可能不止一个,为了衡量这些可行解的优劣,通常以函数的形式给出一定的评价标准,这些标准函数称为目标函数(objective function),也称评价函数。目标函数的极值(极大或极小)称为最优值(optimal value),使目标函数取得极值的可行解称为最优解(optimal solution),这类问题称为最优化问题[①](optimization problem)。

例如,在0/1背包问题中,物品 $i$ 或者被装入背包,或者不被装入背包,设 $x_i$ 表示物品 $i$ 装入背包的情况,则当 $x_i=0$ 时,表示物品 $i$ 没有被装入背包,$x_i=1$ 时,表示物品 $i$ 被装入背包。根据问题的描述,有如下约束条件和目标函数:

$$\begin{cases} \sum_{i=1}^{n} w_i x_i \leqslant C \\ x_i \in \{0,1\} \quad 1 \leqslant i \leqslant n \end{cases} \tag{9-1}$$

① 最优化问题根据描述约束条件和目标函数的数学模型,以及求解问题的方法,可以分为线性规划、非线性规划、整数规划和动态规划等。

$$\max \sum_{i=1}^{n} v_i x_i \tag{9-2}$$

0/1背包问题归结为寻找满足式(9-1)的约束条件,并使式(9-2)的目标函数达到最大的解向量 $X=(x_1, x_2, \cdots, x_n)$。

最优化问题的求解过程往往可以划分为若干个阶段,每一阶段的决策都依赖于前一阶段的状态,由决策采取的操作使状态发生转移,成为下一阶段决策的依据。如果对一个状态可以作出多个决策,每一个决策都可以产生一个新的状态,则动态规划的决策过程可以抽象为一个图模型,如图9-1所示,其中,顶点表示状态,有向边 $\langle v_i, v_j \rangle$ 表示某个决策将状态 $v_i$ 转换为状态 $v_j$,并且图模型为有向无环图。

在多阶段决策过程中,由于每一阶段的决策都与前一阶段的状态有关,因此,可以把每一阶段都作为一个子问题来处理,然后按照由小问题到大问题,以小问题的解答支持大问题求解的模式,依次求解所有子问题,最终得到原问题的解。例如,对于图9-1所示的决策过程,原问题 $E$ 的解依赖于子问题 $C$ 和 $D$ 的解,子问题 $D$ 的解依赖于子问题 $C$ 和 $B$ 的解,子问题 $C$ 的解依赖于子问题 $A$ 和 $B$ 的解,子问题 $B$ 的解依赖于子问题 $A$ 的解,因此,动态规划的求解过程从初始子问题 $A$ 开始,逐步求解并记录各子问题的解,直至得到原问题 $E$ 的解。

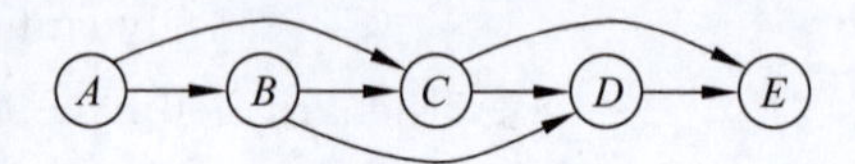

图9-1 多阶段决策过程与有向无环图

## 9.1.2 动态规划法的设计思想

动态规划法将待求解问题分解成若干个相互重叠的子问题,每个子问题都对应决策过程的一个阶段,一般来说,子问题的重叠关系表现在对给定问题求解的递推关系(称为动态规划函数)中,将子问题的最优值求解一次并填入表中,当需要再次求解该子问题时,可以通过查表获得该子问题的最优值,从而避免了大量重复计算。一般来说,动态规划法的求解过程由以下三个阶段组成,如图9-2所示。

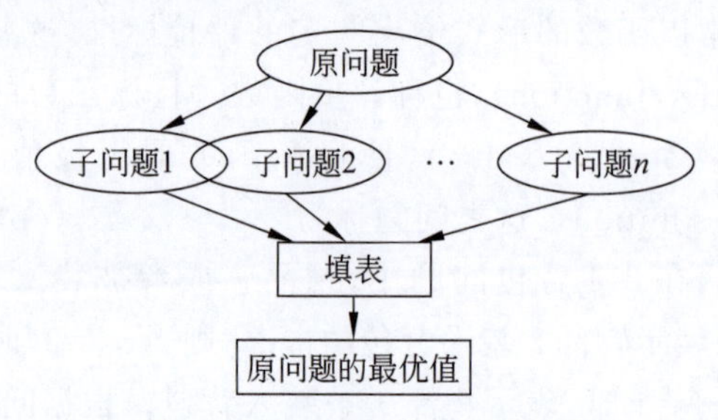

图9-2 动态规划法的求解过程

(1) 划分子问题:将原问题的求解过程划分为若干个阶段,每个阶段对应一个子问题,并且子问题之间具有重叠关系。

(2) 动态规划函数:根据子问题之间的重叠关系找到子问题满足的递推关系式,这是动态规划法的关键。

(3) 填写表格:根据动态规划函数设计表格,以自底向上的方式计算各个子问题的最优值并填表,实现动态规划过程。

需要强调的是，上述动态规划过程可以求得问题的最优值，如果要得到使目标函数取得极值的最优解，通常在动态规划过程中记录每个阶段的决策，再根据最优决策序列通过回溯构造最优解。

### 9.1.3　一个简单的例子：网格上的最短路径

【问题】 给定一个包含正整数的 $m\times n$ 网格，每次只能向下或者向右移动一步，定义路径长度是路径上经过的整数之和。请找出一条从左上角到右下角的路径，使得路径长度最小，例如，图 9-3(a)所示 3×3 网格，路径 1→3→1→1→1 经过的整数之和最小，路径长度是 7。

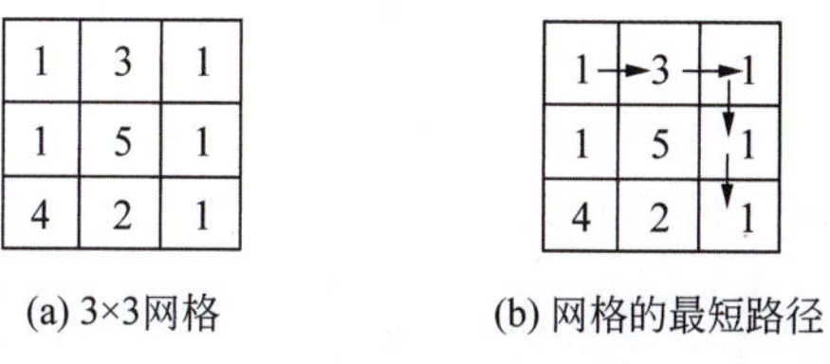

(a) 3×3网格　(b) 网格的最短路径

图 9-3　网格及其最短路径

【想法】 设 $A(m, n)$表示一个 $m\times n$ 网格，$d(m, n)$表示该网格的最短路径长度。考虑初始子问题，由于路径的方向只能是向下或向右的，因此第一行的每个网格都只能从左上角网格开始向右移动到达，第一列的每个网格都只能从左上角网格开始向下移动到达，第 1 行和第 1 列每个网格的路径都是唯一的。显然有

$$\begin{cases} d(1,j)=d(1,j-1)+A(1,j) & 1\leqslant j\leqslant n \\ d(i,1)=d(i-1,1)+A(i,1) & 1\leqslant i\leqslant m \end{cases} \tag{9-3}$$

考虑重叠子问题，设 $d(i, j)$表示矩阵中网格$(i, j)$的最短路径长度，网格$(i, j)$可以从其上方相邻网格向下移动一步到达，或者从其左方相邻网格向右移动一步到达，最短路径长度等于其上方相邻网格与其左方相邻网格的最短径长度的较小值加上当前网格的值，则有如下动态规划函数：

$$d(i,j)=\min\{d(i-1,j),d(i,j-1)\}+A(i,j)\quad 1<i\leqslant m,1<j\leqslant n \tag{9-4}$$

为了得到网格的最短路径，设 $p(m, n)$记录每个网格的最短路径是由上方还是左方到达，即 $p(i, j)$表示在计算 $d(i, j)$的决策，并且有

$$p(i,j)=\begin{cases} 0 & d(i-1,j)<d(i,j-1) \\ 1 & d(i-1,j)\geqslant d(i,j-1) \end{cases}\quad 1\leqslant i\leqslant m,1\leqslant j\leqslant n \tag{9-5}$$

对于图 9-3(a)所示网格，动态规划法的填表如图 9-4 所示，具体过程如下。

首先求解初始子问题，填写第 1 行：$d(1, 1)=1$，$d(1, 2)=d(1, 1)+3=4$，$d(1, 3)=d(1, 2)+1=5$，同时填写 $p(1, 1)=p(1, 2)=p(1, 3)=1$；填写第 1 列：$d(2, 1)=d(1, 1)+1=2$，$d(3, 1)=d(2, 1)+4=6$，同时填写 $p(2, 1)=p(3, 1)=0$。

再求解第一个阶段的子问题，填写第 2 行：$d(2, 2)=\min\{d(1, 2), d(2, 1)\}+5=7$，$p(2, 2)=1$；$d(2, 3)=\min\{d(1, 3), d(2, 2)\}+1=6$，$p(2, 3)=0$。

再求解第二个阶段的子问题，填写第 3 行：$d(3, 2)=\min\{d(2, 2), d(3, 1)\}+2=$

8,$p(3,2)=1$;$d(3,3)=\min\{d(2,3),d(3,2)\}+1=7$,$p(3,3)=0$。

最后$d(3,3)$的值即网格的最短路径长度。为了获得相应的最短路径,从$p(3,3)$开始回溯,$p(3,3)$的值是0,路径向上;$p(2,3)$的值是0,路径向上;$p(1,3)$的值是1,路径向左;$p(1,2)$的值是1,路径向左;直至$p(1,1)$,得到最短路径为1→3→1→1→1。

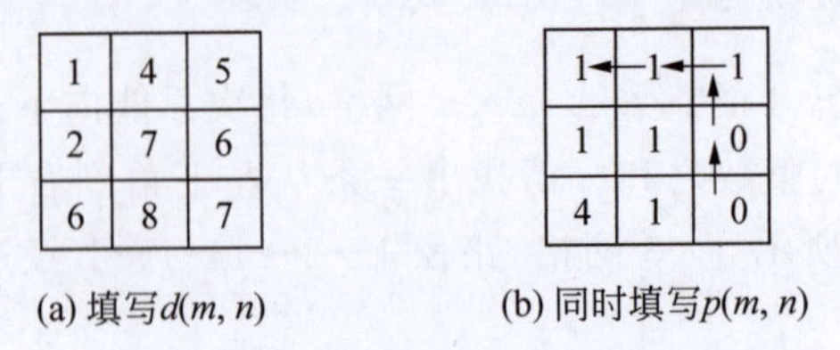


图 9-4 网格最短路径的求解过程

**【算法实现】** 设二维数组 a[m][n]存储 $m \times n$ 网格,dist[m][n]存储网格的最短路径长度,path[m][n]存储每个网格的决策,注意数组下标从0开始,程序如下。

源代码 9-1

```
int MinPath(int a[100][100], int m, int n)
{
  int dist[m][n], path[m][n], i, j;
  dist[0][0] = a[0][0]; path[0][0] = 0;
  for (j = 1; j < n; j++)                              //填写第0行
  {
    dist[0][j] = dist[0][j-1] + a[0][j]; path[0][j] = 1;
  }
  for (i = 1; i < m; i++)                              //填写第0列
  {
    dist[i][0] = dist[i-1][0] + a[i][0]; path[i][0] = 0;
  }
  for (i = 1; i < m; i++)                              //填写每一行
    for (j = 1; j < n; j++)
      if (dist[i-1][j] < dist[i][j-1])
      {
        dist[i][j] = dist[i-1][j] + a[i][j]; path[i][j] = 0;
      }
      else
      {
        dist[i][j] = dist[i][j-1] + a[i][j]; path[i][j] = 1;
      }
  for (i = m - 1, j = n - 1; i > 0 || j > 0; )         //回溯求最优解
  {
    cout<<a[i][j]<<"<--";
    if (path[i][j] == 0) i--;
    else j--;
```

```
    }
    cout<<a[0][0];
    return dist[m-1][n-1];                                    //返回最优值
}
```

【算法分析】 第1个循环和第2个循环的时间开销分别是 $O(n)$ 和 $O(m)$，第3个循环的时间开销是 $O(m \times n)$，第4个循环进行回溯得到最短路径，时间开销是 $O(m+n)$，因此算法的时间复杂度为 $O(m \times n)$。

## 9.2 组合问题中的动态规划法

课件 9-3

### 9.2.1 最长公共子序列

【问题】 对给定序列 $X=(x_1, x_2, \cdots, x_m)$ 和序列 $Z=(z_1, z_2, \cdots, z_k)$，$Z$ 是 $X$ 的子序列(subsequence)当且仅当存在一个递增下标序列 $(i_1, i_2, \cdots, i_k)$，使得对于所有 $j=1, 2, \cdots, k$，有 $z_j=x_{i_j}(1 \leqslant i_j \leqslant m)$。例如，对于序列 $X=(a, b, c, b, d, a, b)$，序列 $(b, c, d, b)$ 是 $X$ 的一个长度为4的子序列，相应的递增下标序列为(2, 3, 5, 7)。

给定两个序列 $X$ 和 $Y$，当序列 $Z$ 既是 $X$ 的子序列又是 $Y$ 的子序列时，称 $Z$ 是序列 $X$ 和 $Y$ 的公共子序列(public subsequence)。例如，序列 $X=(a, b, c, b, d)$，$Y=(a, c, b, b, a, d)$，序列 $(a, c, b)$ 是序列 $X$ 和 $Y$ 的一个长度为3的公共子序列。最长公共子序列问题(longest public subsequence problem)就是在序列 $X$ 和 $Y$ 中查找长度最长的公共子序列。

【想法】 设 $L(m, n)$ 表示序列 $X=\{x_1, x_2, \cdots, x_m\}$ 和 $Y=\{y_1, y_2, \cdots, y_n\}$ 的最长公共子序列的长度，考虑初始子问题，序列 $X$ 和 $Y$ 至少有一个空序列，显然有下式：

$$L(0, 0)=L(0, j)=L(i, 0)=0 \quad 1 \leqslant i \leqslant m, 1 \leqslant j \leqslant n \tag{9-6}$$

考虑重叠子问题，设 $L(i, j)(1 \leqslant i \leqslant m, 1 \leqslant j \leqslant n)$ 表示子序列 $X_i$ 和 $Y_j$ 的最长公共子序列的长度，存在以下两种情况：

(1) $x_i=y_j$，可以找出 $X_{i-1}$ 和 $Y_{j-1}$ 的最长公共子序列，然后在其尾部加上 $x_i$ 即可得到 $X_i$ 和 $Y_j$ 的最长公共子序列；

(2) $x_i \neq y_j$，可以找出 $X_{i-1}$ 和 $Y_j$ 的最长公共子序列以及 $X_i$ 和 $Y_{j-1}$ 的最长公共子序列，这两个公共子序列中的较长者即 $X_i$ 和 $Y_j$ 的最长公共子序列。

则有如下动态规划函数：

$$L(i,j)=\begin{cases} L(i-1,j-1)+1 & x_i=y_j \\ \max\{L(i,j-1),L(i-1,j)\} & x_i \neq y_j \end{cases} \tag{9-7}$$

为了得到序列 $X$ 和 $Y$ 对应的最长公共子序列，设 $S(m, n)$ 记载求解过程中的决策，其中 $S(i, j)$ 表示在计算 $L(i, j)$ 时的决策，并且有

$$S(i,j)=\begin{cases} 1 & x_i=y_j \\ 2 & x_i \neq y_j \text{ 且 } L(i,j-1) \geqslant L(i-1,j) \\ 3 & x_i \neq y_j \text{ 且 } L(i,j-1) < L(i-1,j) \end{cases} \tag{9-8}$$

例如,序列 $X=(a, b, c, b, d, b)$,$Y=(a, c, b, b, a, b, d, b, b)$,动态规划法求解最长公共子序列的过程如图 9-5 所示,具体过程如下:

首先求解初始子问题,填写第 0 行和第 0 列:$L(0, 0)=L(0, j)=L(i, 0)=0$。

再求解第一个阶段的子问题:由于 $x_1=y_1$,则 $L(1, 1)=L(0, 0)+1=1$,$S(1, 1)=1$;由于 $x_1 \neq y_2$,则 $L(1, 2)=\max\{L(1, 1), L(0, 2)\}=1$,$S(1, 2)=2$;由于 $x_1 \neq y_3$,则 $L(1, 3)=\max\{L(1, 2), L(0, 3)\}=1$,$S(1, 3)=2$;依次计算,填写第 1 行。

再求解第二个阶段的子问题:由于 $x_2 \neq y_1$,则 $L(2, 1)=\max\{L(2, 0), L(1, 1)\}=1$,$S(2, 1)=3$;由于 $x_2 \neq y_2$,则 $L(2, 2)=\max\{L(2, 1), L(1, 2)\}=1$,$S(2, 2)=2$;由于 $x_2=y_3$,则 $L(2, 3)=L(1, 2)+1=2$,$S(2, 3)=1$;依次计算,填写第 2 行。

直至求解最后一个阶段的子问题,$L(6, 9)$的值即最长公共子序列的长度。为了求得相应的最长公共子序列,从 $S(6, 9)$进行回溯,$S(6, 9)=1$,回溯至 $S(5, 8)$;$S(5, 8)=2$,回溯至 $S(5, 7)$;依次计算,直至 $S(0, 0)$,得到序列 $X$ 的递增下标序列(1, 3, 4, 5, 6),以及序列 $Y$ 的递增下标序列(1, 2, 6, 7, 9),即状态矩阵 **S** 中斜线所在位置,最长公共子序列是$(a, c, b, d, b)$。

| | | a | c | b | b | a | b | d | b | b |
|---|---|---|---|---|---|---|---|---|---|---|
| | 0 | 1 | 2 | 3 | 4 | 5 | 6 | 7 | 8 | 9 |
| | 0 | 0 | 0 | 0 | 0 | 0 | 0 | 0 | 0 | 0 |
| a | 1 | 0 | 1 | 1 | 1 | 1 | 1 | 1 | 1 | 1 | 1 |
| b | 2 | 0 | 1 | 1 | 2 | 2 | 2 | 2 | 2 | 2 | 2 |
| c | 3 | 0 | 1 | 2 | 2 | 2 | 2 | 2 | 2 | 2 | 2 |
| b | 4 | 0 | 1 | 2 | 3 | 3 | 3 | 3 | 3 | 3 | 3 |
| d | 5 | 0 | 1 | 2 | 3 | 3 | 3 | 3 | 4 | 4 | 4 |
| b | 6 | 0 | 1 | 2 | 3 | 4 | 4 | 4 | 4 | 5 | **5** |

(a) 长度矩阵**L**

| | | | a | c | b | b | a | b | d | b | b |
|---|---|---|---|---|---|---|---|---|---|---|---|
| | | 0 | 1 | 2 | 3 | 4 | 5 | 6 | 7 | 8 | 9 |
| | 0 | 0 | 0 | 0 | 0 | 0 | 0 | 0 | 0 | 0 | 0 |
| a | 1 | 0 | 1 | 2 | 2 | 2 | 1 | 2 | 2 | 2 | 2 |
| b | 2 | 0 | 3 | 2 | 1 | 1 | 2 | 1 | 2 | 1 | 1 |
| c | 3 | 0 | 3 | 1 | 2 | 2 | 2 | 2 | 2 | 2 | 2 |
| b | 4 | 0 | 3 | 3 | 1 | 1 | 2 | 1 | 2 | 1 | 1 |
| d | 5 | 0 | 3 | 3 | 3 | 2 | 2 | 2 | 1 | 2 | 2 |
| b | 6 | 0 | 3 | 3 | 1 | 1 | 2 | 1 | 2 | 1 | 1 |

(b) 状态矩阵**S**

图 9-5 最长公共子序列求解示意图

【算法实现】 设字符数组 x[m+1]存储序列 $X$,字符数组 y[n+1]存储序列 $Y$,均从下标 1 开始存放,字符数组 z[k]存储最长公共子序列,数组 L[m+1][n+1]存储最长公共子序列的长度,S[m+1][n+1]存储相应的状态,程序如下。

源代码 9-2

```
int CommonOrder(char x[ ], int m, char y[ ], int n, char z[ ])
{
  int i, j, k, L[m+1][n+1], S[m+1][n+1];
  for (j = 0; j <= n; j++)                          //初始化第 0 行
    L[0][j] = 0;
  for (i = 0; i <= m; i++)                          //初始化第 0 列
    L[i][0] = 0;
  for (i = 1; i <= m; i++)                          //填写每一行
    for (j = 1; j <= n; j++)
      if (x[i] == y[j]) { L[i][j] = L[i-1][j-1] + 1; S[i][j] = 1; }
```

```
            else if (L[i][j-1] >= L[i-1][j]) { L[i][j] = L[i][j-1]; S[i][j] = 2; }
            else {L[i][j] = L[i-1][j]; S[i][j] = 3; }
    i = m; j = n; k = L[m][n];                          //回溯,得到公共子序列
    while (i > 0 && j > 0)
    {
      if (S[i][j] == 1) { z[--k] = x[i]; --i; --j; }
      else if (S[i][j] == 2) --j;
      else --i;
    }
    return L[m][n];                                     //返回公共子序列长度
}
```

【算法分析】 第一个循环的时间性能是 $O(n)$,第二个循环的时间性能是 $O(m)$,第三个循环是两层嵌套循环,时间性能是 $O(m \times n)$,第四个循环的时间性能是 $O(k)$,而 $k \leqslant \min\{m, n\}$,因此算法的时间复杂度是 $O(m \times n)$。

## 9.2.2 0/1 背包问题

【问题】 给定 $n$ 种物品和一个背包,物品 $i$ 的重量是 $w_i$,价值为 $v_i$,背包的容量为 $C$,对每种物品 $i$ 只有两种选择：装入背包或不装入背包,**0/1 背包问题**(0/1 knapsack problem)是如何选择装入背包的物品,使得装入背包中物品的总价值最大。

【想法】 设 $V(n, C)$表示将 $n$ 个物品装入容量为 $C$ 的背包获得的最大价值,考虑初始子问题,把 $i$ 个物品装入容量为 0 的背包和把 0 个物品装入容量为 $j$ 的背包,得到的价值均为 0,即

$$V(i, 0) = V(0, j) = 0 \quad 0 \leqslant i \leqslant n, 0 \leqslant j \leqslant C \tag{9-9}$$

考虑重叠子问题,设 $V(i, j)$表示将 $i(1 \leqslant i \leqslant n)$个物品装入容量为 $j(1 \leqslant j \leqslant C)$的背包获得的最大价值,在决策 $x_i$ 时,已经确定了$(x_1, \cdots, x_{i-1})$,有以下两种情况。

(1) 背包容量不足以装入物品 $i$,则装入前 $i$ 个物品得到的最大价值和装入前 $i-1$ 个物品得到的最大价值相同,即 $x_i = 0$,背包不增加价值。

(2) 背包容量可以装入物品 $i$,此时有两种选择：

① 把第 $i$ 个物品装入背包,则背包中物品的价值等于把前 $i-1$ 个物品装入容量为 $j - w_i$ 的背包得到的价值加上第 $i$ 个物品的价值 $v_i$;

② 第 $i$ 个物品不装入背包,则背包中物品的价值等于把前 $i-1$ 个物品装入容量为 $j$ 的背包中所取得的价值。

显然,取二者中价值较大者作为把前 $i$ 个物品装入容量为 $j$ 的背包获得的最优值。得到如下递推式：

$$V(i,j) = \begin{cases} V(i-1,j) & j < w_i \\ \max\{V(i-1,j), V(i-1,j-w_i) + v_i\} & j \geqslant w_i \end{cases} \tag{9-10}$$

为了确定装入背包的具体物品,从 $V(n,C)$开始进行回溯,如果 $V(n,C) > V(n-1, C)$,表明第 $n$ 个物品被装入背包,前 $n-1$ 个物品被装入容量为 $C - w_n$ 的背包中;否则,

第 $n$ 个物品没有被装入背包，前 $n-1$ 个物品被装入容量为 $C$ 的背包中。依次类推，直至确定第 1 个物品是否被装入背包。由此，得到如下函数：

$$x_i=\begin{cases}0 & V(i,j)=V(i-1,j)\\ 1,j=j-w_i & V(i,j)>V(i-1,j)\end{cases} \tag{9-11}$$

例如，5 个物品的重量分别是{2, 2, 6, 5, 4}，价值分别为{6, 3, 5, 4, 6}，背包的容量为 10，动态规划法求解 0/1 背包问题的过程如图 9-6 所示，具体过程如下。

首先求解初始子问题：把 $i$ 个物品装入容量为 0 的背包和把 0 个物品装入容量为 $j$ 的背包，将第 0 行和第 0 列初始化为 0。

再求解第一个阶段的子问题，决策第 1 个物品：由于 $1<w_1$，则 $V(1, 1)=V(0, 1)=0$；由于 $2=w_1$，则 $V(1, 2)=\max\{V(0, 2), V(0, 2-w_1)+v_1\}=6$；依次计算，填写第 1 行。

再求解第二个阶段的子问题，决策第 2 个物品：由于 $1<w_2$，则 $V(2, 1)=V(1, 1)=0$；由于 $2=w_2$，则 $V(2, 2)=\max\{V(1, 2), V(1, 2-w_2)+v_2\}=6$；依次计算，填写第 2 行。

直至求解第 $n$ 个阶段的子问题，$V(5, 10)$ 便是 5 个物品装入容量为 10 的背包中获得的最大价值。为了求得装入背包的物品，从 $V(5, 10)$ 开始回溯，由于 $V(5, 10)>V(4, 10)$，则物品 5 装入背包，$j=j-w_5=6$；由于 $V(4, 6)=V(3, 6)$，$V(3, 6)=V(2, 6)$，则物品 4 和 3 没有装入背包；由于 $V(2, 6)>V(1, 6)$，则物品 2 装入背包，$j=j-w_2=4$；由于 $V(1, 4)>V(0, 4)$，则物品 1 装入背包，$j=j-w_1=0$，得到问题的最优解 $X=\{1, 1, 0, 0, 1\}$。

| | | 0 | 1 | 2 | 3 | 4 | 5 | 6 | 7 | 8 | 9 | 10 | |
|---|---|---|---|---|---|---|---|---|---|---|---|---|---|
| | 0 | 0 | 0 | 0 | 0 | 0 | 0 | 0 | 0 | 0 | 0 | 0 | |
| $w_1$=2 $v_1$=6 | 1 | 0 | 0 | 6 | 6 | 6 | 6 | 6 | 6 | 6 | 6 | 6 | $x_1$=1 |
| $w_2$=2 $v_2$=3 | 2 | 0 | 0 | 6 | 6 | 9 | 9 | 9 | 9 | 9 | 9 | 9 | $x_2$=1 |
| $w_3$=6 $v_3$=5 | 3 | 0 | 0 | 6 | 6 | 9 | 9 | 9 | 9 | 11 | 11 | 14 | $x_3$=0 |
| $w_4$=5 $v_4$=4 | 4 | 0 | 0 | 6 | 6 | 9 | 9 | 9 | 10 | 11 | 13 | 14 | $x_4$=0 |
| $w_5$=4 $v_5$=6 | 5 | 0 | 0 | 6 | 6 | 9 | 9 | 12 | 12 | 15 | 15 | 15 | $x_5$=1 |

图 9-6　0/1 背包的求解过程

**【算法实现】** 设 $n$ 个物品的重量存储在数组 w[n+1]中，价值存储在数组 v[n+1]中，均从下标 1 开始存放，背包容量为 $C$，数组 V[n+1][C+1]存放迭代结果，其中 V[i][j]表示 $i$ 个物品装入容量为 $j$ 的背包中获得的最大价值，数组 x[n+1]存储装入背包的物品，程序如下。

源代码 9-3

```
int KnapSack(int w[ ], int v[ ], int n, int C, int x[ ])
{
  int i, j, V[n+1][C+1];
  for (j = 0; j <= C; j++)                          //初始化第 0 行
```

```
    V[0][j] = 0;
  for (i = 0; i <= n; i++)                          //初始化第 0 列
    V[i][0] = 0;
  for (i = 1; i <= n; i++)                          //填写每一行
    for (j = 1; j <= C; j++)
      if (j < w[i]) V[i][j] = V[i-1][j];
      else V[i][j] = max(V[i-1][j], V[i-1][j-w[i]]+v[i]);
  for (i = n, j = C; i > 0; i--)                    //求装入背包的物品
    if (V[i][j] > V[i-1][j]) { x[i] = 1; j = j - w[i]; }
    else x[i] = 0;
  return V[n][C];                                   //返回最大价值
}
```

【算法分析】 第一个循环的时间性能是 $O(C)$，第二个循环的时间性能是 $O(n)$，第三个循环是两层嵌套的 for 循环，时间性能是 $O(n\times C)$，第四个循环的时间性能是 $O(n)$，所以，算法的时间复杂度为 $O(n\times C)$。

## 9.3 图问题中的动态规划法

课件 9-2

### 9.3.1 多段图的最短路径

【问题】 设图 $G=(V, E)$是一个带权有向图，顶点集合 $V$ 划分成 $k$ 个互不相交的子集 $V_i(2\leqslant k\leqslant n, 1\leqslant i\leqslant k)$，使得 $E$ 中任何一条边$(u, v)$，必有 $u\in V_i, v\in V_{i+m}(1\leqslant i<k, 1<i+m\leqslant k)$，则称图 $G$ 为多段图(multi-segment graph)，称 $s\in V_1$ 为源点，$t\in V_k$ 为终点。多段图的最短路径问题(multi-segment graph shortest path problem)求从源点到终点的最小代价路径。

**应 用 实 例**

在车辆中安装了导航系统，人们就可以不必为迷路、绕远而担心，路径规划会找出到达目的地的最短路线。路径规划是基于具有拓扑结构的道路网络，在车辆行驶前或行驶过程中寻找从起始点到达目的地的最佳行车路线，是多段图最短路径问题的典型应用。

【想法】 由于多段图将顶点划分为 $k$ 个互不相交的子集，可以将多段图划分为 $k$ 段，每一段都包含顶点的一个子集，根据多段图的定义，每个子集中的顶点都互不邻接。不失一般性，将多段图的顶点按照段的顺序进行编号，同一段内顶点的顺序无关紧要。假设图的顶点个数为 $n$，则源点 $s$ 的编号为 0，终点 $t$ 的编号为 $n-1$，并且对图中的任何一条边$\langle u, v\rangle$，顶点 $u$ 的编号小于顶点 $v$ 的编号。图 9-7 所示是一个含有 10 个顶点的多段图。

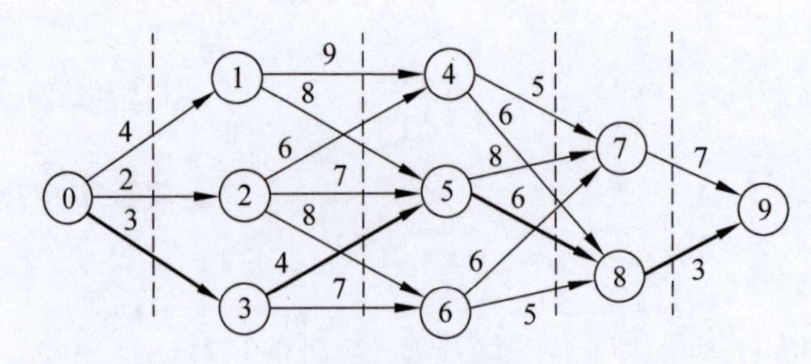

图 9-7 多段图

设 $d(s, t)$表示从源点 $s$ 到终点 $t$ 的最短路径长度,$c_{uv}$表示有向边$\langle u, v\rangle$上的权值。考虑初始子问题 $d(s, s)$,路径尚未出发,显然 $d(s, s)=0$。

考虑重叠子问题,设 $d(s, v)$表示源点 $s$ 到顶点 $v$ 的最短路径长度,显然有下式成立:

$$d(s,v)=\min\{d(s,u)+c_{uv}\} \quad \langle u,v\rangle \in E \tag{9-12}$$

为了求得相应的最短路径,设 $p(s, t)$记载求解过程中的决策,其中 $p(s, v)$表示在计算 $d(s, v)$时的决策,即满足式(9-12)的顶点 $u$。对于图 9-7 所示多段图,动态规划法的填表如表 9-1 所示,具体过程如下。

首先求解初始子问题,直接得:$d(0, 0)=0, p(0, 0)=-1$。

再求解第一个阶段的子问题,有

$d(0, 1)=d(0, 0)+c_{01}=4, p(0, 1)=0$

$d(0, 2)=d(0, 0)+c_{02}=2, p(0, 2)=0$

$d(0, 3)=d(0, 0)+c_{03}=3, p(0, 3)=0$

再求解第二个阶段的子问题,有

$d(0, 4)=\min\{d(0, 1)+c_{14}, d(0, 2)+c_{24}\}=\min\{4+9, 2+6\}=8, p(0, 4)=2$

$d(0, 5)=\min\{d(0, 1)+c_{15}, d(0, 2)+c_{25}, d(0, 3)+c_{35}\}=\min\{4+8, 2+7, 3+4\}=7, p(0, 5)=3$

$d(0, 6)=\min\{d(0, 2)+c_{26}, d(0, 3)+c_{36}\}=\min\{2+8, 3+7\}=10, p(0, 6)=2$

再求解第三个阶段的子问题,有

$d(0, 7)=\min\{d(0, 4)+c_{47}, d(0, 5)+c_{57}, d(0, 6)+c_{67}\}=\min\{8+5, 7+8, 10+6\}=13, p(0, 7)=4$

$d(0, 8)=\min\{d(0, 4)+c_{48}, d(0, 5)+c_{58}, d(0, 6)+c_{68}\}=\min\{8+6, 7+6, 10+5\}=13, p(0, 8)=5$

直至最后一个阶段的子问题,有

$d(0, 9)=\min\{d(0, 7)+c_{79}, d(0, 8)+c_{89}\}=\min\{13+7, 13+3\}=16, p(0, 9)=8$

得到最短路径长度为 16。从 $p(0, 9)$开始进行回溯,$p(0, 9)=8$,回溯到 $p(0, 8)$;$p(0, 8)=5$,回溯到 $p(0, 5)$;$p(0, 5)=3$,回溯到 $p(0, 3)$;$p(0, 3)=0$,得到最短路径为 0→3→5→8→9。

表 9-1　多段图最短路径问题的填表过程

| 下标 | $d(s,v)$ | $p(s,v)$ | 下标 | $d(s,v)$ | $p(s,v)$ |
|---|---|---|---|---|---|
| 0 | 0 | −1 | 5 | 7 | 3 |
| 1 | 4 | 0 | 6 | 10 | 2 |
| 2 | 2 | 0 | 7 | 13 | 4 |
| 3 | 3 | 0 | 8 | 13 | 5 |
| 4 | 8 | 2 | 9 | **16** | 8 |

【算法实现】 多段图采用代价矩阵 arc[n][n]存储，数组 cost[n]存储最短路径长度，cost[j]表示从源点 $s$ 到顶点 $j$ 的最短路径长度，数组 path[n]记录状态转移，path[j]表示从源点 $s$ 到顶点 $j$ 的路径上顶点 $j$ 的前一个顶点，程序如下。

源代码 9-4

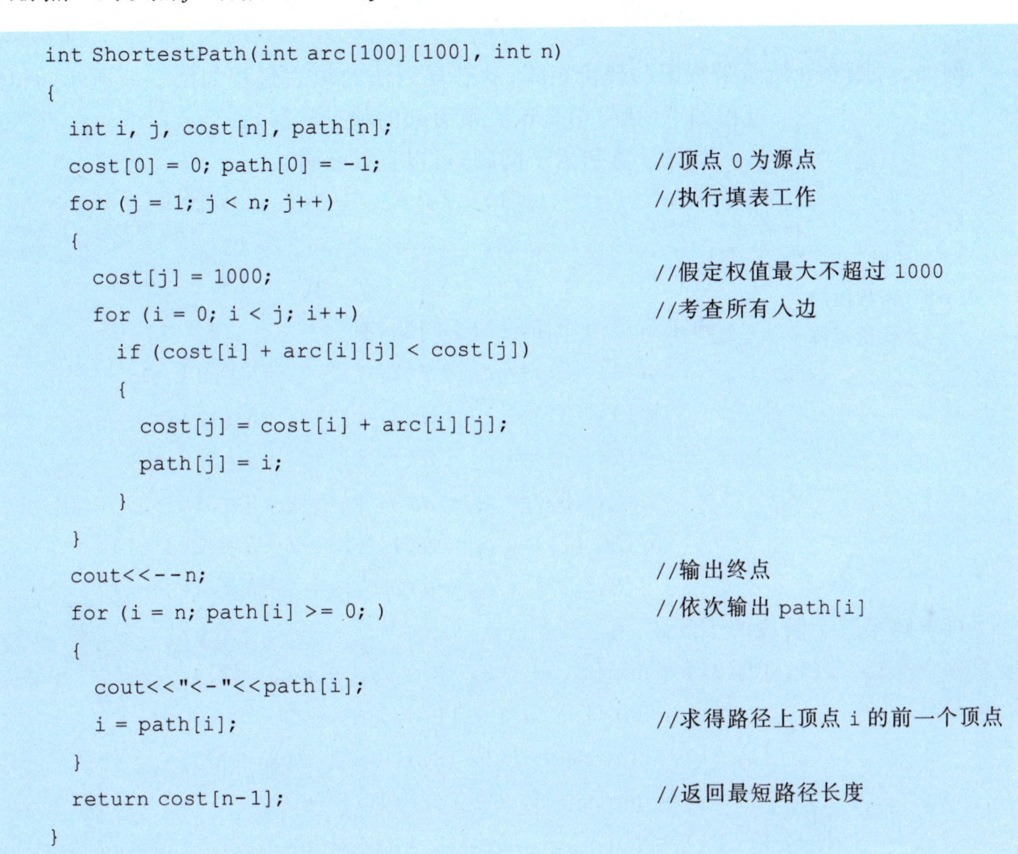

```
int ShortestPath(int arc[100][100], int n)
{
  int i, j, cost[n], path[n];
  cost[0] = 0; path[0] = -1;                    //顶点 0 为源点
  for (j = 1; j < n; j++)                       //执行填表工作
  {
    cost[j] = 1000;                             //假定权值最大不超过 1000
    for (i = 0; i < j; i++)                     //考查所有入边
      if (cost[i] + arc[i][j] < cost[j])
      {
        cost[j] = cost[i] + arc[i][j];
        path[j] = i;
      }
  }
  cout<<--n;                                    //输出终点
  for (i = n; path[i] >= 0; )                   //依次输出 path[i]
  {
    cout<<"<-"<<path[i];
    i = path[i];                                //求得路径上顶点 i 的前一个顶点
  }
  return cost[n-1];                             //返回最短路径长度
}
```

【算法分析】 第一个循环是两层嵌套 for 循环依次计算从源点到各个顶点的最短路径长度，执行次数为 $\sum_{j=1}^{n-1}\sum_{i=0}^{j-1}1=\sum_{j=1}^{n-1}j=\frac{n(n-1)}{2}=O(n^2)$。第二个循环输出最短路径经过的顶点，设多段图划分为 $k$ 段，其时间性能是 $O(k)$。所以，算法的时间复杂度为 $O(n^2)$。

### 9.3.2 TSP问题

**【问题】** TSP问题(traveling salesman problem)是指旅行家要旅行 $n$ 个城市,要求各个城市经历且仅经历一次,然后回到出发城市,并要求所走的路程最短。

**【想法】** 假设从顶点 $i$ 出发,令 $V'=V-i$,设 $d(i, V')$ 表示从顶点 $i$ 出发经过 $V'$ 中各个顶点一次且仅一次,最后回到出发点 $i$ 的最短路径长度。设 $c_{uv}$ 表示边 $\langle u, v\rangle$ 上的权值,考虑初始子问题,回到出发点 $i$ 之前只经过一个顶点,设 $d(k, \{\ \})$ 表示从顶点 $k$ 回到顶点 $i$,显然有:

$$d(k, \{\ \})=c_{ki} \quad k \in V \text{ 并且 } k \neq i \tag{9-13}$$

考虑重叠子问题,设 $d(k, V'-\{k\})$ 表示从顶点 $k$ 出发经过 $V'-\{k\}$ 中各个顶点一次且仅一次,最后回到出发点 $i$ 的最短路径长度,则:

$$d(k, V'-\{k\})= \min\{c_{kj}+d(j, V'-\{j\})\}(k \in V', \langle k, j\rangle \in E, j \in V'-\{k\}) \tag{9-14}$$

例如,对图9-8所示带权图的代价矩阵,动态规划法的填表过程如图9-9所示,具体过程如下(括号中是该决策引起的状态转移)。

$$C=\begin{pmatrix} \infty & 3 & 6 & 7 \\ 5 & \infty & 2 & 3 \\ 6 & 4 & \infty & 2 \\ 3 & 7 & 5 & \infty \end{pmatrix}$$

图9-8 带权图的代价矩阵

首先计算初始子问题,可以直接获得:

$$d(1, \{\ \})=c_{10}=5(1 \rightarrow 0)$$
$$d(2, \{\ \})=c_{20}=6(2 \rightarrow 0)$$
$$d(3, \{\ \})=c_{30}=3(3 \rightarrow 0)$$

再求解第一个阶段的子问题,有

$$d(1, \{2\})= c_{12}+d(2, \{\})=2+6=8(1\rightarrow 2)$$
$$d(1, \{3\})= c_{13}+d(3, \{\})=3+3=6(1\rightarrow 3)$$
$$d(2, \{1\})= c_{21}+d(1, \{\})=4+5=9(2\rightarrow 1)$$
$$d(2, \{3\})= c_{23}+d(3, \{\})=2+3=5(2\rightarrow 3)$$
$$d(3, \{1\})= c_{31}+d(1, \{\})=7+5=12(3\rightarrow 1)$$
$$d(3, \{2\})= c_{32}+d(2, \{\})=5+6=11(3\rightarrow 2)$$

再求解第二个阶段的子问题,有

$$\begin{aligned} d(1, \{2, 3\}) &= \min\{c_{12}+d(2, \{3\}), c_{13}+d(3, \{2\})\} \\ &= \min\{2+5, 3+11\}=7(1 \rightarrow 2) \\ d(2, \{1, 3\}) &= \min\{c_{21}+d(1, \{3\}), c_{23}+d(3, \{1\})\} \\ &= \min\{4+6, 2+12\}=10(2 \rightarrow 1) \\ d(3, \{1, 2\}) &= \min\{c_{31}+d(1, \{2\}), c_{32}+d(2, \{1\})\} \\ &= \min\{7+8, 5+9\}=14(3 \rightarrow 2) \end{aligned}$$

直至最后一个阶段的子问题,有

$$\begin{aligned} d(0, \{1, 2, 3\}) &= \min\{c_{01}+d(1, \{2, 3\}), c_{02}+d(2, \{1, 3\}), c_{03}+d(3, \{1, 2\})\} \\ &= \min\{3+7, 6+10, 7+14\} = 10(0 \rightarrow 1) \end{aligned}$$

得到TSP问题从顶点0出发的最短路径长度为10,最短路径是 $0\rightarrow 1\rightarrow 2\rightarrow 3\rightarrow 0$。

| 动态规划阶段 | | 初始 | 第一个阶段 | | | 第二个阶段 | | | 第三个阶段 |
|---|---|---|---|---|---|---|---|---|---|
| 经过顶点集合 | | { } | {1} | {2} | {3} | {1, 2} | {1, 3} | {2, 3} | {1, 2, 3} |
| 出发顶点 | 0 | | | | | | | | 10 |
| | 1 | 5 | | 8 | 6 | | | 7 | |
| | 2 | 6 | 9 | | 5 | | 10 | | |
| | 3 | 3 | 12 | 11 | | 14 | | | |

图 9-9 动态规划法的填表过程

【算法】 设图 $G$ 采用代价矩阵 arc[n][n]存储，简单起见，假定从顶点 0 出发求解 TSP 问题。首先，按个数为 1、2、…、$n-1$ 的顺序生成 $1\sim n-1$ 个元素的子集存放在数组 V[$2^{n-1}$]中，例如当 $n=4$ 时，V[1]={1}，V[2]={2}，V[3]={3}，V[4]={1, 2}，V[5]={1, 3}，V[6]={2, 3}，V[7]={1, 2, 3}。设数组 d[n][$2^{n-1}$]存放迭代结果，其中 d[i][j]表示从顶点 $i$ 经过子集 V[j]中的顶点一次且仅一次，最后回到出发点 0 的最短路径长度，算法如下。

```
算法：TSP 问题
输入：图的代价矩阵 arc[n][n]
输出：从顶点 0 出发 TSP 问题的最短路径长度
1. 初始化第 0 列：
   for (i=1; i < n; i++)
     d[i][0]=arc[i][0];
2. 依次处理每一个子集数组 V[2^(n-1)]
     for (i=1; i < n; i++)
       if (子集 V[j]中不包含 i)
         对 V[j]中的每个元素 k，计算 d[i][j]=min{arc[i][k]+d[k][j-1]};
3. 输出最短路径长度 d[0][2^(n-1)-1];
```

【算法分析】 算法需要对顶点集合{1, 2, …, $n-1$}的每一个子集都进行操作，因此时间复杂度为 $\Omega(2^n)$。和蛮力法相比，动态规划法求解 TSP 问题，把原来的时间复杂度是 $\Omega(n!)$的排列问题转化为组合问题，从而降低了算法的时间复杂度，但仍需要指数时间。

课件 9-4

## 9.4 查找问题中的动态规划法

### 9.4.1 近似串匹配

【问题】 设样本 $P=p_1p_2\cdots p_m$，文本 $T=t_1t_2\cdots t_n$，假设样本是正确的，对于一个非负整数 $K$，样本 $P$ 和文本 $T$ 的 **$K$-近似匹配**($K$-approximate match)是指 $P$ 和 $T$ 在所有对应方式下的最小编辑错误数。这里的编辑错误(也称差别)是指下列三种情况之一。

(1) 修改：$T$ 与 $P$ 中对应字符不同。

(2) 删去：$T$ 中含有一个未出现在 $P$ 中的字符。

(3) 插入：$T$ 中不含有在 $P$ 中出现的一个字符。

例如，图 9-10 是一个包含上述三种编辑错误的 3-近似匹配。

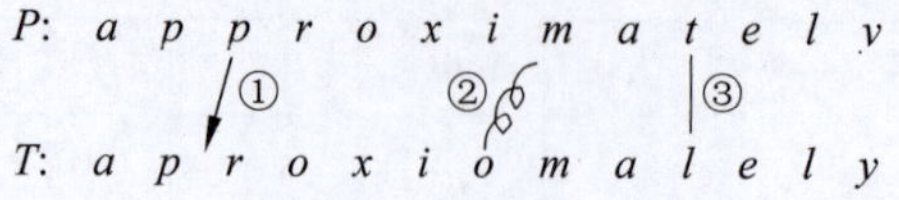
P: a p p r o x i m a t e l y
①
②
③
T: a p r o x i o m a l e l y

图 9-10 3-近似匹配

(①为插入；②为删去；③为修改)

## 应用实例

WPS 等文本编辑器有一个功能：在输入英文单词的时候，如果发现单词拼写有问题，可以通过鼠标右键找出与该单词形近的单词或短语，这个拼写错误检查以及形近词推荐就是近似串匹配。

**【想法】** 事实上，能够指出图 9-10 中的两个字符串有 3 个编辑错误并不是一件容易的事，因为不同的对应方法可以得到不同的 $K$ 值。例如，把两个字符串从字符 $a$ 开始顺序对应，可以计算出 6 个修改错误。

令 $D(m,n)$ 表示样本 $P=p_1p_2\cdots p_m$ 和文本 $T=t_1t_2\cdots t_n$ 的最小差别数，考虑初始子问题，如果样本为空串，则空样本与文本 $t_1\cdots t_j$ 有 $j$ 处差别；如果文本为空串，则样本 $p_1\cdots p_i$ 与空文本有 $i$ 处差别，因此有下式成立：

$$\begin{cases} D(i,0)=i & 1\leqslant i\leqslant m \\ D(0,j)=j & 1\leqslant j\leqslant n \end{cases} \tag{9-15}$$

考虑重叠子问题，令 $D(i,j)(1\leqslant i\leqslant m,1\leqslant j\leqslant n)$ 表示样本子串 $p_1\cdots p_i$ 与文本子串 $t_1\cdots t_j$ 之间的最小差别数，则 $p_1\cdots p_i$ 与 $t_1\cdots t_j$ 的对齐方式有如下三种，如图 9-11 所示。

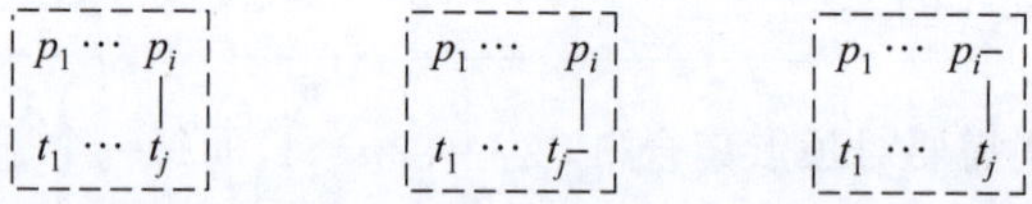
p1… pi
t1 … tj
p1… pi
t1 … tj−
p1… pi−
t1 … tj

(1) $p_i$ 与 $t_j$ 对齐　(2) $p_{i-1}$ 与 $t_j$ 对齐　(3) $p_i$ 与 $t_{j-1}$ 对齐

图 9-11 $p_1\cdots p_i$ 与 $t_1\cdots t_j$ 之间的对齐方式

(1) $p_i$ 与 $t_j$ 对齐，此时，若 $p_i=t_j$，则总差别数为 $D(i-1,j-1)$，若 $p_i\neq t_j$，则总差别数为 $D(i-1,j-1)+1$；

(2) $p_{i-1}$ 与 $t_j$ 对齐，字符 $p_i$ 为多余，则总差别数为 $D(i-1,j)+1$；

(3) $p_i$ 与 $t_{j-1}$ 对齐，字符 $t_j$ 为多余，则总差别数为 $D(i,j-1)+1$。

由此，得到如下递推式：

$$D(i,j)=\begin{cases} \min\{D(i-1,j-1),D(i-1,j)+1,D(i,j-1)+1\} & p_i=t_j \\ \min\{D(i-1,j-1)+1,D(i-1,j)+1,D(i,j-1)+1\} & p_i\neq t_j \end{cases} \tag{9-16}$$

例如，已知样本 $P$ = "happy"，$T$ = "hsppay"是一个可能有编辑错误的文本，动态规划法求解近似匹配的过程如图 9-12 所示，具体过程如下。

首先求解初始子问题，样本为空，则 $D(0, j) = j$，填写第 0 行；文本为空，则 $D(i, 0) = i$，填写第 0 列。

再求解第一个阶段的子问题，文本为 $T$ = "h"，由于 $p_1 = t_1$，则 $D(1, 1) = \min\{D(0, 0), D(0, 1)+1, D(1, 0)+1\} = 0$；由于 $p_2 \neq t_1$，则 $D(2, 1) = \min\{D(1, 0)+1, D(1, 1)+1, D(2, 0)+1\} = 1$；依次计算，填写第 1 列。

再求解第二个阶段的子问题，文本为 $T$ = "hs"，由于 $p_1 \neq t_2$，则 $D(1, 2) = \min\{D(0, 1)+1, D(0, 2)+1, D(1, 1)+1\} = 1$；由于 $p_2 \neq t_2$，则 $D(2, 2) = \min\{D(1, 1)+1, D(1, 2)+1, D(2, 1)+1\} = 1$；依次计算，填写第 2 列。

依次类推，直至求解最后一个阶段的子问题，填写第 6 列，则 $D(5, 6)$ 即 $P$ = "happy" 和 $T$ = "hsppay"最小差别数，此时的编辑错误如图 9-13 所示。

| | | | h | s | p | p | a | y |
|---|---|---|---|---|---|---|---|---|
| | | 0 | 1 | 2 | 3 | 4 | 5 | 6 |
| | 0 | 0 | 1 | 2 | 3 | 4 | 5 | 6 |
| h | 1 | 1 | 0 | 1 | 2 | 3 | 4 | 5 |
| a | 2 | 2 | 1 | 1 | 2 | 3 | 3 | 4 |
| p | 3 | 3 | 2 | 2 | 1 | 2 | 3 | 4 |
| p | 4 | 4 | 3 | 3 | 2 | 1 | 2 | 3 |
| y | 5 | 5 | 4 | 4 | 3 | 2 | 2 | 2 |

图 9-12　*K*-近似匹配求解过程

P: h a p p y
①　②
T: h s p p a y

图 9-13　2-近似匹配的编辑错误
（①为修改；②为删去）

【算法实现】　设字符数组 P[m+1]存储样本，字符数组 T[n+1]存储文本，均从下标 1 开始存放。函数 ASM 返回样本 $P$ 和文本 $T$ 的最小差别数，程序如下。

源代码 9-5

```
int ASM(char P[ ], int m, char T[ ], int n)
{
  int i, j, D[m+1][n+1];
  for (j = 1; j <= n; j++)                          //初始化第 0 行
    D[0][j] = j;
  for (i = 0; i <= m; i++)                          //初始化第 0 列
    D[i][0] = i;
  for (j = 1; j <= n; j++)                          //填写每一列
  {
    for (i = 1; i <= m; i++)
    {
      if (P[i] == T[j])
        D[i][j] = min(D[i-1][j-1] , D[i-1][j]+1, D[i][j-1]+1);
      else
```

```
            D[i][j] = min(D[i-1][j-1]+1, D[i-1][j]+1, D[i][j-1]+1);
        }
    }
    return D[m][n];                                   //返回最小差别数
}
```

【算法分析】 算法 ASM 的基本语句是两层 for 循环中的判断语句,时间复杂度为 $O(m\times n)$。

## 9.4.2 最优二叉查找树

【问题】 设$\{r_1, r_2, \cdots, r_n\}$是 $n$ 个记录的集合,其查找概率分别是$\{p_1, p_2, \cdots, p_n\}$,求这 $n$ 个记录构成的最优二叉查找树。最优二叉查找树(optimal binary search tree)是以 $n$ 个记录构成的二叉查找树中具有最少平均比较次数的二叉查找树,即 $\sum_{i=1}^{n} p_i \times c_i$ 最小,其中 $p_i$ 是记录 $r_i$ 的查找概率,$c_i$ 是在二叉查找树中查找 $r_i$ 的比较次数。例如,集合$\{A, B, C, D\}$的查找概率是$\{0.1, 0.2, 0.4, 0.3\}$,对应的最优二叉查找树如图 9-14 所示,平均比较次数为 $0.1\times3+0.2\times2+0.4\times1+0.3\times2=1.7$。

【想法】 将由$\{r_1, r_2, \cdots, r_n\}$构成的二叉查找树记为 $T(1, n)$,其中 $r_k(1\leqslant k\leqslant n)$是 $T(1, n)$的根结点,则左子树 $T(1, k-1)$由$\{r_1, \cdots, r_{k-1}\}$构成,右子树 $T(k+1, n)$由$\{r_{k+1}, \cdots, r_n\}$构成,如图 9-15 所示。设$C(1, n)$是最优二叉查找树 $T(1, n)$的平均比较次数,考虑初始子问题,集合只有一个记录,对应的二叉查找树只有根结点,则 $C(i, i)=p_i(1\leqslant i\leqslant n)$。

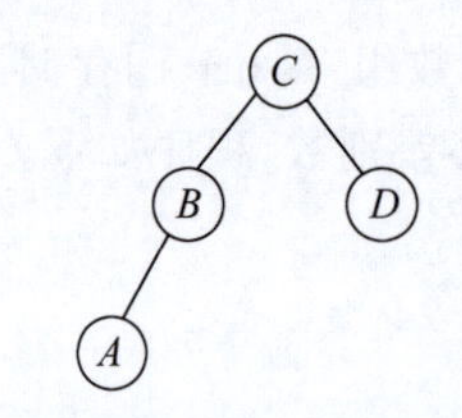


图 9-14 最优二叉查找树

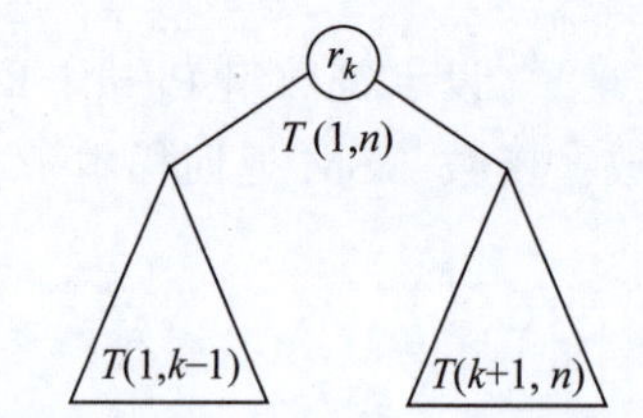


图 9-15 以 $r_k$ 为根的二叉查找树

考虑重叠子问题,设 $T(i, j)$是由记录$\{r_i, \cdots, r_j\}(1\leqslant i\leqslant j\leqslant n)$构成的二叉查找树,$C(i, j)$是这棵二叉查找树的平均比较次数,记录 $r_k$ 为 $T(i, j)$的根结点,则 $r_k$ 可以是$\{r_i, \cdots, r_j\}$的任一记录,即

$$C(i,j)=\min_{i\leqslant k\leqslant j}\Big\{p_k\times1+\sum_{s=i}^{k-1}p_s\times(r_s \text{ 在 } T(i,k-1) \text{ 中的层数}+1)+$$

$$\sum_{s=k+1}^{j}p_s\times(r_s \text{ 在 } T(k+1,n) \text{ 中的层数}+1)\Big\}$$

$$=\min_{i\leqslant k\leqslant j}\Big\{p_k+\sum_{s=i}^{k-1}p_s\times r_s \text{ 在 } T(i,k-1) \text{ 中的层数}+\sum_{s=i}^{k-1}p_s+$$

$$\sum_{s=k+1}^{j} p_s \times r_s \text{ 在 } T(k+1,n) \text{ 中的层数} + \sum_{s=k+1}^{j} p_s \}$$

$$= \min_{i \leqslant k \leqslant j} \{ \sum_{s=i}^{k-1} p_s \times r_s \text{ 在 } T(i,k-1) \text{ 中的层数} +$$

$$\sum_{s=k+1}^{j} p_s \times r_s \text{ 在 } T(k+1,n) \text{ 中的层数} + \sum_{s=i}^{j} p_s \}$$

$$= \min_{i \leqslant k \leqslant j} \{ C(i,k-1) + C(k+1,j) + \sum_{s=i}^{j} p_s \}$$

由于空树的比较次数为 0，因此，得到如下动态规划函数：

$$\begin{cases} C(i,\ i-1) = 0 & 1 \leqslant i \leqslant n+1 \\ C(i,\ j) = \min\{C(i,\ k-1) + C(k+1,\ j) + \sum_{s=i}^{j} p_s\} & 1 \leqslant i \leqslant j \leqslant n,\ i \leqslant k \leqslant j \end{cases} \tag{9-17}$$

注意，当 $k=1$ 时，求 $C(i,\ j)$ 需要用到 $C(i,\ 0)$，当 $k=n$ 时，求 $C(i,\ j)$ 需要用到 $C(n+1,\ j)$，所以，矩阵 $\boldsymbol{C}$ 的行下标范围为 $1 \sim n+1$，列下标范围为 $0 \sim n$。对于 $T(i,\ j)$，若 $i>j$，则表明该二叉查找树为空树，即矩阵 $\boldsymbol{C}$ 中主对角线以下的元素均为 0，因此，只需计算主对角线以上的元素。例如，集合 $\{A,\ B,\ C,\ D\}$ 的查找概率是 $\{0.1,\ 0.2,\ 0.4,\ 0.3\}$，动态规划法求解最优二叉查找树的过程如图 9-16 所示，具体过程如下。

首先进行准备工作，空树的比较次数为 0，即 $C(i,\ i-1)=0(1 \leqslant i \leqslant n+1)$，将矩阵 $\boldsymbol{C}$ 的主对角线元素初始化为 0。

再求解初始子问题，二叉查找树只有一个根结点，即 $C(i,\ i)=p_i(1 \leqslant i \leqslant n)$，填写第 1 条次对角线。

再求解第一个阶段的子问题，由两个记录构成的二叉查找树，计算 $C(1,\ 2)$：

$$C(1,2) = \min \begin{cases} k=1:\ C(1,0) + C(2,2) + \sum_{s=1}^{2} p_s = 0 + 0.2 + 0.3 = 0.5 \\ k=2:\ C(1,1) + C(3,2) + \sum_{s=1}^{2} p_s = 0.1 + 0 + 0.3 = 0.4 \end{cases} = 0.4$$

因此，由记录 $\{r_1,\ r_2\}$ 构成的最优二叉查找树的根结点是 $r_2$，平均比较次数是 0.4；再计算 $C(2,\ 3)$ 和 $C(3,\ 4)$，填写第 2 条次对角线。

依次类推，直至最后一个阶段，则 $C(1,\ 4)$ 即最优二叉查找树的平均比较次数。最优二叉查找树如图 9-14 所示。

|   | 0 | 1 | 2 | 3 | 4 |
|---|---|---|---|---|---|
| 1 | 0 | 0.1 | 0.4 | 1.1 | 1.7 |
| 2 |   | 0 | 0.2 | 0.8 | 1.4 |
| 3 |   |   | 0 | 0.4 | 1.0 |
| 4 |   |   |   | 0 | 0.3 |
| 5 |   |   |   |   | 0 |

d=3　d=2　d=1

图 9-16　最优二叉查找树的求解过程

【算法实现】　设 $n$ 个字符的查找概率存储在数组 p[n+1]中，为方便理解从下标 1 开始存放，程序如下。

源代码 9-6

```
double OptimalBST(double p[ ], int n)
{
```

```
    int i, j, k, d, mink;
    double min, sum, C[n+2][n+1] = {0};
    for (i = 1; i <= n; i++)                              //初始化第一条次对角线
      C[i][i] = p[i];
    for (d = 1; d < n; d++)                               //按对角线逐条计算
      for (i = 1; i <= n-d; i++)
      {
        j = i + d;
        min = 1000; mink = i; sum = 0;                    //假设 1000 为最大值
        for (k = i; k <= j; k++)
        {
          sum = sum + p[k];
          if (C[i][k-1] + C[k+1][j] < min)
            min = C[i][k-1] + C[k+1][j];
        }
        C[i][j] = min + sum;
      }
      return C[1][n];                                     //返回最优值
}
```

【算法分析】 算法 OptimalBST 的基本语句是三层 for 循环中最内层的条件语句，执行次数为：

$$T(n)=\sum_{d=1}^{n-1}\sum_{i=1}^{n-d}\sum_{k=i}^{i+d}1=\sum_{d=1}^{n-1}\sum_{i=1}^{n-d}(d+1)=\sum_{d=1}^{n-1}(d+1)\times(n-d)=O(n^3)$$

课件 9-5

## 9.5 拓展与演练

### 9.5.1 最优性原理

动态规划法适用于求解多阶段决策最优化问题，这个多阶段决策过程满足最优性原理(optimal principle)：每个阶段的决策都是相对于初始决策所产生的当前状态，所有阶段的最优决策构成一个最优决策序列。换言之，在多阶段决策中，各子问题的解只与之前阶段子问题的解相关，而且各子问题的解都是相对于当前状态的最优解，整个问题的最优解由各个子问题的最优解构成。例如，对于图 9-1 所示的决策过程，子问题 $B$、$C$ 和 $D$ 的解都是从初始子问题 $A$ 开始到当前状态的最优解，原问题 $E$ 的最优解依赖于子问题 $C$ 和 $D$ 的最优解根据当前状态作出的决策，并且一定是原问题的最优解。

**例 9.1** 证明最长公共子序列问题满足最优性原理。

**证明**：序列 $X=\{x_1, x_2, \cdots, x_m\}$ 记为 $X_m$，序列 $Y=\{y_1, y_2, \cdots, y_n\}$ 记为 $Y_n$，序列 $X_m$ 和 $Y_n$ 的最长公共子序列 $Z=\{z_1, z_2, \cdots, z_k\}$ 记为 $Z_k$，显然有下式成立：

(1) 若 $x_m=y_n$，则 $z_k=x_m=y_n$，且 $Z_{k-1}$ 是 $X_{m-1}$ 和 $Y_{n-1}$ 的最长公共子序列；

(2) 若 $x_m\neq y_n$ 且 $z_k\neq x_m$，则 $Z_{k-1}$ 是 $X_{m-1}$ 和 $Y_n$ 的最长公共子序列；

(3) 若 $x_m \neq y_n$ 且 $z_k \neq y_n$，则 $Z_{k-1}$ 是 $X_m$ 和 $Y_{n-1}$ 的最长公共子序列。

可见，两个序列的最长公共子序列包含了这两个序列前缀序列的最长公共子序列。因此，最长公共子序列问题满足最优性原理。

**例 9.2**　证明 0/1 背包问题满足最优性原理。

**证明**：设 $(x_1, x_2, \cdots, x_n)$ 是 0/1 背包问题的最优解，则 $(x_2, \cdots, x_n)$ 是下面子问题的最优解：

$$\begin{cases} \sum_{i=2}^{n} w_i x_i \leqslant C - w_1 x_1 \\ x_i \in \{0,1\} \quad (2 \leqslant i \leqslant n) \end{cases} \qquad \max \sum_{i=2}^{n} v_i x_i$$

如若不然，设 $(y_2, \cdots, y_n)$ 是上述子问题的一个最优解，则 $\sum_{i=2}^{n} v_i y_i > \sum_{i=2}^{n} v_i x_i$，且 $w_1 x_1 + \sum_{i=2}^{n} w_i y_i \leqslant C$。因此，$v_1 x_1 + \sum_{i=2}^{n} v_i y_i > v_1 x_1 + \sum_{i=2}^{n} v_i x_i = \sum_{i=1}^{n} v_i x_i$，这说明 $(x_1, y_2, \cdots, y_n)$ 是 0/1 背包问题的最优解且比 $(x_1, x_2, \cdots, x_n)$ 更优，从而导致矛盾。因此，0/1 背包问题满足最优性原理。

**例 9.3**　证明多段图的最短路径问题满足最优性原理。

**证明**：设 $(s, s_1, s_2, \cdots, s_p, t)$ 是从 $s$ 到 $t$ 的一条最短路径，从源点 $s$ 开始，设从 $s$ 到下一段的顶点 $s_1$ 已经求出，则问题转化为求从 $s_1$ 到 $t$ 的最短路径，显然 $(s_1, s_2, \cdots, s_p, t)$ 一定构成一条从 $s_1$ 到 $t$ 的最短路径，如若不然，设 $(s_1, r_1, r_2, \cdots, r_q, t)$ 是一条从 $s_1$ 到 $t$ 的最短路径，则 $(s, s_1, r_1, r_2, \cdots, r_q, t)$ 将是一条从 $s$ 到 $t$ 的路径且比 $(s, s_1, s_2, \cdots, s_p, t)$ 的路径长度要短，从而导致矛盾。所以，多段图的最短路径问题满足最优性原理。

**例 9.4**　证明 $K$-近似匹配问题满足最优性原理。

**证明**：设样本 $P = p_1 p_2 \cdots p_m$ 和文本 $T = t_1 t_2 \cdots t_n$ 的最小差别数为 $K$，则下面 4 种情况至少满足一种：①若 $p_m = t_n$，则 $p_1 p_2 \cdots p_{m-1}$ 和 $t_1 t_2 \cdots t_{n-1}$ 的最小差别数为 $K$；②若 $p_m \neq t_n$，则 $p_1 p_2 \cdots p_{m-1}$ 和 $t_1 t_2 \cdots t_{n-1}$ 的最小差别数为 $K-1$；③$p_1 p_2 \cdots p_m$ 和 $t_1 t_2 \cdots t_{n-1}$ 的最小差别数为 $K-1$；④$p_1 p_2 \cdots p_{m-1}$ 和 $t_1 t_2 \cdots t_n$ 的最小差别数为 $K-1$。否则与样本 $p_1 p_2 \cdots p_m$ 和文本 $t_1 t_2 \cdots t_n$ 的最小差别数为 $K$ 矛盾，换言之，样本 $P$ 的任意一个子串 $p_1 \cdots p_i (1 \leqslant i < m)$ 与文本 $T$ 的任意一个子串 $t_1 \cdots t_j (1 \leqslant j < n)$ 的差别数也必然为最小。所以，近似串匹配问题满足最优性原理。

**例 9.5**　证明最优二叉查找树满足最优性原理。

**证明**：设 $T(1, n)$ 是最优二叉查找树，则左子树 $T(1, k-1)$ 和右子树 $T(k+1, n)$ 也是最优二叉查找树，如若不然，假设 $T'(1, k-1)$ 是比 $T(1, k-1)$ 更优的二叉查找树，则 $T'(1, k-1)$ 的平均比较次数小于 $T(1, k-1)$ 的平均比较次数，从而由 $T'(1, k-1)$、$r_k$ 和 $T(k+1, n)$ 构成的二叉查找树 $T'(1, n)$ 的平均比较次数小于 $T(1, n)$ 的平均比较次数，这与 $T(1, n)$ 是最优二叉查找树的假设相矛盾。因此最优二叉查找树满足最优性原理。

### 9.5.2　数塔问题

**【问题】**　如图 9-17 所示为一个 5 层数塔，从数塔的顶层出发，在每一个结点都可以

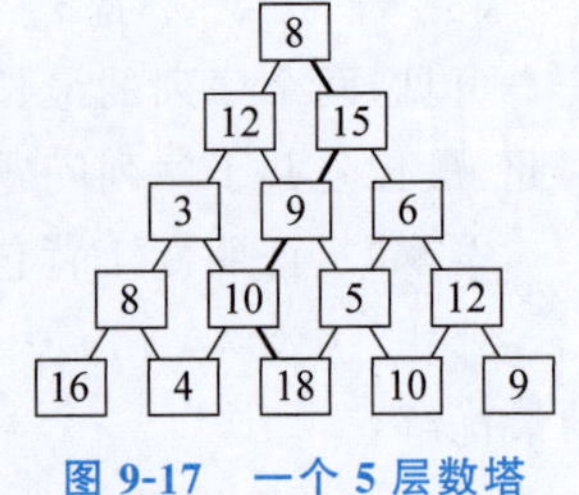

图 9-17 一个5层数塔

选择向左走或向右走,一直走到最底层,要求找出一条路径,使得路径上的数值和最大。例如,图9-17所示数塔的最大数值和是8+15+9+10+18=60。

【想法】 观察图9-17所示数塔不难发现,从5层数塔的顶层(设顶层为第1层)出发,下一层选择向左走还是向右走取决于两个4层数塔的最大数值和,如图9-18所示,显然,子问题具有重叠的特征。

将数塔变换为图9-19的等价形式,设 $d(n, n)$ 表示一个 $n$ 层数塔,$A(n, n)$ 表示 $n$ 层数塔的最大数值和。考虑初始子问题,最下层的每个数值都是一个1层的数塔,最大数值和就是该数塔的数值,则有:

$$A(n, j)=d(n, j) \quad 1 \leqslant j \leqslant n \tag{9-18}$$

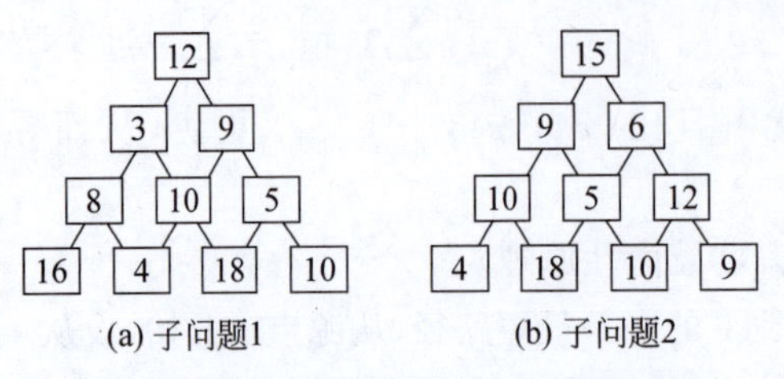

图 9-18 数塔问题的子问题具有重叠关系

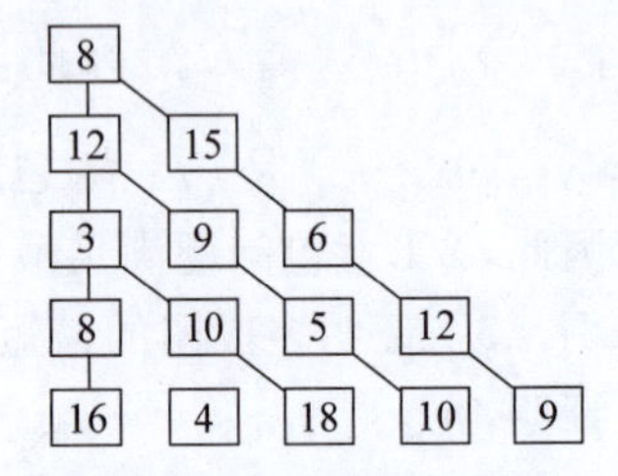

图 9-19 数塔的等价变换

考虑重叠子问题,设 $A(i, j)$ 表示第 $i$ 层每个数塔的最大数值和。观察图9-20不难发现,$A(i, j)$ 等于该塔顶数值 $d(i, j)$ 与下一层两个子数塔最大数值和的较大值相加,即有如下递推式:

$$A(i, j)=d(i, j)+\max\{A(i+1, j), A(i+1, j+1)\} \quad 1 \leqslant i \leqslant n-1, 1 \leqslant j \leqslant i \tag{9-19}$$

为了确定最大数值和的路径,设 $P(i, j)$ 记载求解过程中的决策,即计算 $A(i, j)$ 时选择的是 $A(i+1, j)$ 还是 $A(i+1, j+1)$,并且有:

$$P(i,j)=\begin{cases} j & A(i+1,j)>A(i+1,j+1) \\ j+1 & A(i+1,j) \leqslant A(i+1,j+1) \end{cases} \tag{9-20}$$

动态规划求解数塔问题需要从底层开始进行决策,对图9-17所示数塔问题的决策过程如表9-2所示,具体过程如下。

表 9-2 数塔问题的决策过程

| 初始化子问题 | 第4层的决策 | 第3层的决策 | 第2层的决策 | 第1层的决策 |
|---|---|---|---|---|
| 16 | 8+max{16,4}<br>=24 | 3+max{24,28}<br>=31 | 12+max{31,37}<br>=49 | 8+max{49,52}<br>=60 |
| 4 | 10+max{4,18}<br>=28 | 9+max{28,23}<br>=37 | 15+max{37,29}<br>=52 | |
| 18 | 5+max{18,10}<br>=23 | 6+max{23,22}<br>=29 | | |

续表

| 初始化子问题 | 第 4 层的决策 | 第 3 层的决策 | 第 2 层的决策 | 第 1 层的决策 |
|---|---|---|---|---|
| 10 | 12＋ max{10,9} ＝ 22 | | | |
| 9 | | | | |

求解初始化子问题：底层的每个数值都可以看作 1 层数塔，则最大数值和就是其自身，填写表 9-2 中的第 1 列。

再求解第一个阶段的子问题：第 4 层的决策是在底层决策的基础上进行求解的，可以看作 4 个 2 层数塔，如图 9-20(a)所示，填写表 9-2 中的第 2 列。

再求解第二个阶段的子问题：第 3 层的决策是在第 4 层决策的基础上进行求解的，可以看作 3 个 2 层的数塔，如图 9-20(b)所示，填写表 9-2 中的第 3 列。

依次计算，直至最后一个阶段，第 1 层的决策结果就是数塔问题的最优值。

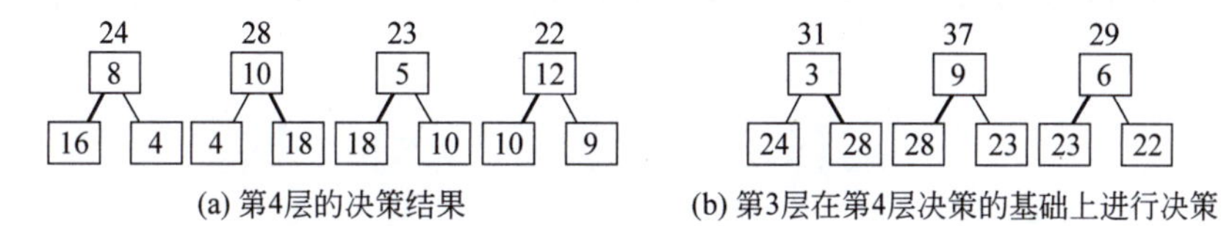


(a) 第4层的决策结果　　(b) 第3层在第4层决策的基础上进行决策

图 9-20　数塔问题的动态规划求解过程(最上面的数字表示决策结果)

为了求得最大数值和对应的路径，从 $A(1, 1)$开始进行回溯，计算 $A(1, 1)$选择的是 $A(2, 2)$，计算 $A(2, 2)$选择的是 $A(3, 2)$，计算 $A(3, 2)$选择的是 $A(4, 2)$，计算 $A(4, 2)$选择的是 $A(5, 3)$，得到路径 8→15→9→10→18，对应表 9-2 的阴影部分。

**【算法实现】** 设函数 DataTorwer 返回数塔的最大数值和，同时输出对应的路径，设数组 d[n][n]存储数塔问题，数组 maxAdd[n][n]存储每一步决策得到的最大数值和，数组 path[n][n]存储每一步的决策。注意数组下标从 0 开始，程序如下。

源代码 9-7

```
int DataTorwer(int d[100][100], int n)
{
  int i, j, maxAdd[n][n] = {0}, path[n][n] = {0};
  for (j = 0; j < n; j++)                          //初始子问题
    maxAdd[n-1][j] = d[n-1][j];
  for (i = n-2; i >= 0; i--)                       //进行第 i 层的决策
    for (j = 0; j <= i; j++)                       //只填写下三角
      if (maxAdd[i + 1][j]>maxAdd[i + 1][j + 1])
      {
        maxAdd[i][j] = d[i][j] + maxAdd[i + 1][j];
        path[i][j] = j;                            //本次决策选择下标 j 的元素
      }
      else
      {
```

```
            maxAdd[i][j] = d[i][j] + maxAdd[i + 1][j + 1];
            path[i][j] = j + 1;                        //本次决策选择下标 j+1 的元素
        }
    printf("路径为:%d", d[0][0]);                        //输出顶层数字
    j = path[0][0];                                    //计算 maxAdd[0][0]的选择
    for (i = 1; i < n; i++)
    {
      printf("-->%d", d[i][j]);
      j = path[i][j];                                  //计算 maxAdd[i][j]的选择
    }
    return maxAdd[0][0];                               //返回最大数值和
}
```

【算法分析】 算法的基本语句是逐层填写数组 maxAdd 的下三角元素，执行次数为 $\sum_{i=n-2}^{0}\sum_{j=0}^{i}1=\sum_{i=n-2}^{0}(i+1)=\frac{n(n-1)}{2}=O(n^2)$，因此算法的时间复杂度是 $O(n^2)$。

## 实验9 最大子段和

【实验题目】 给定由 $n$ 个整数(可能有负整数)组成的序列($a_1$，$a_2$，…，$a_n$)，求该序列形如 $\sum_{k=i}^{j}a_k$ 子段和的最大值。

【实验要求】 分别用蛮力法、分治法和动态规划法设计最大子段和问题的算法，并设计测试数据，比较不同算法的时间性能。

【实验提示】 设 $b(j)$表示序列以 $a_j$ 结尾的最大子段和，补充定义 $b(0)=0$，动态规划函数如下：

$$b(j)=\begin{cases}b(j-1)+a_j & b(j-1)>0\\ a_j & b(j-1)\leqslant 0\end{cases}\quad 1\leqslant j\leqslant n \tag{9-21}$$

## 习　题　9

1. 为什么动态规划法需要填表？如何设计表格的数据结构？

2. 用动态规划法求两个字符串 $A$="xzyzzyx"和 $B$="zxyyzxz"的最长公共子序列。写出求解过程。

3. 用动态规划法求如下0/1背包问题：有5个物品，重量分别为(3，2，1，4，5)，价值分别为(25，20，15，40，50)，背包容量为6。写出求解过程。

4. 对于图9-21所示多段图，用动态规划法求从顶点0到顶点12的最短路径，写出求解过程。

5. 给定模式"grammer"和文本"grameer"，写出动态规划法求解 $K$-近似匹配的过程。

6. 对于最优二叉查找树的动态规划算法，设计一个线性时间算法，在求得最优二叉

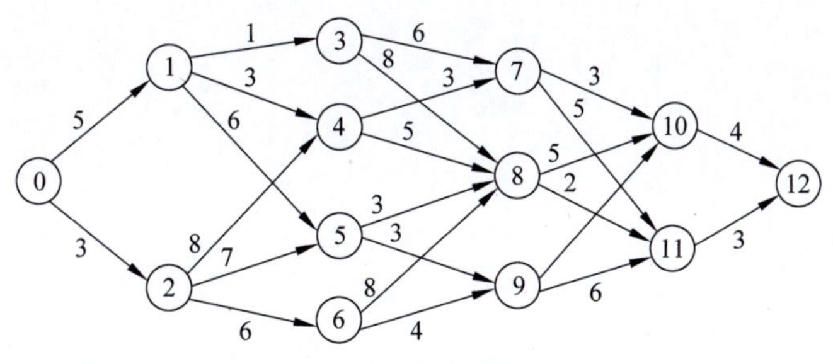


图 9-21　第 4 题图

查找树的平均查找长度后，生成相应的最优二叉查找树。

7. Ackermann 函数 $A(m, n)$的递归定义如下：

$$A(m,n)=\begin{cases}n+1 & m=0\\ A(m-1,1) & m>0,n=0\\ A(m-1,A(m,n-1)) & m>0,n>0\end{cases}$$

设计动态规划算法计算 $A(m, n)$，要求算法的空间复杂度为 $O(m)$。

8. 有面值为$(v_1, v_2, \cdots, v_n)$的 $n$ 种纸币，需要支付 $y$ 值的纸币，应如何支付才能使纸币支付的张数最少，即满足 $\sum_{i=1}^{n} x_i v_i = y$，且使 $\sum_{i=1}^{n} x_i$ 最小（$x_i$ 是非负整数）。设计动态规划算法求解付款问题，并分析时间性能和空间性能。

# 第三篇

## 基于搜索的算法设计技术

搜索是对图结构的一种基本操作，从给定顶点出发，按照一定的次序依次处理图的顶点，直至到达目标顶点。通常有两种次序：深度优先搜索和广度优先搜索。与图结构相关的许多问题，都可以采用搜索技术得到求解。

在现实世界中，有些问题无法抽象确切的数学模型，只能按照一定的次序依次试探所有的可能解，直至找到问题的解，如果试探了所有可能情况均未能找到问题的解，则说明问题无解。因此，搜索也是一种通用的算法设计技术。

回溯法、$A^*$算法和限界剪枝法均属于有组织的系统化搜索技术，在搜索过程中，可以通过剪枝避免搜索所有的可能解，对于某些组合数较大的难解问题，常常可以在合理的时间内实现求解。

# 第10章 深度优先搜索

深度优先搜索[①](depth-first search)简称 DFS 或深搜，是从某个顶点出发，沿着每一个可能的分支路径不断深入，直至不能继续深入，折回后沿着下一条分支路径不断进行深度优先的搜索。如果问题的求解过程可以抽象为在图中找一条从起始顶点到目标顶点的路径（目标顶点可以有多个），可以采用深度优先搜索技术来求解。

## 10.1 深度优先搜索概述

课件 10-1

### 10.1.1 深度优先搜索的设计思想

在图结构中，如果两个顶点之间有边相连，称这两个顶点互为邻接点(adjacent vertex)。图 10-1(a)所示的无向图中，顶点 $A$ 的邻接点是 $B$ 和 $D$，顶点 $B$ 的邻接点是 $A$、$C$ 和 $D$，等等。在对图结构进行搜索的过程中，将经过的顶点标记为已访问，显然，初始时所有顶点均未被访问。假设从顶点 $u$ 出发，深度优先搜索的基本思想是：访问顶点 $u$，然后从 $u$ 的未被访问的邻接点中选取一个顶点 $v$，再从 $v$ 出发进行深度优先搜索，直至图中所有和 $u$ 有路径相通的顶点都被访问到。显然，深度优先搜索是一个递归过程，算法思想用伪代码描述如下。

```
算法：DFS
输入：起始顶点 u
输出：搜索过程中访问的顶点序列
1. 访问顶点 u；标记顶点 u 已被访问；
2. v =顶点 u 的邻接点；
3. while (v 存在)：
   3.1 如果顶点 v 未被访问，则递归执行 DFS(v)；
   3.2 否则 v=顶点 u 的下一个邻接点；
```

① 深度优先搜索算法由约翰·霍普克洛夫特和罗伯特·陶尔扬发明，发表在 ACM 上，引起学术界很大的轰动，深度优先搜索算法在信息检索、路径寻优、人工智能等领域得到成功应用。

图 10-1 给出了对无向图进行深度优先搜索的过程示例,在访问顶点 $A$ 后选择未曾访问的邻接点 $B$,访问顶点 $B$ 后选择未曾访问的邻接点 $C$,访问顶点 $C$ 后选择未曾访问的邻接点 $F$,如图(b)所示。由于顶点 $F$ 没有未曾访问的邻接点,折回到顶点 $C$,选择未曾访问的邻接点 $E$,访问顶点 $E$ 后选择未曾访问的邻接点 $D$,深度优先搜索得到的顶点序列为 $ABCFED$。

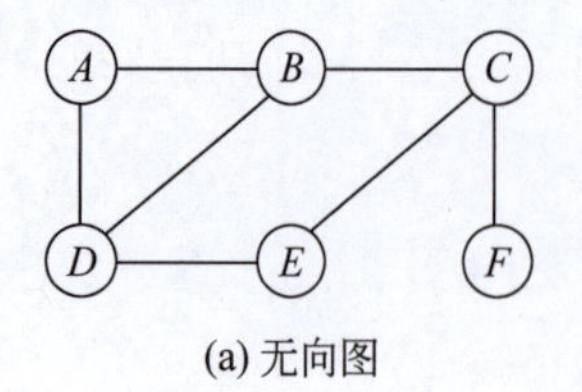

(a) 无向图

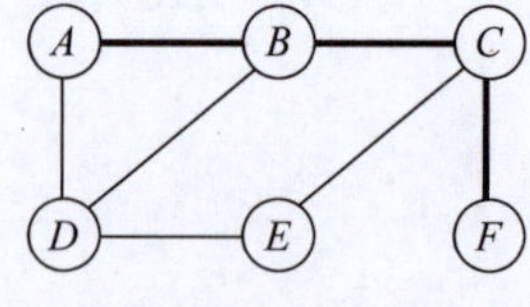

(b) 沿分支路径 $A \to B \to C \to F$

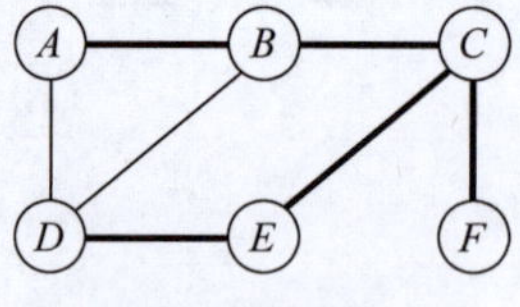

(b) 从顶点 $F$ 折回到 $C$,沿分支路径 $C \to E \to$ D

图 10-1 无向图的深度优先搜索示例

## 10.1.2 山洞寻宝图

【问题】 在一座山上有 $n$ 个山洞,其中有一个山洞藏有寻宝图,有个猎人知道山上有寻宝图但不知道藏在哪个山洞里,只要猎人到达寻宝图所在的山洞就一定能够得到藏宝图。假设猎人熟悉山路,但是有些山洞之间没有山路相通。给定 $n(3 \leqslant n \leqslant 100)$ 个山洞之间的连通关系、寻宝图所在山洞,以及猎人寻找的起始山洞,请问猎人是否能够得到寻宝图?

【想法】 将山洞看成顶点,山洞之间的连通关系看成边,从而将山洞及其相通关系抽象为一个无向图。假设寻宝图在山洞 $v$ 中,猎人从山洞 $u$ 出发,可以对无向图从顶点 $u$ 出发进行深度优先搜索,如果可以访问顶点 $v$,则猎人可以得到寻宝图,否则顶点 $u$ 和 $v$ 之间没有路径相通,猎人无法得到寻宝图。

$$\begin{pmatrix} 0 & 0 & 1 & 0 & 0 & 0 \\ 0 & 0 & 1 & 0 & 0 & 0 \\ 1 & 1 & 0 & 0 & 0 & 1 \\ 0 & 0 & 0 & 0 & 1 & 0 \\ 0 & 0 & 0 & 1 & 0 & 0 \\ 0 & 0 & 1 & 0 & 0 & 0 \end{pmatrix}$$

图 10-2 山洞之间的连通关系

【算法实现】 用邻接矩阵 edge[n][n]存储山洞之间的连通关系,如果山洞 $i$ 和 $j$ 之间有通路,则矩阵 edge[i][j]的值为 1,如图 10-2 所示。简单起见,将邻接矩阵 edge[n][n]、标志数组 visited[n]、是否找到寻宝图所在山洞标志 flag 均设为全局变量,程序如下。

源代码 10-1

```
int Dfs(int u, int v)
{
  int j;
  visited[u] = 1;
  if (u == v) flag = 1;
  for (j = 0; j < n; j++)
  {
    if ((edge[u][j] == 1) && (visited[j] == 0))
    {
      Dfs(j, v);
```

```
        if (flag == 1) break;
      }
    }
    return flag;
  }
```

【算法分析】 最坏情况下，深度优先搜索经过图中所有顶点最后到达顶点 $v$，函数 Dfs 递归调用 $n-1$ 次，for 循环实现查找顶点 $u$ 的未被经过的邻接点，所需时间为 $O(n)$。所以，算法的时间复杂度为 $O(n^2)$。

### 10.1.3　城堡问题

【问题】 某城堡被分割成 $m \times n(m \leqslant 50, n \leqslant 50)$ 个方块，每个方块的四面可能有墙，# 代表有墙，没有墙分割的方块连在一起组成一个房间，城堡外围一圈都是墙，如图 10-3 所示。如果 1、2、4 和 8 分别对应左墙、上墙、右墙和下墙，则可以用方块周围每个墙对应的数字之和来描述该方块四面墙的情况，例如，某方块有上墙和下墙，则描述该方块的整数就是 2+8=10。图 10-4 给出了图 10-3 所示城堡的地形矩阵，请计算城堡一共有多少个房间，最大的房间有多少个方块。

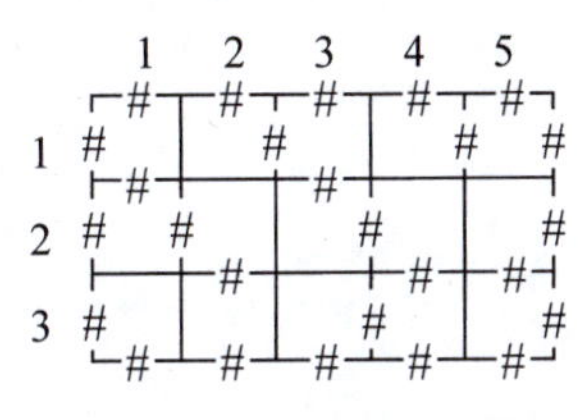

图 10-3　城堡地形图

| | 1 | 2 | 3 | 4 | 5 |
|---|---|---|---|---|---|
| 1 | 11 | 6 | 11 | 6 | 7 |
| 2 | 7 | 9 | 6 | 9 | 12 |
| 3 | 9 | 10 | 12 | 11 | 14 |

图 10-4　城堡地形矩阵

【想法】 可以把方块看成顶点，相邻的方块之间如果没有墙，则在方块对应顶点之间连一条边，从而将城堡问题抽象为一个无向图，如图 10-5 所示。求城堡的房间个数，实际上就是求图中有多少个连通分量[①]，求城堡的最大房间数，就是求最大连通分量包含的顶点数。

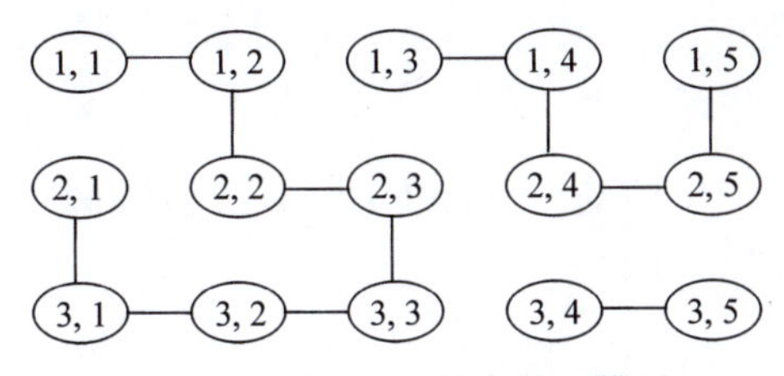


图 10-5　城堡问题抽象的图模型

① 在无向图中，若任意顶点 $v_i$ 和 $v_j(i \neq j)$ 之间均有路径，则称该图是连通图(connected graph)。非连通图的极大连通子图称为连通分量(connected component)，极大是指在满足连通的条件下，包括所有连通的顶点以及和这些顶点相关联的所有边。

设 Dfs(i, j)实现从顶点($i$, $j$)出发对城堡对应的无向图进行深度优先搜索，反复调用 Dfs 算法直至城堡中所有方块均被访问，则调用算法 Dfs 的次数就是图中连通分量的个数。同时在算法 Dfs 搜索的过程中设置计数器，统计每次调用访问顶点的个数。接下来的关键问题就是如何判断顶点之间的邻接关系，即方块之间是否有墙分割。可以将方块的数值分别与 1、2、4、8 执行按位与操作，判断对应的二进制位是否为 0。

【算法实现】 设数组 room[m][n]表示城堡，visited[m][n]表示方格是否被访问，变量 roomNum 表示房间个数，maxRoom 表示最大房间的方块数，roomArea 表示当前房间的方块数，函数 Dfs(i, j)从方块($i$, $j$)出发能够处理与($i$, $j$)连通的所有方块。简单起见，将 room[m][n]、visited[m][n]、roomArea、maxRoom 设为全局变量，程序如下。

源代码 10-2

```
void Dfs(int i, int j)
{
  if (visited[i][j] == 1) return;
  roomArea++; visited[i][j] = 1;
  if ((room[i][j] & 1) == 0) Dfs(i, j-1);          //room[i][j]的左面没有墙
  if ((room[i][j] & 2) == 0) Dfs(i-1, j);          //room[i][j]的上面没有墙
  if ((room[i][j] & 4) == 0) Dfs(i, j+1);          //room[i][j]的右面没有墙
  if ((room[i][j] & 8) == 0) Dfs(i+1, j);          //room[i][j]的下面没有墙
}

int Castle(int m, int n)
{
  int i, j, roomNum = 0;
  for (i = 0; i < m; i++)
    for (j = 0; j < n; j++)
      if (visited[i][j] == 0)
      {
        roomNum++; roomArea = 0; Dfs(i, j);
        if (roomArea > maxRoom) maxRoom = roomArea;
      }
  return roomNum;
}
```

【算法分析】 函数 Castle 的基本语句是 Dfs(i, j)，将图中所有顶点处理一次，因此，算法的时间复杂度是 $O(m \times n)$。

课件 10-2

## 10.2 回溯法

### 10.2.1 问题的解空间树

复杂问题常常有很多的可能解，可以将问题的可能解表示为满足某个约束条件的等长向量 $X=(x_1, x_2, \cdots, x_n)$，其中分量 $x_i(1 \leqslant i \leqslant n)$的取值范围是某个有限集合 $S=$

$\{a_1, a_2, \cdots, a_k\}$，所有可能的解向量构成了问题的解空间(solution space)。例如，对于 $n$ 个物品的 0/1 背包问题，可能解由等长向量$\{x_1, x_2, \cdots, x_n\}$组成，其中 $x_i=1(1\leqslant i\leqslant n)$ 表示物品 $i$ 装入背包，$x_i=0$ 表示物品 $i$ 没有装入背包，则解空间由长度为 $n$ 的 0/1 向量组成。当 $n=3$ 时，解空间是：

$$\{(0, 0, 0), (0, 0, 1), (0, 1, 0), (1, 0, 0), (0, 1, 1), (1, 0, 1), (1, 1, 0), (1, 1, 1)\}$$

问题的解空间一般用解空间树(solution space tree，也称状态空间树)的方式组织[①]，树的根结点位于第 1 层，表示搜索的初始状态，第 2 层的结点表示对解向量的第一个分量作出选择后到达的状态，第 1 层到第 2 层的边上标出对第一个分量选择的结果，依次类推，从树的根结点到叶子结点的路径就构成了解空间的一个可能解。

例如，对于 $n=3$ 的 0/1 背包问题，解空间树如图 10-6 所示，树中第 $i$ 层与第 $i+1$ 层 $(1\leqslant i\leqslant n)$结点之间的边上给出了对物品 $i$ 的选择结果，左子树表示该物品被装入了背包，右子树表示该物品没有被装入背包，8 个叶子结点分别代表该问题的 8 个可能解，例如结点 8 代表一个可能解(1, 0, 0)。

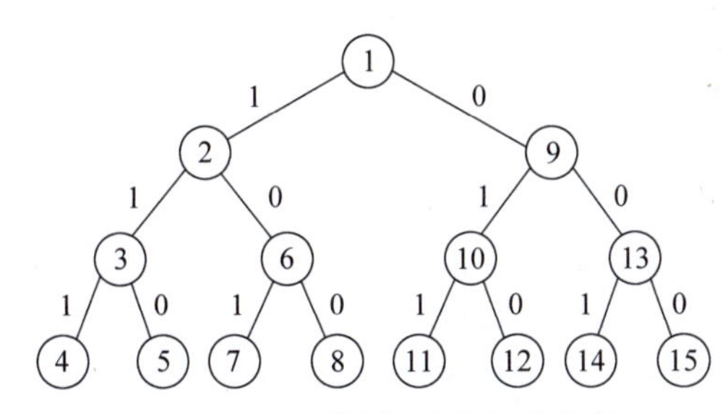


图 10-6　0/1 背包问题的解空间树

## 10.2.2　回溯法的设计思想

回溯法(back track method)在包含问题所有可能解的解空间树中，从根结点出发，按照深度优先的策略进行搜索，对于解空间树的某个结点，如果该结点满足问题的约束条件，则进入该子树继续进行搜索，否则跳过以该结点为根的子树，也就是剪枝(pruning)。与蛮力搜索相比，回溯法的"聪明"之处在于能适时回头，如果再往下走不可能得到解，就及时回溯，退一步另找路径，从而避免无效搜索。

需要强调的是，问题的解空间树是虚拟的，并不需要在搜索过程中构建一棵真正的树结构。由于解向量 $X=(x_1, x_2, \cdots, x_n)$中每个分量 $x_i(1\leqslant i\leqslant n)$的值都取自集合 $S=\{a_1, a_2, \cdots, a_k\}$，因此，可以依次试探集合 $S$ 的元素，以确定当前分量 $x_i$ 的值。一般情况下，如果 $X=(x_1, x_2, \cdots, x_{i-1})$是问题的部分解，试探集合 $S$ 的元素 $a_j$ 作为分量 $x_i$ 的值，有下面三种情况。

(1) 如果 $X=(x_1, x_2, \cdots, x_i)$是问题的最终解，则输出这个解。如果问题只要求得到一个解，则结束搜索，否则继续搜索其他解。

① 解空间树表示对解空间中所有可能解的搜索过程，有时会出现共用结点的情况，此时解空间的组织方式就是解空间图。

(2) 如果 $X=(x_1, x_2, \cdots, x_i)$是问题的部分解,则扩展下一个分量 $x_{i+1}$。

(3) 如果 $X=(x_1, x_2, \cdots, x_i)$既不是问题的部分解也不是问题的最终解,则存在下面两种情况:

① 如果 $a_j$ 不是集合 $S$ 的最后一个元素,则令 $x_i=a_{j+1}$,即取集合 $S$ 的下一个元素作为分量 $x_i$ 的值;

② 如果 $a_j$ 是集合 $S$ 的最后一个元素,则回溯到 $X=(x_1, x_2, \cdots, x_{i-1})$,假设分量 $x_{i-1}$的当前值为 $a_{j'}$,则令 $x_{i-1}=a_{j'+1}$,继续进行试探。

假设待求解问题只需得到一个解,如果需要求得所有解或最优解,请修改步骤 3.5,回溯算法的一般框架如下。

```
算法:回溯算法的一般框架
输入:集合 S={a1, a2, …, ak}
输出:解向量 X=(x1, x2, …, xn)
1. 初始化解向量 xi(1≤i≤n);
2. i=1,表示搜索从根结点开始;
3. 当 k≥1 时执行下述操作:
   3.1 令 xi=当前值在集合 S 的下一个值;
   3.2 如果 X=(x1, x2, …, xi)不是问题的解,转步骤 3.1 继续试探;
   3.3 如果试探了集合 S 的所有元素,则 i=i-1,转步骤 3.1 进行回溯;
   3.4 如果 X=(x1, x2, …, xi)是问题的部分解,i=i+1,转步骤 3.1 继续扩展;
   3.5 如果 X=(x1, x2, …, xi)是问题的最终解,输出解向量 X,结束算法;
4. 退出循环,说明问题无解;
```

### 10.2.3 回溯法的时间性能

一般情况下,在解向量 $X=(x_1, x_2, \cdots, x_n)$中,分量 $x_i(1\leqslant i\leqslant n)$的取值范围为某个有限集合 $S=\{a_1, a_2, \cdots, a_k\}$,因此,根结点有$|S|$棵子树,则第 2 层有$|S|$个结点,第 2 层的每个结点都有$|S|$棵子树,则第 3 层有$|S|\times|S|$个结点。依次类推,第 $n+1$ 层有$|S|^n$ 个结点,第 $n+1$ 层都是叶子结点,代表问题的所有可能解。

回溯法本质上属于蛮力穷举,当然不能指望它有很好的最坏时间复杂度,搜索具有指数阶个结点的解空间树,在最坏情况下,时间代价肯定为指数阶。然而,从本章介绍的几个算法来看,都有很好的平均时间性能。回溯法的有效性往往体现在当问题规模 $n$ 很大时,在搜索过程中对问题的解空间树实行大量剪枝。但是,对于具体的问题实例,很难预测回溯法的搜索行为,特别是很难估计在搜索过程中产生的结点数,这是分析回溯法时间性能的主要困难。

### 10.2.4 素数环问题

【问题】 把整数{1, 2, …, 20}填写到一个环中,要求每个整数都只填写一次,并且相邻的两个整数之和是素数。例如,图10-7所示是整数{1, 2, 3, 4}对应的一个素数环。

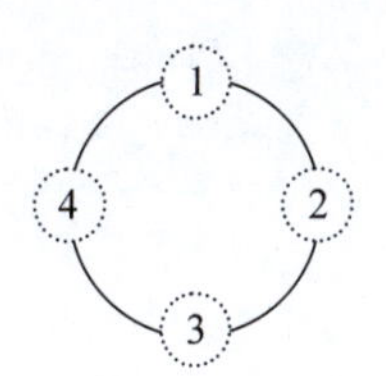

图10-7　素数环

**【想法】** 这个素数环有20个位置,每个位置可以填写的整数有1～20共20种可能,可以对每个位置从1开始进行试探,约束条件是正在试探的整数满足如下条件:

(1) 与已经填写到素数环中的整数不重复;

(2) 与前面相邻的整数之和是素数;

(3) 最后一个填写到素数环中的整数与第一个填写的整数之和是素数。

在填写第$i$个位置时,如果满足上述约束条件,则继续填写第$i+1$个位置;如果1～20个数都无法填写到第$i$个位置,则取消对第$i$个位置的填写,回溯到第$i-1$个位置。

**【算法实现】** 设函数Check判断位置$i$的填写是否满足约束条件,数组x[n]表示素数环问题的解向量,为了和数组下标一致,素数环的位置为$0\sim n-1$,程序如下。

源代码10-3

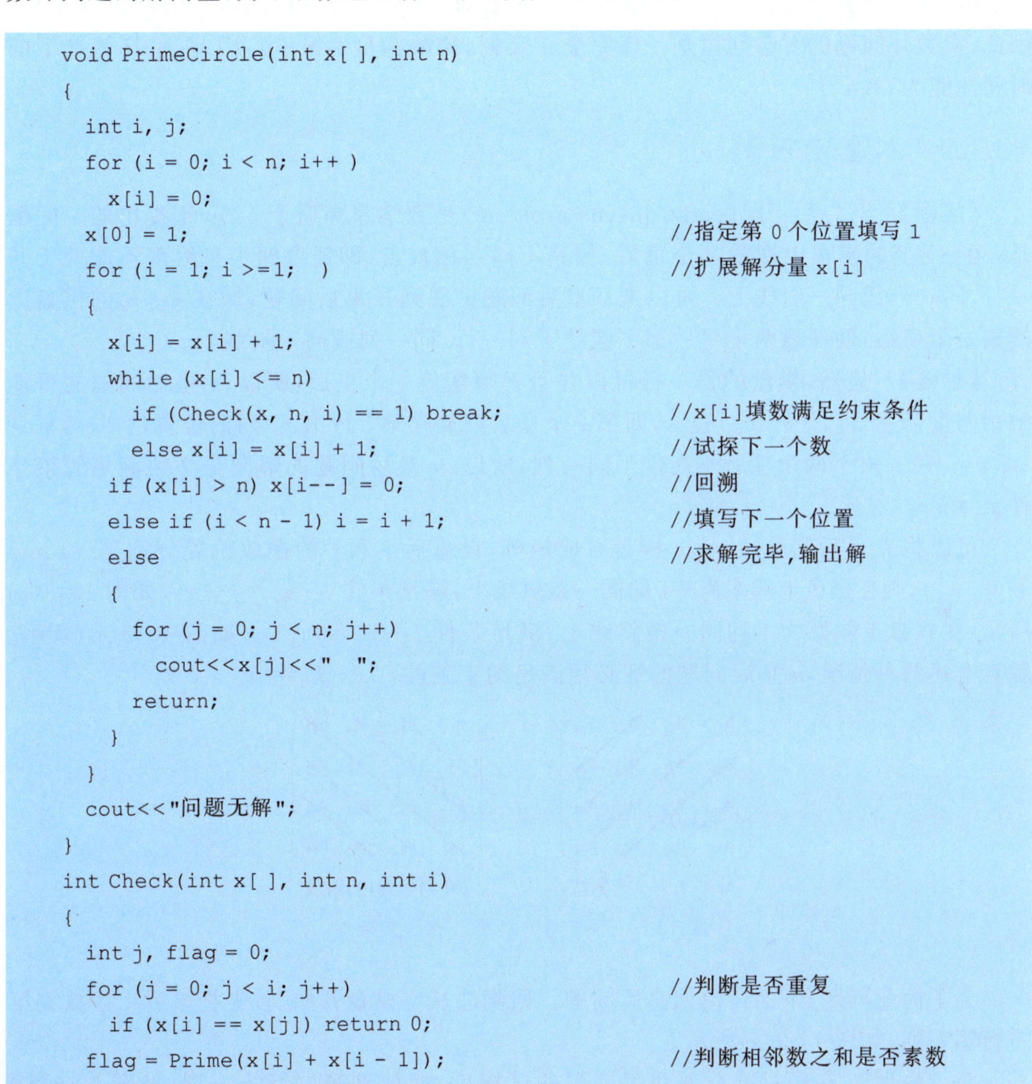

```
void PrimeCircle(int x[ ], int n)
{
  int i, j;
  for (i = 0; i < n; i++ )
    x[i] = 0;
  x[0] = 1;                                    //指定第0个位置填写1
  for (i = 1; i >=1;  )                        //扩展解分量x[i]
  {
    x[i] = x[i] + 1;
    while (x[i] <= n)
      if (Check(x, n, i) == 1) break;          //x[i]填数满足约束条件
      else x[i] = x[i] + 1;                    //试探下一个数
    if (x[i] > n) x[i--] = 0;                  //回溯
    else if (i < n - 1) i = i + 1;             //填写下一个位置
    else                                       //求解完毕,输出解
    {
      for (j = 0; j < n; j++)
        cout<<x[j]<<"  ";
      return;
    }
  }
  cout<<"问题无解";
}
int Check(int x[ ], int n, int i)
{
  int j, flag = 0;
  for (j = 0; j < i; j++)                      //判断是否重复
    if (x[i] == x[j]) return 0;
  flag = Prime(x[i] + x[i - 1]);               //判断相邻数之和是否素数
```

```
  if (flag == 1 && i == n - 1)                     //判断第一个数和最后一个数是否是素数
    flag = Prime(x[i] + x[0]);
  return flag;
}
int Prime(int x)                                   //判断整数 x 是否是素数
{
  int i, n;
  n = (int)sqrt(x);
  for (i = 2; i <= n; i++)
    if (x % i == 0) return 0;
  return 1;
}
```

【算法分析】 假设要填写 $1 \sim n$ 共 $n$ 个整数,由于每个位置可以填写的情况有 $n$ 种,因此,素数环问题的解空间树是一棵完全 $n$ 叉树,树的深度为 $n+1$,因此,最坏情况下的时间性能为 $O(n^n)$。

### 10.2.5 八皇后问题

【问题】 八皇后问题(eight queens problem)是数学家高斯于1850年提出的。问题是:在 $8\times8$ 的棋盘上摆放8个皇后,使其不能互相攻击,即任意两个皇后都不能处于同一行、同一列或同一斜线上。可以把八皇后问题扩展到 $n$ 皇后问题,即在 $n\times n$ 的棋盘上摆放 $n$ 个皇后,使任意两个皇后都不能处于同一行、同一列或同一斜线上。

【想法】 显然,棋盘的每一行可以并且必须摆放一个皇后,所以,$n$ 皇后问题的可能解用向量 $(x_1, x_2, \cdots, x_n)$ 表示,即第 $i$ 个皇后摆放在第 $i$ 行第 $x_i$ 列的位置($1\leqslant i\leqslant n$ 且 $1\leqslant x_i\leqslant n$)。由于两个皇后不能位于同一列,所以,$n$ 皇后问题的解向量必须满足约束条件 $x_i\neq x_j$。

可以将 $n$ 皇后问题的 $n\times n$ 棋盘看成矩阵,设皇后 $i$ 和 $j$ 的摆放位置分别是 $(i, x_i)$ 和 $(j, x_j)$,则在棋盘上斜率为 $-1$ 的同一条斜线上,满足条件 $i-x_i=j-x_j$,如图10-8(a)所示;在棋盘上斜率为1的同一条斜线上,满足条件 $i+x_i=j+x_j$,如图10-8(b)所示。综合上述两种情况,$n$ 皇后问题的解必须满足约束条件:$|i-j|\neq|x_i-x_j|$。

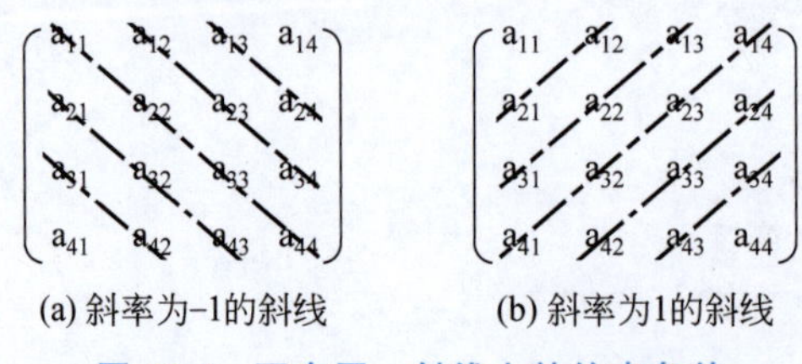


图10-8 不在同一斜线上的约束条件

为了简化问题,下面讨论四皇后问题。回溯法从空棋盘开始,首先把皇后1摆放到第一行第一列,如图10-9(a)所示。

对于皇后2,在经过第一列和第二列的试探后,摆放到第二行第三列,如图10-9(b)

所示。

对于皇后 3，摆放到第三行的哪一列都会引起冲突（违反约束条件），因此回溯到皇后 2，把皇后 2 摆放到第二行第四列，如图 10-9(c)～(d)所示。

对于皇后 3，在经过第一列的试探后，摆放到第三行第二列，如图 10-9(e)所示。

对于皇后 4，摆放到第四行的哪一列上都会引起冲突，因此回溯到皇后 3；皇后 3 摆放到第三行的哪一列上也都会引起冲突，再回溯到皇后 2；此时皇后 2 位于棋盘的最后一列，故继续回溯到皇后 1，把皇后 1 摆放到第一行第二列，如图 10-9(f)～(g)所示。

接下来，把皇后 2 摆放到第二行第四列，把皇后 3 摆放到第三行第一列，把皇后 4 摆放到第四行第三列，得到四皇后问题的一个解，如图 10-9(h)～(j)所示。

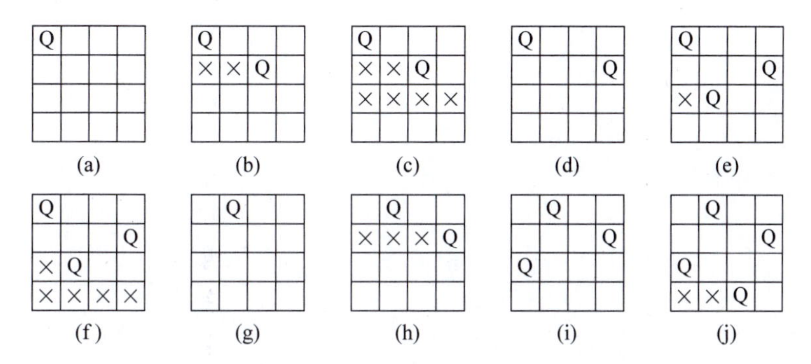


图 10-9　回溯法求解四皇后问题的搜索过程

（×表示失败的尝试；Q 表示放置皇后）

【算法】　设 $n$ 皇后问题的可能解用向量$(x_1, x_2, \cdots, x_n)$表示，其中皇后 $i$ 摆放在第 $i$ 行第 $x_i$ 列，算法如下。

> 算法：回溯法求解 $n$ 皇后问题 Queen
> 输入：皇后的个数 $n$
> 输出：解向量$(x_1, x_2, \cdots, x_n)$
> 1. 初始化解向量 $x_i=0(1 \leqslant i \leqslant n)$；
> 2. $i=1$；
> 3. 当 $i \geqslant 1$ 时摆放皇后 $i$：
>    3.1 把皇后 $i$ 摆放在下一列的位置，即 $x_i = x_i+1$；
>    3.2 如果皇后 $i$ 摆放在 $x_i$ 列不发生冲突，转步骤 3.3；
>        否则转步骤 3.1 试探下一列；
>    3.3 若 $x_i$ 出界，则回溯，$x_i=0$，$i=i-1$，转步骤 3.1 重新摆放皇后 $i$；
>    3.4 若尚有皇后没摆放，则 $i=i+1$，转步骤 3.1 摆放下一个皇后；
>    3.5 若 $n$ 个皇后已全部摆放，则输出解向量，算法结束；
> 4. 退出循环，说明 $n$ 皇后问题无解；

【算法分析】　在 $n$ 皇后问题的可能解中，考虑到约束条件 $x_i \neq x_j(1 \leqslant i, j \leqslant n, i \neq j)$，则可能解应该是$(1, 2, \cdots, n)$的一个全排列，对应的解空间树有 $n!$个叶子结点，每个叶子结点代表一种可能解。在 $n=4$ 的情况下，解空间树共有 255 个结点、24 个叶子结点，但在实际搜索过程中,只涉及 27 个结点就找到了满足条件的解。

【算法实现】 设函数 Place 考查皇后 $i$ 的放置是否发生冲突,数组 x[n]表示 $n$ 皇后问题的解,由于数组下标从 0 开始,皇后序号也从 0 开始,首先将数组 x[n]初始化为-1,然后依次试探皇后 $i$ 的摆放。程序如下。

源代码 10-4

```
void Queen(int x[ ], int n)
{
  int i, j;
  for (i = 0; i < n; i++)
    x[i] = -1;
  for (i = 0; i >= 0;   )                                    //摆放皇后 i
  {
    x[i]++;                                                  //在下一列摆放皇后 i
    while (x[i] < n && Place(x, i) == 1)                     //发生冲突
      x[i]++;
    if (x[i] == n) x[i--] = -1;                              //重置 x[i],回溯
    else if (i < n - 1)                                      //尚有皇后未摆放
      i = i + 1;                                             //准备摆放下一个皇后
    else                                                     //得到一个解,输出
    {
      for (j = 0; j < n; j++)
        cout<<x[j]+1<<"  ";                                  //打印列号从 1 开始
      cout<<endl;
      return;                                                //只求出一个解
    }
  }
  cout<<"无解"<<endl;
}
int Place(int x[ ], int i)
{
  int j;
  for (j = 0; j < i; j++)
    if (x[i] == x[j] || abs(i - j) == abs( x[i] - x[j]))
      return 1;                                              //冲突,返回 1
  return 0;                                                  //不冲突,返回 0
}
```

### 10.2.6 图着色问题

【问题】 给定无向连通图 $G=(V, E)$,图着色问题(graph coloring problem)求最小的整数 $m$,用 $m$ 种颜色对图 $G$ 的顶点着色,使得任意两个相邻顶点着色不同。

**应 用 实 例**

机场停机位分配是根据航班和机型等属性，为每个航班都指定一个具体的停机位，必须满足下列约束条件：①每个航班都必须被分配且仅能被分配给 1 个停机位；②同一时刻同一个停机位不能分配给 1 个以上的航班；③应满足航站衔接以及过站时间衔接要求；④机位与所使用机位的航班应该相互匹配。对飞机进行停机位分配时，假设班机时刻表为已知，并且按照“先到先服务”的原则对航班进行机位分配，这样就可以将停机位分配转化为图着色问题。

【想法】 用 $m$ 种颜色为无向图 $G=(V, E)$ 着色，其中，$V$ 的顶点个数为 $n$，可以用向量 $C=(c_1, c_2, \cdots, c_n)$ 表示图的一种可能着色，其中，$c_i \in \{1, 2, \cdots, m\}(1 \leqslant i \leqslant n)$ 表示顶点 $i$ 的着色。回溯法求解图着色问题，首先把所有顶点的颜色初始化为 0，然后依次为每个顶点着色。如果当前顶点着色没有冲突，则继续为下一个顶点着色，否则，为当前顶点着下一个颜色，如果所有 $m$ 种颜色都试探过并且都发生冲突，则回溯到当前顶点的上一个顶点，依次类推。例如，在图 10-10(a)所示的无向图中求解三着色问题，回溯法在解空间树的搜索过程如图 10-10(b)所示(阴影结点表示剪枝)，搜索过程如下：

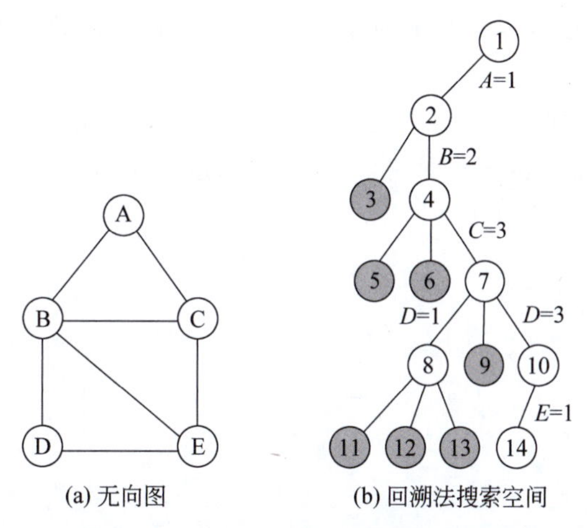

(a) 无向图　(b) 回溯法搜索空间

图 10-10　回溯法求解图着色问题示例

在解空间树中，从根结点出发，搜索第 1 棵子树，即为顶点 $A$ 着颜色 1；

再搜索结点 2 的第 1 棵子树，即为顶点 $B$ 着颜色 1，违反约束条件，回溯到结点 2，选择结点 2 的第 2 棵子树，即为顶点 $B$ 着颜色 2；

在为顶点 $C$ 着色时，经过着颜色 1 和颜色 2 的试探后，选择结点 4 的第 3 棵子树，即为顶点 $C$ 着颜色 3；

在结点 7 选择第 1 棵子树，即为顶点 $D$ 着颜色 1，但是在为顶点 $E$ 着色时，顶点 $E$ 无论着 3 种颜色中的哪一种均发生冲突，于是导致回溯，在结点 7 选择第 2 棵子树也发生冲突，于是，选择结点 7 的第 3 棵子树，即为顶点 $D$ 着颜色 3；

在结点 10 选择第 1 棵子树，即为顶点 $E$ 着颜色 1，得到一个可行解(1, 2, 3, 3, 1)。

**【算法】** 对于图 $G=(V, E)$,设数组 color[n]表示顶点的着色情况,算法如下。

算法:回溯法求解图着色问题 GraphColor
输入:图 $G=(V, E)$,$m$ 种颜色
输出:$n$ 个顶点的着色情况 color[n]
1. 将数组 color[n]初始化为 0;
2. $i=0$;
3. 当 $i \geqslant 0$ 为顶点 $i$ 着色:
 3.1 依次考查每一种颜色,若顶点 $i$ 的着色与其他顶点的着色不发生冲突,则转步骤 3.2;否则,搜索下一种颜色;
 3.2 如果 color[i]大于 $m$,重置顶点 $i$ 的着色情况,$i=i-1$,转步骤 3 回溯;
 3.3 若顶点 $i$ 是一个合法着色且顶点尚未全部着色,则 $i=i+1$,转步骤 3 处理下一个顶点;
 3.4 若顶点已全部着色,则输出数组 color[n],算法结束;

**【算法分析】** 用 $m$ 种颜色为具有 $n$ 个顶点的无向图着色,共有 $m^n$ 种可能的着色组合。因此,解空间树是一棵完全 $m$ 叉树,树中每一个结点都有 $m$ 棵子树,最后一层有 $m^n$ 个叶子结点,每个叶子结点代表一种可能着色,最坏情况下的时间性能是 $O(m^n)$。对于图 10-10(a)所示无向图,解空间树共有 243 个结点,而回溯法只搜索了其中的 14 个结点就找到了问题的解。

**【算法实现】** 设无向图采用邻接矩阵 arc[n][n]存储,color[n]存储 $n$ 个顶点的着色情况,函数 Ok 判断顶点 $i$ 的着色是否发生冲突,为避免在函数间传递参数,将数组 arc 和 color 设为全局变量,程序如下。

源代码 10-5

```
void GraphColor(int m)
{
  int i, j;
  for (i = 0; i < n; i++ )
    color[i] = 0;
  for (i = 0; i >= 0;  )                        //为顶点 i 着色
  {
    color[i] = color[i] + 1;                    //取下一种颜色
    while (color[i] <= m && Ok(i) == 1)
      color[i] = color[i] + 1;                  //搜索下一个颜色
    if (color[i] > m) color[i--] = 0;           //回溯
    else if (i < n - 1) i = i + 1;              //处理下一个顶点
    else                                        //求解完毕,输出解
    {
      for (j = 0; j < n; j++)
        cout<<color[j]<<"  ";
      return;
    }
```

```
    }
  }
  int Ok(int i)
  {
    for (int j = 0; j < i; j++)
      if (arc[i][j] == 1 && color[i] == color[j])
        return 1;                                  //着色发生冲突返回 1
    return 0;
  }
```

# 10.3　拓展与演练

课件 10-3

## 10.3.1　批处理作业调度

【问题】 $n$ 个作业{1, 2, …, $n$}要在两台机器上处理，每个作业都必须先由机器 1 处理，再由机器 2 处理，机器 1 处理作业 $i$ 所需时间为 $a_i$，机器 2 处理作业 $i$ 所需时间为 $b_i$ ($1 \leqslant i \leqslant n$)，批处理作业调度问题(batch-job scheduling problem)要求确定这 $n$ 个作业的最优处理顺序，使得从第 1 个作业在机器 1 上处理开始，到最后一个作业在机器 2 上处理结束所需时间最少。

> **应用实例**
>
> 在计算机系统中完成一批作业，每个作业都要先完成计算，然后将计算结果打印输出这两项任务，计算任务由计算机的 CPU 完成，打印任务由打印机完成，这是典型的批处理作业调度问题。

【想法】 显然，批处理作业的一个最优调度应使机器 1 没有空闲时间，且机器 2 的空闲时间最小。可以证明，存在一个最优作业调度使得在机器 1 和机器 2 上作业以相同次序完成。例如，有三个作业{1, 2, 3}，在机器 1 上所需的处理时间为(2, 5, 4)，在机器 2 上所需的处理时间为(3, 2, 1)，则存在 6 种可能的调度方案：{(1, 2, 3), (1, 3, 2), (2, 1, 3), (2, 3, 1), (3, 1, 2), (3, 2, 1)}，相应的完成时间为{12, 13, 12, 14, 13, 16}，图 10-11 给出了所有调度方案及其完成时间，最佳调度方案是(1, 2, 3)和(2, 1, 3)，最短完成时间为 12。

【算法】 设数组 a[n]存储 $n$ 个作业在机器 1 上的处理时间，b[n]存储 $n$ 个作业在机器 2 上的处理时间。设数组 x[n]表示 $n$ 个作业批处理的一种调度方案，其中 x[i]表示第 $i$ 个处理的作业编号，sum1[n]和 sum2[n]保存在调度过程中机器 1 和机器 2 的当前完成时间，其中 sum1[i]表示在安排第 $i$ 个作业后机器 1 的当前完成时间，sum2[i]表示在安排第 $i$ 个作业后机器 2 的当前完成时间，且根据下式进行更新：

$$\begin{cases} \text{sum1}[i] = \text{sum1}[i-1] + a[x[i]] \\ \text{sum2}[i] = \max(\text{sum1}[i],\ \text{sum2}[i-1]) + b[x[i]] \end{cases} \tag{10-1}$$

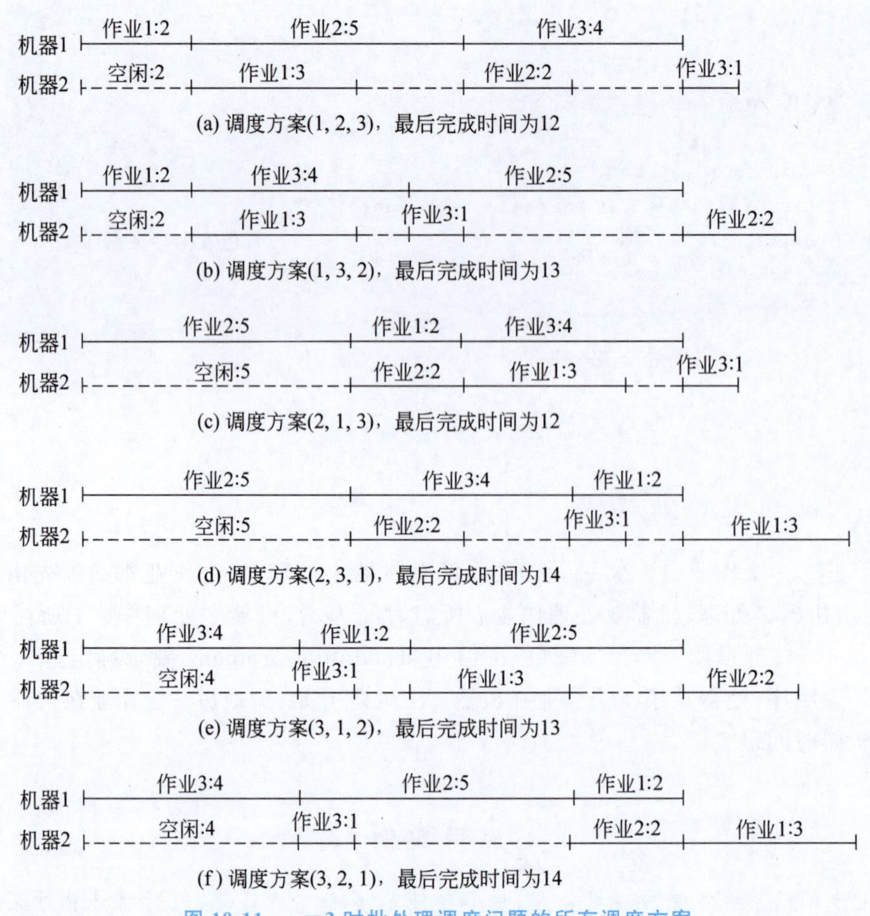


图 10-11　$n=3$ 时批处理调度问题的所有调度方案

算法：回溯法求解批处理调度 BatchJob

输入：$n$ 个作业在机器 1 上的处理时间 a[n]，在机器 2 上的处理时间 b[n]

输出：最短完成时间 bestTime，最优调度序列 x[n]

1. 初始化解向量 x[n]＝{－1}；最短完成时间 bestTime＝MAX；

2. 初始化调度方案中机器 1 和机器 2 的完成时间：

   sum1[n]＝sum2[n]＝{0}；$i=0$；

3. 当 $i\geqslant 0$ 时调度第 $i$ 个作业：

   3.1 依次考查每一个作业，如果作业 x[i]尚未处理，则转步骤 3.2，否则尝试下一个作业，即 x[i]＋＋；

   3.2 处理作业 x[i]：

      3.2.1 sum1[i]＝sum1[i－1]＋ a[x[i]]；

      3.2.2 sum2[i]＝max{sum1[i], sum2[i－1]}＋ b[x[i]]；

      3.2.3 若 sum2[i] ＜ bestTime，则转步骤 3.4，否则转步骤 3.3 实施剪枝；

   3.3 回溯，x[i]＝－1，i－－，转步骤 3.1 重新处理第 $i$ 个作业；

   3.4 若尚有作业没被处理，则 i＋＋，转步骤 3.1 处理下一个作业；

   3.5 若 $n$ 个作业已全部处理，则输出一个解，算法结束；

【算法分析】 对于批处理作业调度问题，由于要从 $n$ 个作业的所有排列中找出具有最早完成时间的作业调度，所以，批处理作业调度问题的解空间是一棵排列树，并且要搜索整个解空间树才能确定最优解，因此，其时间性能是 $O(n!)$。相对于蛮力法求解批处理调度问题，由于在搜索过程中利用了已得到的最短完成时间进行剪枝，所以，能够在一定程度上提高搜索速度。

【算法实现】 设函数 BatchJob 实现批处理作业调度问题，假定最后完成时间不超过 1000，设数组 a[n+1]存储 $n$ 个作业在机器 1 上的处理时间，b[n+1]存储 $n$ 个作业在机器 2 上的处理时间，数组 x[n+1]表示 $n$ 个作业批处理的一种调度方案，均从下标 1 开始存放，程序如下。

源代码 10-6

```
int BatchJob(int a[ ], int b[ ], int n)
{
  int i, j, bestTime = 1000;
  int x[n+1], sum1[n+1] = {0}, sum2[n+1] = {0};
  for (i = 0; i <= n; i++)                          //初始化调度方案
    x[i] = 0;
  for (i = 1; i >= 1;  )                            //调度第 i 个作业
  {
    x[i] = x[i] + 1;
    while (x[i] <= n)
    {
      for (j = 1; j < i; j++)                       //检测作业 x[i]是否重复处理
        if (x[i] == x[j]) break;
      if (i == j)                                   //作业 x[i]尚未处理
      {
        sum1[i] = sum1[i-1] + a[x[i]];
        if (sum1[i] > sum2[i-1]) sum2[i] = sum1[i] + b[x[i]];
        else sum2[i] = sum2[i-1] + b[x[i]];
        if (sum2[i] < bestTime) break;
        else x[i] = x[i] + 1;                       //已超过目前最短时间,剪枝
      }
      else x[i] = x[i] + 1;                         //作业 x[i]已处理,试探下一个作业
    }
    if (x[i] == n + 1) x[i--] = 0;                  //重置 x[i],回溯
    else if (i < n) i = i + 1;                      //安排下一个作业
    else
    {
      if (bestTime > sum2[i])
      {
        bestTime = sum2[i];
        cout<<"目前的最短作业安排是:";
        for (j = 1; j <= n; j++)
```

```
            cout<<x[j]<<"  ";
          cout<<"最短时间是:"<<bestTime<<endl;
        }
      }
    }
    return bestTime;
  }
```

### 10.3.2 哈密顿回路

**【问题】** 爱尔兰数学家哈密顿(William Hamilton)提出了著名的周游世界问题。设正十二面体的20个顶点代表20个城市,哈密顿回路问题(Hamilton cycle problem)要求从一个城市出发,经过每个城市恰好一次,然后回到出发城市。

**【想法】** 假定图 $G=(V, E)$ 的顶点集为 $V=\{1, 2, \cdots, n\}$,哈密顿回路的可能解表示为 $n$ 元组 $X=(x_1, x_2, \cdots, x_n)$,其中,$x_i \in \{1, 2, \cdots, n\}$。根据题意,有如下约束条件:

$$\begin{cases}(x_i, x_{i+1}) \in E & 1 \leqslant i \leqslant n-1 \\ (x_n, x_1) \in E & \\ x_i \neq x_j & 1 \leqslant i, j \leqslant n, i \neq j\end{cases} \tag{10-2}$$

回溯法求解哈密顿回路问题,首先把所有顶点的访问标志都初始化为0,然后在解空间树中从根结点开始搜索,如果从根结点到当前结点对应一个部分解,即满足上述约束条件,则在当前结点处选择第一棵子树继续搜索,否则,对当前子树的兄弟结点进行搜索,如果当前结点的所有子树都已试探并且发生冲突,则回溯到当前结点的父结点。对于图10-12(a)所示无向图,回溯法在解空间树的搜索过程如图10-12(b)所示(阴影结点表示剪枝),搜索过程如下。

在解空间树从根结点1开始搜索,将 $x_1$ 置为1,到达结点2,表示哈密顿回路从顶点1开始。

将 $x_2$ 置为1,到达结点3,但顶点1重复访问,搜索结点2的兄弟子树,将 $x_2$ 置为2,构成哈密顿回路的部分解(1, 2)。

在经过结点5和结点6的试探后,将 $x_3$ 置为3,构成哈密顿回路的部分解(1, 2, 3)。

在经过结点8、结点9和结点10的试探后,将 $x_4$ 置为4,将哈密顿回路的部分解扩展到(1, 2, 3, 4)。

在经过结点12、结点13、结点14和结点15的试探后,将 $x_5$ 置为5,将哈密顿回路的部分解扩展到(1, 2, 3, 4, 5),但是从顶点5到顶点1没有边,引起回溯;将 $x_4$ 置为5,到达结点17,构成哈密顿回路的部分解(1, 2, 3, 5)。

在经过结点18、结点19和结点20的试探后,将 $x_5$ 置为4,将哈密顿回路的部分解扩展到(1, 2, 3, 5, 4),由于从顶点4到顶点1存在边,找到一条哈密顿回路(1, 2, 3, 5, 4),搜索过程结束。

**【算法】** 设数组 x[n]存储哈密顿回路上的顶点,数组 visited[n]存储顶点的访问标

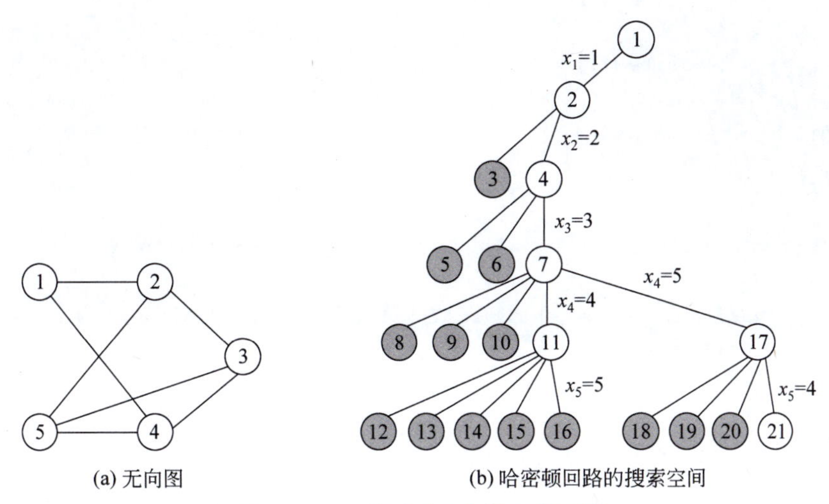


图 10-12　回溯法求哈密顿回路示例

志，visited[i]＝1 表示哈密顿回路经过顶点 $i$，算法如下。

> 算法：回溯法求解哈密顿回路问题 Hamiton
> 输入：无向图 $G=(V, E)$
> 输出：哈密顿回路
> 1. 将顶点数组 x[n]初始化为－1，标志数组 visited[n]初始化为 0；
> 2.从顶点 0 出发构造哈密顿回路：visited[0]＝1；x[0]＝0；$i=1$；
> 3.当 $i\geqslant 1$ 时扩展哈密顿回路的第 $i$ 个顶点：
> 　3.1 x[i]＝x[i]＋1，搜索下一个顶点；
> 　3.2 如果顶点 x[i]不在哈密顿回路上并且(x[i－1]，x[i])∈E，转步骤 3.4；
> 　　否则转步骤 3.1 试探下一个顶点；
> 　3.3 如果试探了 $n$ 个顶点，visited[i]＝0，$i=i-1$，转步骤 3 进行回溯；
> 　3.4 若数组 x[n]构成哈密顿路径的部分解，则 $i=i+1$，转步骤 3；
> 　3.5 若数组 x[n]已形成哈密顿路径，则输出数组 x[n]，算法结束；

【算法分析】　在哈密顿回路的可能解中，考虑到约束条件 $x_i \neq x_j$ $(1\leqslant i,\ j\leqslant n, i\neq j)$，则可能解应该是(1，2，…，$n$)的一个排列，对应的解空间树中有 $n$!个叶子结点，每个叶子结点都代表一种可能解。对于图 10-11 所示无向图，解空间树中共有 243 个结点，而回溯法只搜索了其中的 21 个结点后就找到了问题的解。

【算法实现】　设图采用邻接矩阵 arc[n][n]存储，数组 x[n]表示哈密顿回路经过的顶点，注意 while 循环在试探下一顶点前需要将已试探的顶点都标记清零，程序如下。

源代码 10-7

```
void Hamiton(int arc[100][100], int n)
{
  int i, j;
  int visited[n], x[n];
  for (i = 1; i < n; i++)
```

```
    {
      x[i] = -1; visited[i] = 0;
    }
    x[0] = 0; visited[0] = 1;                                    //假定从顶点 0 出发
    for (i = 1; i >= 1;  )
    {
      visited[x[i]] = 0; x[i] = x[i] + 1;                        //试探下一顶点
      while (x[i] < n)
        if (visited[x[i]] == 0 && arc[x[i-1]][x[i]] == 1) break;
        else x[i] = x[i] + 1;
      if (x[i] == n)
      {
        visited[x[i]] = 0; x[i--] = -1;
      }
      else if (i < n - 1)
      {
        visited[x[i]] = 1; i = i + 1;
      }
      else
      {
        if (arc[x[i]][x[0]] == 1)
        {
          for (j = 0; j < n; j++)
            cout<<x[j] + 1<<"  ";                                //输出顶点的编号
          return;
        }
        else
        {
          visited[x[i]] = 0; x[i--] = -1;
        }
      }
    }
}
```

## 实验 10　0/1 背包问题

【实验题目】 给定 $n$ 个物品和一个容量为 $C$ 的背包，物品 $i(1 \leqslant i \leqslant n)$ 的重量是 $w_i$，价值为 $v_i$，0/1 背包问题是如何选择装入背包的物品(物品不可分割)，使得装入背包中物品的总价值最大？

【实验要求】 ①设计回溯算法求解 0/1 背包问题；②设计测试数据，统计搜索过程中经过的结点数。

【实验提示】 设数组 w[n]和 p[n]分别存储 $n$ 个物品的重量和价值,设变量 bestP 表示当前背包获得的最大价值,变量 cw 和 cp 分别表示背包的当前重量和价值,数组 w[n] 表示物品是否装入背包,算法如下。

算法：回溯法求解 0/1 背包问题  
输入：物品的重量 w[n],价值 p[n],背包容量 $C$  
输出：获得的最大价值  
1. 将数组 x[n]全部初始化为−1；  
2. $i=0$；  
3. 当 $i>=0$ 时对物品 $i$ 进行选择：  
　3.1 x[i]=x[i]+1,试探装入物品 $i$,计算 cw 和 cp；  
　3.2 如果物品 $i$ 试探失败,则 x[i]=−1,$i=i-1$,转步骤 3 进行回溯；  
　3.3 若数组 x[i]构成部分解,则 $i=i+1$,转步骤 3 考查下一个物品；  
　3.4 若数组 x[i]构成全部解,更新变量 bestP；  
4. 输出 bestP；

## 习　题　10

1. 对图 10-13 所示无向图,使用回溯法求解三着色问题,画出搜索过程中展开的解空间树。

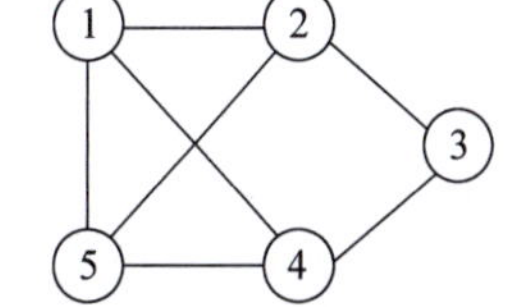

图 10-13　第 1 题图

2. 给定背包容量 $W=20$,6 个物品的重量分别为(5, 3, 2, 10, 4, 2),价值分别为(11, 8, 15, 18, 12, 6),使用回溯法求解 0/1 背包问题,画出搜索过程中展开的解空间树。

3. 有 3 个作业{1, 2, 3}要在两台机器上处理,每个作业都必须先由机器 1 处理,然后再由机器 2 处理,这 3 个作业在机器 1 上所需的处理时间为(2, 3, 2),在机器 2 上所需的处理时间为(1, 1, 3)。用回溯法求解这 3 个作业完成的最短时间,画出搜索过程中展开的解空间树。

4. 修改 10.2.5 节 $n$ 皇后问题的算法,要求输出 $n$ 皇后问题的所有解。

5. 给定一个正整数集合 $X=\{x_1, x_2, \cdots, x_n\}$和一个正整数 $y$,设计回溯算法,求集合 $X$ 的一个子集 $Y$,使得 $Y$ 中元素之和等于 $y$。

6. 迷宫问题。迷宫问题(图 10-14)是实验心理学的一个经典问题,心理学家把一只

入口

| | | | | | | | |
|---|---|---|---|---|---|---|---|
| 0 | 1 | 1 | 1 | 0 | 1 | 1 | 1 |
| 1 | 0 | 1 | 0 | 1 | 1 | 1 | 1 |
| 0 | 1 | 0 | 0 | 0 | 0 | 0 | 1 |
| 0 | 1 | 1 | 1 | 0 | 1 | 1 | 1 |
| 1 | 0 | 0 | 1 | 1 | 0 | 0 | 0 |
| 0 | 1 | 1 | 0 | 0 | 1 | 1 | 0 |

出口

图 10-14　迷宫示例(其中 1 代表有障碍,0 代表无障碍)
(前进的方向有 8 个,分别是上、下、左、右、左上、左下、右上、右下)

老鼠从一个无顶盖的大盒子的入口处赶进迷宫,迷宫中设置很多隔壁,对前进方向形成了多处障碍,心理学家在迷宫的唯一出口处放置了一块奶酪,吸引老鼠在迷宫中寻找通路到达出口。设计回溯算法实现迷宫求解。

7. 桥本分数。把{1, 2, …,9}这9个数字填入图10-15所示的9个方格中,使得等式成立,要求数字不得重复。用回溯法设计桥本分数的算法,这个填数趣题的答案唯一吗?如果不唯一请给出所有解。

$$\frac{\square}{\square\square}+\frac{\square}{\square\square}=\frac{\square}{\square\square}$$

图10-15 桥本分数

8. 错位问题。有 $n$ 个人参加聚会,入场时随意将帽子挂在衣架上,走时再顺手戴一顶走,问没有一人拿对(所有人戴走的都不是自己的帽子)的概率,并展示所有戴错帽子的具体情况。

# 第11章 广度优先搜索

广度优先搜索[1](breadth-first search)简称 BFS 或广搜，是从图的某个顶点出发，由近及远，优先搜索距离起点最近的顶点。广度优先搜索是图的基本操作，通常应用在图结构中与寻找最短路径相关的问题。

## 11.1 广度优先搜索概述

课件 11-1

### 11.1.1 广度优先搜索的设计思想

在图结构中，广度优先搜索以顶点 $u$ 为起始点，依次访问和 $u$ 有路径相通且路径长度为 1、2、…的顶点。基本思想是：访问顶点 $u$，然后依次访问 $u$ 的各个未被访问的邻接点 $v_1$、$v_2$、…、$v_k$，再分别从 $v_1$、$v_2$、…、$v_k$ 出发依次访问它们未被访问的邻接点，直至图中所有与顶点 $u$ 有路径相通的顶点都被访问到。为了使"先被访问顶点的邻接点"先于"后被访问顶点的邻接点"被访问，设置队列存储已被访问的顶点。为避免重复搜索，将经过的顶点标记为已访问，显然，初始时所有顶点均未被访问。广度优先搜索的算法思想用伪代码描述如下。

```
算法：BFS
输入：起始顶点 u
输出：搜索经过的顶点序列
1. 队列 Q 初始化；
2. 访问顶点 u；修改标志 visited[u]=1；顶点 u 入队列 Q；
3. 当队列 Q 非空时执行下述操作：
   3.1 u=队列 Q 的队头元素出队；
   3.2 v =顶点 u 的邻接点；
   3.3 重复下述操作直至 v 不存在：
       3.3.1 如果 v 未被访问，则
             访问顶点 v；修改标志 visited[v]=1；顶点 v 入队列 Q；
       3.3.2 v =顶点 u 的下一个邻接点；
```

[1] 广度优先搜索算法由美国计算机科学家 Edward F. Moore 在 1950 年发明，此外他还发明了有限状态自动机。

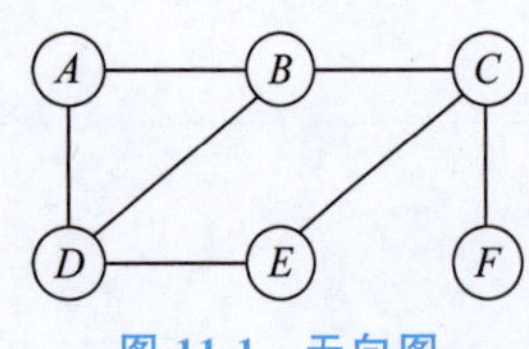

图 11-1 无向图

对图 11-1 所示无向图进行广度优先搜索，访问顶点 $A$ 后将 $A$ 入队；将顶点 $A$ 出队并依次访问 $A$ 的未曾访问的邻接点 $B$ 和 $D$，并将 $B$ 和 $D$ 入队；将顶点 $B$ 出队并访问 $B$ 的未曾访问的邻接点 $C$，并将 $C$ 入队；重复上述过程，得到顶点访问序列 $ABDCEF$，图 11-2 给出了广度优先搜索过程中队列的变化。

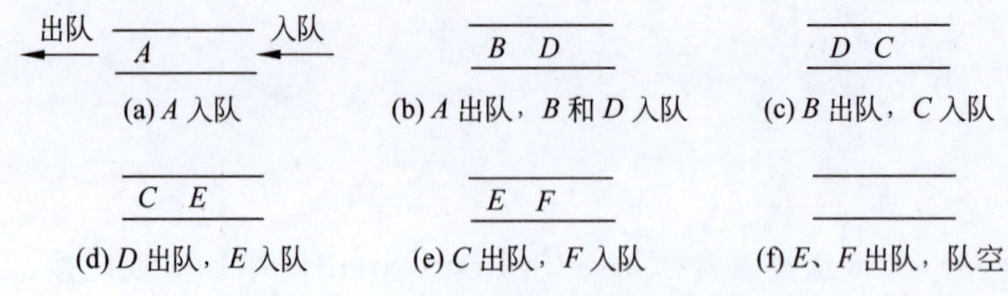

图 11-2 广度优先搜索过程中队列的变化

## 11.1.2 农夫抓牛

【问题】 假设农夫和牛都位于数轴上，农夫位于点 $N$，牛位于点 $K(K>N)$，农夫有以下两种移动方式：①从点 $X$ 移动到 $X-1$ 或 $X+1$，每次移动都花费一分钟；②从点 $X$ 移动到点 $2X$，每次移动都花费一分钟。假设牛没有意识到农夫的行动，站在原地不动，农夫最少花费多长时间才能抓住牛？

【想法】 这是一个最少步数问题，适合用广度优先搜索。将数轴上每个点看作图的顶点，对于任意点 $X$，有两条双向边连到点 $X-1$ 和 $X+1$，有一条单向边连到点 $2X$，则农夫抓牛问题转化为求从顶点 $N$ 出发到顶点 $K$ 的最短路径长度。假设 $N=3, K=5$，广度优先搜索展开的图结构如图 11-3 所示，最短经过的顶点序列是 3→2→4→6→1→5，路径长度是 2。

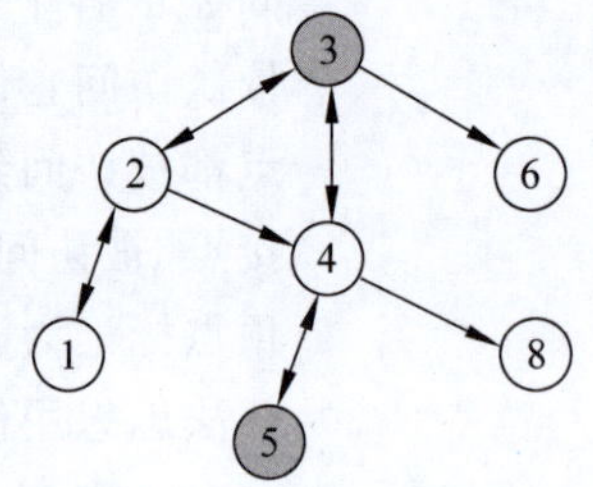

图 11-3 农夫抓牛的广度搜索路径

【算法】 设数组 flag[K]表示数轴上某个点是否被搜索，设变量 right 表示每一层最后搜索的顶点，变量 rear 指向队列的队尾位置，front 指向队列队头的前一个位置，steps 表示待扩展结点距起点 $N$ 的步数，算法如下。

> 算法：农夫抓牛 CatchCattle
> 输入：农夫的位置 $N$，牛的位置 $K$，
> 输出：最少步数
> 1. 队列 $Q$ 初始化；初始化 flag[K]={0}；
> 2. 将起点 $N$ 放入队列 $Q$，修改标志 flag[N]=1，right=rear；
> 3. 当队列 $Q$ 非空时执行下述操作：
>    3.1 $u$=队列 $Q$ 的队头元素出队；
>    3.2 如果 $u$ 等于 $K$，输出到达顶点 $u$ 的步数 steps，算法结束；

3.3 依次扩展结点 $u$ 的每个子结点：
　　3.3.1 $v=u-1$；如果 flag[$v$]等于 0，将 $v$ 入队，修改标志 flag[$v$]=1；
　　3.3.2 $v=u+1$；如果 flag[$v$]等于 0，将 $v$ 入队，修改标志 flag[$v$]=1；
　　3.3.3 $v=u+u$；如果 flag[$v$]等于 0，将 $v$ 入队，修改标志 flag[$v$]=1；
3.4 如果 front 等于 right，则 steps++；right=rear；
4. 队列为空，没有到达位置 $K$，返回失败标志－1；

【算法实现】 设队列 $Q$ 采用顺序队列，简单起见，假定队列 $Q$ 不会发生溢出，如果当前出队结点是本层最后搜索的顶点，则步数 steps 加 1，并且接下来入队的结点应该是这层的最后顶点，调整变量 right。程序如下。

源代码 11-1

```
int CatchCattle(int N, int K)
{
  int u, v, right = 0, steps = 0, flag[2 * k] = {0};
  int Q[2 * k], front, rear;
  front = rear = -1;
  Q[++rear] = N; flag[N] = 1;
  while (front != rear)
  {
    u = Q[++front];
    if (u == K) return steps;
    v = u - 1;
    if (flag[v] == 0) { Q[++rear] = v; flag[v] = 1; }
    v = u + 1;
    if (flag[v] == 0) { Q[++rear] = v; flag[v] = 1; }
    v = u + u;
    if (flag[v] == 0) { Q[++rear] = v; flag[v] = 1; }
    if (front == right) { steps++; right = rear; }
  }
  return -1;
}
```

### 11.1.3 骑士旅行

【问题】 在一个国际象棋的棋盘上，给定起点($x_1$，$y_1$)和终点($x_2$，$y_2$)，计算骑士从起点到终点最少需要移动的步数。

【想法】 国际象棋的骑士走“日”字并且可以越子，按照骑士的走步规则，骑士每次移动的位置增量有 8 个方向，如图 11-4 所示。骑士旅行问题属于寻找最短路径问题，可以用广度优先搜索求解。

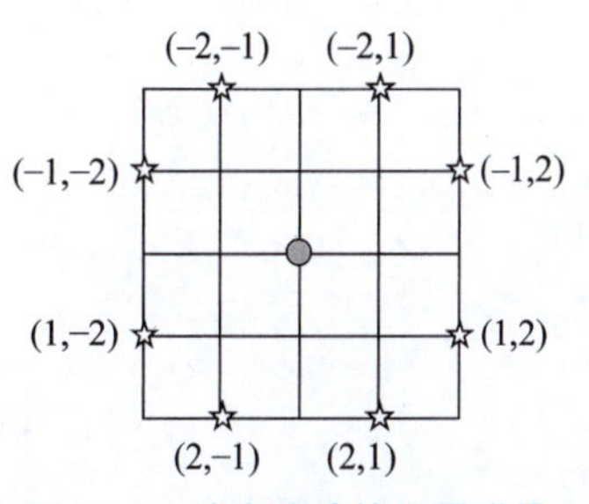

图 11-4　骑士移动的位置增量

【算法】 设 nxt 表示下一步的位置，flag(i)表示位置

$i$ 是否走过，算法如下。

> 算法：计算骑士问题 BfsKnight
> 输入：起点的位置 $s(x_1, y_1)$，终点的位置 $t(x_2, y_2)$
> 输出：最少步数
> 1. 队列 $Q$ 初始化；
> 2. 将起点 $s$ 放入队列 $Q$，修改标志 flag($s$)=1；
> 3. 当队列 $Q$ 非空时执行下述操作：
>    3.1 $u$=队列 $Q$ 的队头元素出队；
>    3.2 如果 $u$ 等于 $t$，输出到达顶点 $u$ 的步数，算法结束；
>    3.3 循环变量 $k$ 从 0 至 7 从 8 个方向扩展：
>       3.3.1 nxt =$u$ 的下一步；
>       3.3.2 如果 nxt 在棋盘内且未走过，则将 nxt 放入队列 $Q$；
>             修改标志 flag(nxt)=1；
> 4. 队列为空，没有到达终点 $t$，返回失败标志−1；

**【算法实现】** 假设国际象棋是 8×8 棋盘，标志数组 flag[8][8]记载某个位置是否走过，用数组 dx[8]和 dy[8]表示移动增量。为了记载骑士旅行过程中每一步的状态，每个位置需要 3 个值来表示：行号、列号和从起点到该位置走过的步数。定义结构体 status 存储骑士的位置，程序如下。

源代码 11-1

```
struct status
{
  int x, y, steps;
};
int dx[8] = {-2, -1, 1, 2, 2, 1, -1, -2};
int dy[8] = {-1, -2, -2, -1, 1; 2, 2, 1};

int BfsKnight(status s, status t)
{
  int k, front, rear, flag[8][8] = {0};
  status u, v, nxt, Q[64];
  front = rear = -1;
  Q[++rear] = s; flag[s.x][s.y] = 1;
  while (front != rear)
  {
    u = Q[++front];
    if ((u.x == t.x) && (u.y == t.y)) return u.steps;
    for (k = 0; k < 8; k++)
    {
      nxt.x = u.x + dx[k]; if (nxt.x < 0 || nxt.x > 7) continue;
      nxt.y = u.y + dy[k]; if (nxt.y < 0 || nxt.y > 7) continue;
      if (flag[nxt.x][nxt.y] == 0)
```

```
        {
          nxt.steps = u.steps + 1;
          Q[++rear] = nxt; flag[nxt.x][nxt.y] = 1;
        }
      }
    }
    return -1;
  }
```

# 11.2　A* 算　法

课件 11-2

## 11.2.1　A* 算法的设计思想

A* (A-Star)算法①是求最短路径非常有效的一种搜索方法，也是解决搜索问题常用的启发式算法。所谓启发式搜索是通过启发式函数(heuristic function，也称估价函数)引导算法的搜索方向，以达到减少搜索结点的目的。启发式函数通常利用与问题有关的某种启发信息，对于路径搜索问题，结点就是搜索空间的状态，启发信息通常是距离(称为代价)，启发式函数表示为：

$$f(n)=g(n)+h(n) \tag{11-1}$$

其中，$f(n)$是从初始状态到目标状态的估计代价；$g(n)$是从初始状态到状态 $n$ 的实际代价；$h(n)$是从状态 $n$ 到目标状态最佳路径的估计代价。

A* 算法在运行过程中，需要以优先队列形式组织的 open 表，用于存储搜索过程中经过的状态，每次从 open 表中选取 $f(n)$值最小的结点作为下一个待扩展的结点。A* 算法的一般框架如下。

> 算法：A* 算法
> 输入：问题模型，启发式函数
> 输出：最优值
> 1. 将起始状态加入 open 表中；
> 2. 重复下述操作直到 open 表为空：
>     2.1 $n$=open 表中第一个状态结点；
>     2.2 如果结点 $n$ 为终点，则返回最优值，算法结束；
>     2.3 结点 $n$ 不是终点，执行下述操作：
>         2.3.1 将结点 $n$ 从 open 表中删除；
>         2.3.2 生成结点 $n$ 的所有子结点；
>         2.3.3 计算所有子结点的估价函数值；
>         2.3.4 将所有子结点加入 open 表中，并按估价函数排序；
> 3. 搜索失败；

① A* 算法发表于 1968 年，由 Stanford 研究院 Peter Hart、Nils Nilsson 和 Bertram Raphael 共同发表，被认为是 Dijkstra 算法的扩展。

$A^*$算法能够尽快找到最短路径(或最优解)的关键在于函数 $h(n)$的选取,通过预估 $h(n)$的值,降低搜索走弯路的可能性,加快搜索速度。当 $h(n)$始终为0,则由 $g(n)$决定结点的优先级,此时退化为 Dijkstra 算法。以 $d(n)$表示状态 $n$ 到目标状态的最短距离,则 $h(n)$的选取大致有如下三种情况:

(1) 如果 $h(n) < d(n)$,则搜索的结点数较多,搜索范围较大,效率较低,但能保证得到最优解。但是 $h(n)$的值越小,算法将搜索越多的结点,也就导致算法效率越低。

(2) 如果 $h(n)=d(n)$,即预估距离 $h(n)$等于最短距离 $d(n)$,则搜索将严格沿着最短路径进行,此时的搜索效率最高。可惜的是,并非所有场景都能做到这一点。因为在没有达到终点之前,很难确切计算出距离终点还有多远。

(3) 如果 $h(n) > d(n)$,则搜索的结点数较少,搜索范围较小,效率较高,但不能保证得到最优解。因为启发仅仅是下一步将要采取措施的一个猜想,这个猜想常常根据经验和直觉来判断,所以启发式搜索可能出错。

事实上,可以通过调节函数 $h(n)$控制 $A^*$算法的速度和精度。因为有些问题未必需要最短路径,而是希望能够尽快找到一个近似最短路径,这也是 $A^*$算法比较灵活的地方。

## 11.2.2　八数码问题

**【问题】** 八数码问题(8-puzzle problem)也称重排九宫问题,在一个3×3的方格盘上,放有1~8个数码,余下一格为空,空格四周上下左右的数码都可以移动到空格。给定一个八数码问题的初始状态,要求找到一个移动序列到达目标状态,图11-5给出了一个八数码问题实例。

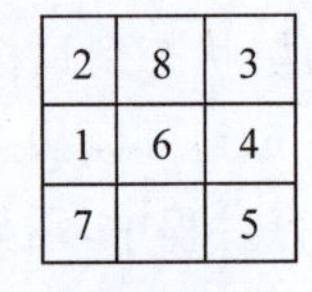

(a) 初始状态

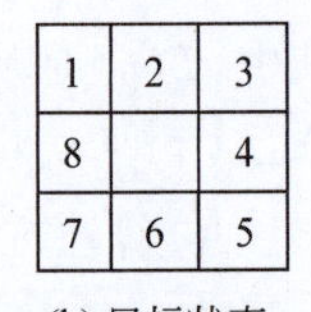

(b) 目标状态

图 11-5　八数码问题

**【想法】** 应用 $A^*$算法求解八数码问题的关键是确定启发式函数,可以将实际代价函数 $g(n)$定义为解空间树中从根结点到该状态的路径长度(移动次数),估计代价函数 $h(n)$定义为该状态与目标状态不相符的数码个数。对于图11-5所示八数码问题,应用 $A^*$算法展开的搜索空间如图11-6所示,搜索过程如下。

(1) 在根结点 $s$,$g(s)=0$,$h(s)=4$;将结点 $s$ 加入 open 表。

(2) 取 open 表中结点 $s$ 进行扩展,依次处理 $s$ 的每个子结点:$g(A)=g(B)=g(C)=1$,$h(A)=5$,$h(B)=3$,$h(C)=5$,将结点 $A$、$B$ 和 $C$ 加入 open 表。

(3) 取 open 表中结点 $B$ 进行扩展,依次处理 $B$ 的每个子结点:$g(D)=g(E)=g(F)=2$,$h(D)=3$,$h(E)=3$,$h(F)=4$,将结点 $D$、$E$ 和 $F$ 加入 open 表。

(4) 取 open 表中结点 $D$ 进行扩展,依次处理 $D$ 的每个子结点:$g(G)=g(H)=3$,$h(G)=3$,$h(H)=4$,将结点 $G$ 和 $H$ 加入 open 表。

(5) 取 open 表中结点 $E$ 进行扩展,依次处理 $E$ 的每个子结点:$g(I)=g(J)=3$,$h(I)=2$,$h(J)=4$,将结点 $I$ 和 $J$ 加入 open 表。

(6) 取 open 表中结点 $I$ 进行扩展,依次处理 $I$ 的每个子结点:$g(K)=4$,$h(K)=1$,将结点 $K$ 加入 open 表。

(7) 取 open 表中结点 $K$ 进行扩展，依次处理 $K$ 的每个子结点：$g(L)=g(M)=5$，$h(L)=0$，$h(M)=2$，到达目标状态，得到最小移动次数 5，再沿双亲结点回溯得到移动序列。

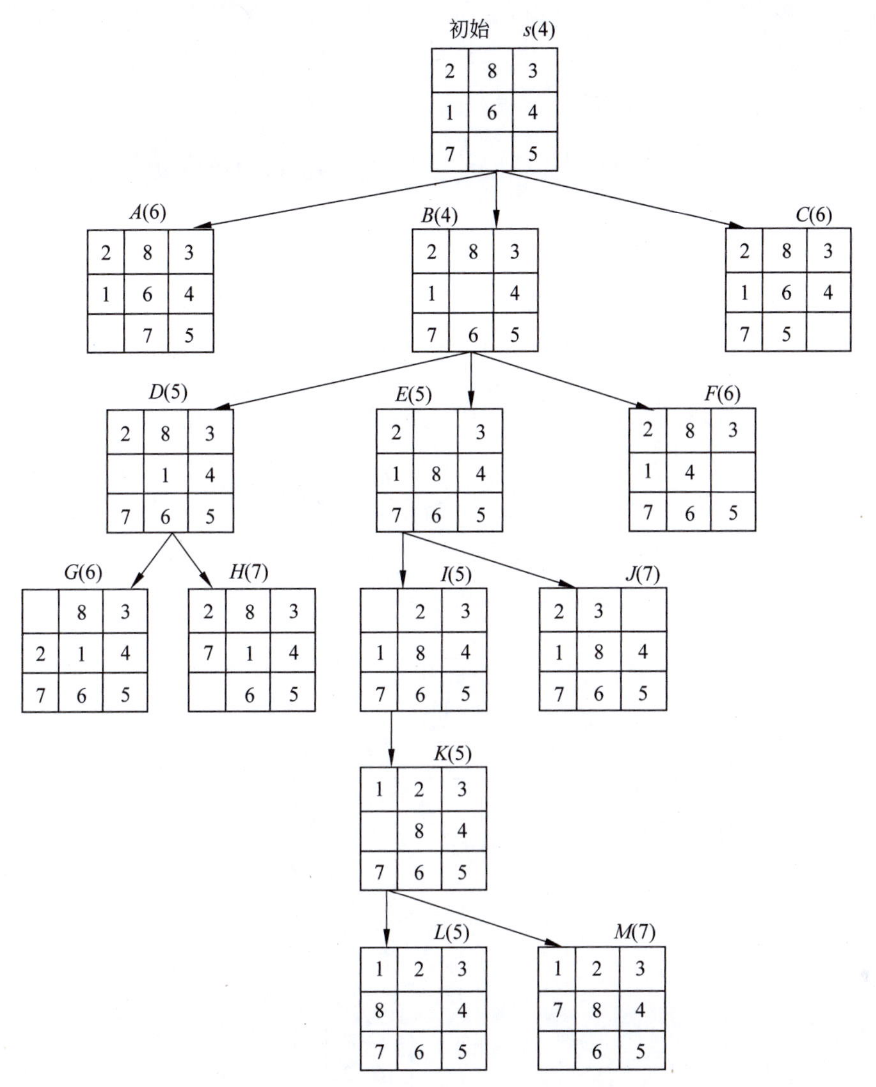


图 11-6　A* 算法求解八数码问题示例(括号里是启发式函数值)

## 11.2.3　多段图的最短路径问题

【问题】 设 $G=(V, E)$ 是一个带权有向连通图，如果把顶点集合 $V$ 划分成 $k$ 个互不相交的子集 $V_i(2\leqslant k\leqslant n,\ 1\leqslant i\leqslant k)$，使得 $E$ 中的任何一条边 $(u, v)$，必有 $u\in V_i$，$v\in V_{i+m}(1\leqslant i<k,\ 1<i+m\leqslant k)$，则称图 $G$ 为**多段图**，称 $s\in V_1$ 为源点，$t\in V_k$ 为终点。**多段图的最短路径问题**(multi-segment graph shortest path problem)是求从源点到终点的最小代价路径。

【想法】 采用A*算法求解多段图的最短路径问题,可以将 $g(i)$ 定义为从源点到顶点 $i$ 的实际路径长度,将 $h(i)$ 定义为从顶点 $i$ 到终点每一段的最小代价之和。一般情况下,假设当前已经确定了前 $i$ 段($1 \leqslant i \leqslant k$),路径为($r_1, r_2, \cdots, r_i$),启发式函数定义如下:

$$
\begin{cases}
g(i) = \sum_{j=1}^{i} c[r_{j-1}][r_j] \\
h(i) = \min\{c[r_i][r_p]\} + \sum_{j=i+2}^{k} \text{第 } j \text{ 段的最短边}
\end{cases}
\tag{11-2}
$$

对图11-7所示多段图,应用A*算法展开的搜索空间如图11-8所示,搜索过程如下。

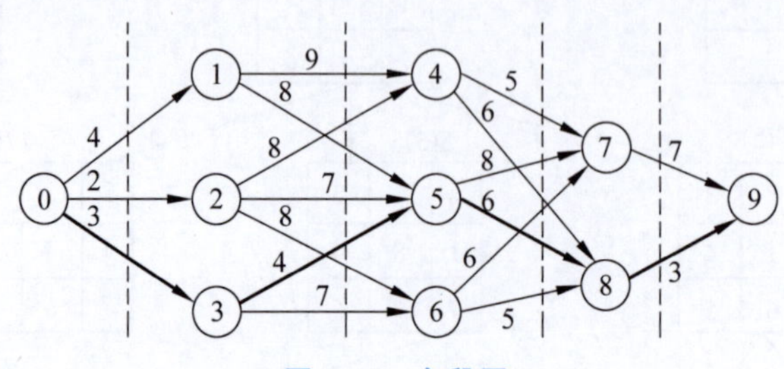

图11-7 多段图

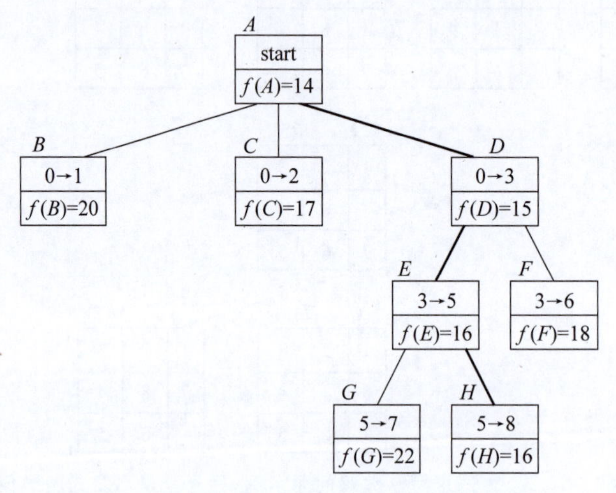


图11-8 A*算法求解多段图的最短路径问题示例

(1) 在根结点 $A$,$g(A)=0$,$h(A)=2+4+5+3=14$,将结点 $A$ 加入open表。

(2) 取open表中结点 $A$ 进行扩展,依次处理结点 $A$ 的每个子结点。在结点 $B$,已经确定路径是0→1,$g(B)=4$,$h(B)=8+5+3=16$;在结点 $C$,已经确定路径是0→2,$g(C)=2$,$h(C)=7+5+3=15$;在结点 $D$,已经确定路径是0→3,$g(D)=3$,$h(D)=4+5+3=12$,将结点 $B$、$C$、$D$ 加入open表。

(3) 取open表中结点 $D$ 进行扩展,依次处理结点 $D$ 的每个子结点。在结点 $E$,已经确定路径是0→3→5,$g(E)=g(D)+4=7$,$h(E)=6+3=9$;在结点 $F$,已经确定路径是

$0\to3\to6$，$g(F)=g(D)+7=10$，$h(F)=5+3=8$；将结点 $E$、$F$ 加入 open 表。

(4) 取 open 表中结点 $E$ 进行扩展，依次处理结点 $E$ 的每个子结点。在结点 $G$，已经确定路径是 $0\to3\to5\to7$，$g(G)=g(E)+8=15$，$h(G)=7$；在结点 $H$，已经确定路径是 $0\to3\to5\to8$，$g(H)=g(E)+6=13$，$h(H)=3$；将结点 $G$、$H$ 加入 open 表。

(5) 由于结点 $H$ 到达终点，并且目标函数值是 open 表的最小值，所以，结点 $H$ 代表的解即问题的最优解，搜索过程结束。为了求得最优解的各个分量，从结点 $H$ 向父结点进行回溯，得到最短路径 $0\to3\to5\to8$。

### 11.2.4　任务分配问题

【问题】 把 $n$ 项任务分配给 $n$ 个人，每个人完成每项任务的成本不同，任务分配问题(task allocation problem)要求总成本最小的最优分配方案。

$$C=\begin{bmatrix} 9 & 2 & 7 & 8 \\ 6 & 4 & 3 & 7 \\ 5 & 8 & 1 & 8 \\ 7 & 6 & 9 & 4 \end{bmatrix}$$

| | 任务1 | 任务2 | 任务3 | 任务4 |
|---|---|---|---|---|
| 人员$a$ | 9 | 2 | 7 | 8 |
| 人员$b$ | 6 | 4 | 3 | 7 |
| 人员$c$ | 5 | 8 | 1 | 8 |
| 人员$d$ | 7 | 6 | 9 | 4 |

图 11-9　任务分配问题的成本矩阵

【想法】 使用 $A^*$ 算法求解任务分配问题，可以将 $g(n)$ 定义为已经分配的任务成本，$h(n)$ 定义为其余任务的最小分配成本。任务分配问题可以采用成本矩阵表示，令 $c_{ij}$ 表示人员 $i$ 分配了任务 $j(1\leqslant i, j\leqslant n)$ 的成本，如图 11-9 所示。一般情况下，假设当前已对人员 $1\sim i$ 分配了任务$(x_1,x_2,\cdots,x_i)$，启发式函数定义如下：

$$\begin{cases} g(i)=\sum_{k=1}^{i} c_{k x_k} \\ h(i)=\sum_{k=i+1}^{n} \text{第 } k \text{ 行的最小值} \end{cases} \tag{11-3}$$

对于图 11-9 所示任务分配问题，应用 $A^*$ 算法展开的搜索空间如图 11-10 所示，搜索过程如下.

(1) 在根结点，没有分配任务，$g(1)=0$，$h(1)=2+3+1+4=10$，将结点 1 加入 open 表。

(2) 取 open 表中结点 1 进行扩展，依次处理结点 1 的每个子结点。在结点 2，将任务 1 分配给人员 $a$，$g(2)=9$；在结点 3，将任务 2 分配给人员 $a$，$g(3)=2$；在结点 4，将任务 3 分配给人员 $a$，$g(4)=7$；在结点 5，将任务 4 分配给人员 $a$，$g(4)=8$；$h(2)=h(3)=h(4)=h(5)=3+1+4=8$，将结点 2、3、4、5 加入 open 表。

(3) 取 open 表中结点 3 进行扩展，依次处理结点 3 的每个子结点。在结点 6，将任务 1 分配给人员 $b$，$g(6)=g(3)+6=8$；在结点 7，将任务 3 分配给人员 $b$，$g(7)=g(3)+3=5$；在结点 8，将任务 4 分配给人员 $b$，$g(8)=g(3)+7=9$；$h(6)=h(7)=h(8)=1+4=5$，将结点 6、7、8 加入 open 表。

(4) 取 open 表中结点 7 进行扩展，依次处理结点 7 的每个子结点。在结点 9，将任务 1 分配给人员 $c$，$g(9)=g(7)+5=10$；在结点 10，将任务 4 分配给人员 $c$，$g(9)=g(7)+8=13$；$h(9)=h(10)=4$，将结点 9、10 加入 open 表。

(5) 取 open 表中结点 6 进行扩展，依次处理结点 6 的每个子结点。在结点 11，将任务 3 分配给人员 $c$,$g(11)=g(6)+1=9$;在结点 12,将任务 4 分配给人员 $c$,$g(12)=g(6)+8=16$;$h(11)=h(12)=4$,将结点 11、12 加入 open 表。

(6) 取 open 表中结点 11 进行扩展。在结点 13,将任务 4 分配给人员 $d$,$g(13)=g(11)+4=13$。由于结点 13 是叶子结点,同时结点 13 的目标函数值是 open 表的极小值,所以,结点 13 对应的解即问题的最优解,搜索结束。为了求得最优解的各个分量,从结点 13 开始向父结点回溯,得到最优解为(2, 1, 3, 4),表示任务 2 分配给人员 $a$,任务 1 分配给人员 $b$,任务 3 分配给人员 $c$,任务 4 分配给人员 $d$,最小成本是 13。

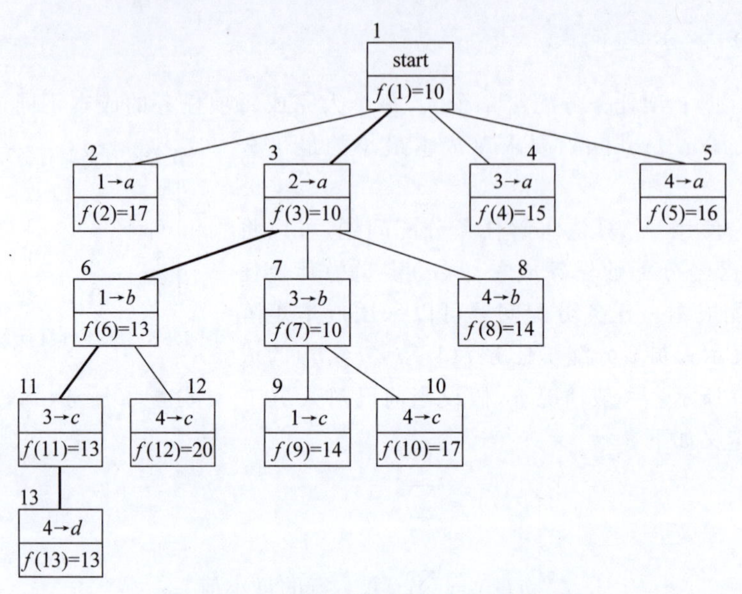


图 11-10 A* 算法求解任务分配问题示例

课件 11-3

## 11.3 限界剪枝法

### 11.3.1 限界剪枝法的设计思想

**限界剪枝法**(bound and pruning method)的设计思想如下。首先,确定一个合理的**限界函数**(bounding function),并根据限界函数确定目标函数的界[down, up]。然后,按照广度优先策略搜索问题的解空间树,在分支结点上,依次扩展该结点的所有孩子结点,分别估算这些孩子结点的目标函数值。如果某孩子结点的目标函数值超出目标函数的界,则将其丢弃,因为从这个结点生成的解不会比目前已经得到的解更好;否则,将其加入 open 表中。依次从 open 表中选取使目标函数取得极值的结点成为当前扩展结点,重复上述过程,直至找到最优解。因为限界函数常常基于问题的目标函数而确定,所以,限界剪枝法适用于求解最优化问题。

实质上,限界剪枝法是在 A* 算法的基础上加入剪枝操作,减少 open 表中的结点数量,从而提高搜索效率。限界剪枝法的一般框架如下。

> 算法：限界剪枝法
> 输入：问题模型，限界函数
> 输出：最优值
> 1. 根据限界函数确定目标函数的界[down, up]；
> 2. 估算根结点的目标函数值并加入 open 表；
> 3. 循环直到某个叶子结点的目标函数值在 open 表中取得极值：
> 　3.1 $n$=open 表中具有极值的结点；
> 　3.2 对结点 $n$ 的所有子结点 $x$ 执行下述操作：
> 　　3.2.1 估算结点 $x$ 的目标函数值 value；
> 　　3.2.2 若 value 在[down, up]中，则将结点 $x$ 加入 open 表；否则丢弃结点 $x$；
> 4. 输出叶子结点对应的最优值，回溯求得最优解的各个分量；

## 11.3.2　0/1 背包问题

**【问题】** 给定 $n$ 种物品和一个容量为 $C$ 的背包，物品 $i$ 的重量是 $w_i$，价值为 $v_i$，对每种物品只有两种选择：装入背包或不装入背包。**0/1 背包问题**(0/1 knapsack problem)是如何选择装入背包的物品，使得装入背包中物品的总价值最大。

**【想法】** 假设 $n$ 种物品已按单位价值由大到小排序，可以采用贪心法求解 0/1 背包问题的一个下界，如何求得 0/1 背包问题的一个合理上界呢？考虑最好情况，背包中装入的全部是第 1 个物品且可以将背包装满，则可以得到一个非常简单的计算方法：$ub=C\times(v_1/w_1)$。例如，有 4 个物品，重量为(4, 7, 5, 3)，价值为(40, 42, 25, 12)，背包容量 $C=10$。首先，将给定物品按单位重量价值从大到小排序，结果如表 11-1 所示。应用贪心法求得近似解为(1, 0, 1, 0)，获得的价值为 65，这可以作为 0/1 背包问题的下界。考虑最好情况，背包中装入的全部是第 1 个物品且可以将背包装满，则 $ub=C\times(v_1/w_1)=10\times10=100$。于是，得到了目标函数的界[65, 100]。

表 11-1　0/1 背包问题的价值/重量排序结果

| 物　品 | 重量($w$) | 价值($v$) | 价值/重量($v/w$) |
|---|---|---|---|
| 1 | 4 | 40 | 10 |
| 2 | 7 | 42 | 6 |
| 3 | 5 | 25 | 5 |
| 4 | 3 | 12 | 4 |

一般情况下，假设当前已对前 $i$ 个物品进行了选择，且背包中已装入物品的重量是 $w$，获得的价值是 $v$，计算该结点对应目标函数上界的一个简单方法是，将背包中剩余容量全部装入第 $i+1$ 个物品，并可以将背包装满，于是，得到限界函数：

$$ub=v+(C-w)\times(v_{i+1}/w_{i+1}) \tag{11-4}$$

对于表 11-1 所示 0/1 背包问题，限界剪枝法的搜索空间如图 11-11 所示，搜索过程如下。

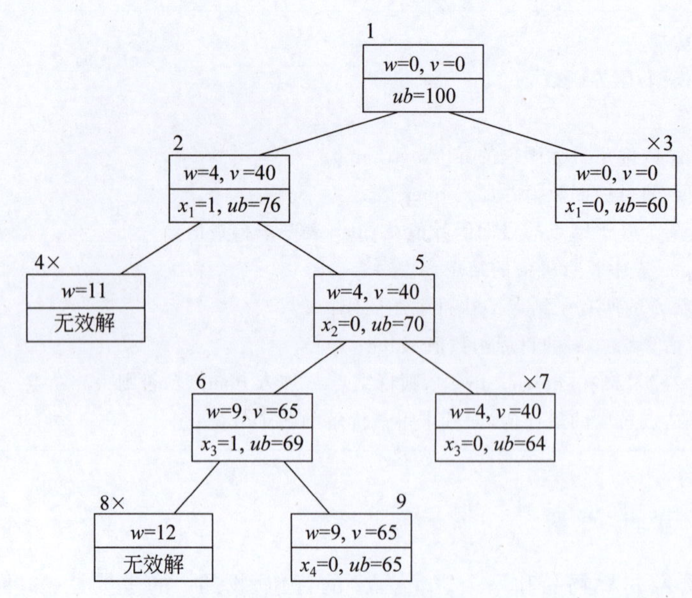


图 11-11 限界剪枝法求解 0/1 背包问题示例(×表示该结点被丢弃)

(1) 在根结点 1,没有将任何物品装入背包,因此,背包的重量和获得的价值均为 0,计算根结点的目标函数值为 10×10=100,将根结点加入 open 表。

(2) 取 open 表中结点 1 进行扩展,依次处理结点 1 的所有子结点。在结点 2,将物品 1 装入背包,背包的重量为 4,获得价值 40,目标函数值为 40+(10-4)×6=76,将结点 2 加入 open 表;在结点 3,物品 1 不装入背包,因此,背包的重量和获得的价值仍为 0,目标函数值为 10×6=60,超出目标函数的界,将结点 3 丢弃。

(3) 取 open 表中结点 2 进行扩展,依次处理结点 2 的所有子结点。在结点 4,将物品 2 装入背包,背包的重量为 11,不满足约束条件,将结点 4 丢弃;在结点 5,物品 2 不装入背包,因此,背包的重量和获得的价值与结点 2 相同,目标函数值为 40+(10-4)×5=70,将结点 5 加入 open 表。

(4) 取 open 表中结点 5 进行扩展,依次处理结点 5 的所有子结点。在结点 6,将物品 3 装入背包,背包的重量为 9,获得价值 65,目标函数值为 65+(10-9)×4=69,将结点 6 加入 open 表;在结点 7,物品 3 不装入背包,因此,背包的重量和获得的价值与结点 5 相同,目标函数值为 40+(10-4)×4=64,超出目标函数的界,将结点 7 丢弃。

(5) 取 open 表中结点 6 进行扩展,依次处理结点 6 的所有子结点。在结点 8,将物品 4 装入背包,背包的重量为 12,不满足约束条件,将结点 8 丢弃;在结点 9,物品 4 不装入背包,因此,背包的重量和获得的价值与结点 6 相同,目标函数值为 65。

(6) 由于结点 9 是叶子结点,同时结点 9 的目标函数值是 open 表的极大值,所以,结点 9 对应的解即问题的最优解,搜索结束。为了求得装入背包中的物品,从结点 9 向父结点进行回溯,得到最优解(1, 0, 1, 0),获得最大价值 65。

### 11.3.3　TSP 问题

**【问题】** TSP 问题(traveling salesman problem)是指旅行家要旅行 $n$ 个城市，要求各个城市经历且仅经历一次，然后回到出发城市，并要求所走的路程最短。

**【想法】** 首先确定目标函数的界[down, up]，可以采用贪心法确定 TSP 问题的一个上界。如何求得 TSP 问题的一个合理的下界呢？对于无向图的代价矩阵，把矩阵中每一行最小的元素相加，可以得到一个简单的下界。但是还有一个信息量更大的下界：考虑 TSP 问题的一个完整解，路径上每个城市都有两条邻接边，一条是进入这个城市的，另一条是离开这个城市的，那么，把矩阵中每一行最小的两个元素相加再除以 2，就得到了一个合理的下界。需要强调的是，这个下界对应的解可能不是一个可行解(没有构成哈密顿回路)，但给出了一个参考下界。例如，对于图 11-12(a)所示带权无向图，图 11-12(b)是该图的代价矩阵，采用贪心法求得近似解为 $A \to C \to E \to D \to B \to A$，路径长度为 $1+2+3+7+3=16$，这可以作为 TSP 问题的上界。把矩阵中每一行最小的两个元素相加再除以 2，得到 TSP 问题的下界：$[(1+3)+(3+6)+(1+2)+(3+4)+(2+3)]/2=14$。于是，得到了目标函数的界[14, 16]。

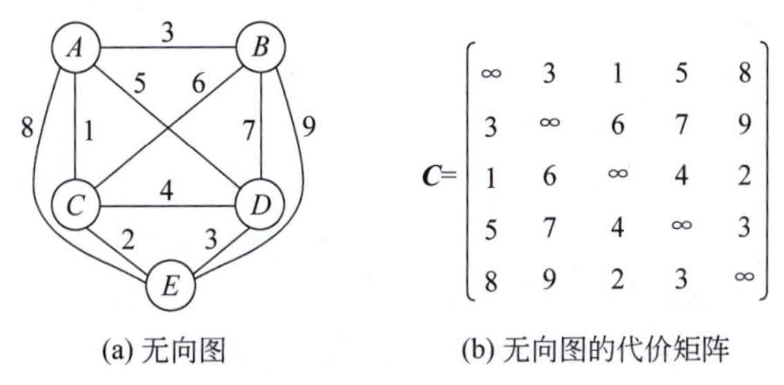


(a) 无向图　　(b) 无向图的代价矩阵

图 11-12　无向图及其代价矩阵

一般情况下，假设当前已确定的路径为 $U=(r_1, r_2, \cdots, r_k)$，即路径上已确定了 $k$ 个顶点，此时，该部分解对应目标函数值的计算方法(即界限函数)如下：

$$lb = \sum_{i=1}^{k-1} c[r_i][r_{i+1}] + \Big(\sum_{i=1,k} r_i \text{ 行不在路径上的最小元素} + \sum_{r_j \notin U} r_j \text{ 行最小的两个元素}\Big)/2 \tag{11-5}$$

在式(11-5)中，假设图的所有代价都是整数，并且如果括号里相加结果不是偶数，则将除以 2 的结果进行向上取整。

对于图 11-12 所示无向图，应用限界剪枝法的搜索空间如图 11-13 所示，搜索过程如下。

(1) 在根结点 1，计算目标函数值为 $lb=[(1+3)+(3+6)+(1+2)+(3+4)+(2+3)]/2=14$，将结点 1 加入 open 表。

(2) 取 open 表中结点 1 进行扩展，依次处理结点 1 的所有子结点。在结点 2，已确定路径 $A \to B$，路径长度为 3，目标函数值为 $3+[1+6+(1+2)+(3+4)+(2+3)]/2=14$，将结点 2 加入 open 表；在结点 3，已确定路径 $A \to C$，路径长度为 1，目标函数值为

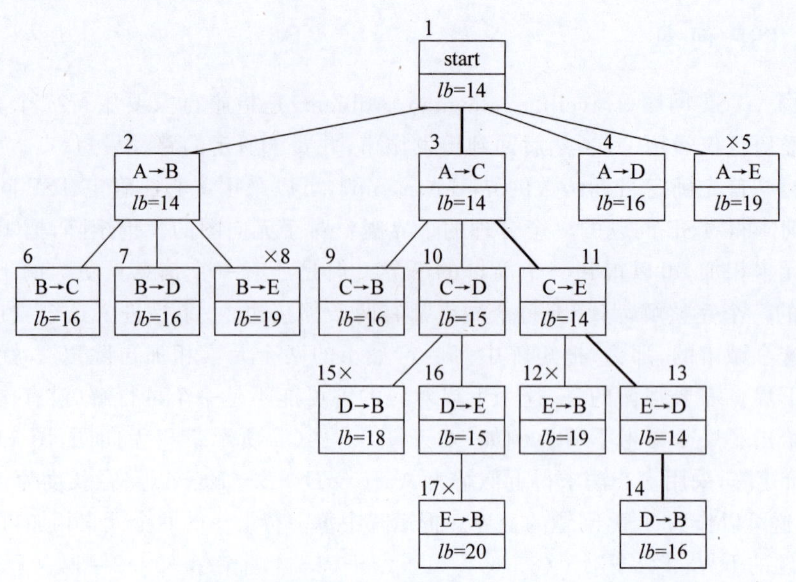


图 11-13 限界剪枝法求解 TSP 问题示例(×表示该结点被丢弃)

**1**+[3+2+(3+6)+(3+4)+(2+3)]/2=14,将结点 3 加入 open 表;在结点 4,已确定路径 $A\to D$,路径长度为 5,目标函数值为 **5**+[1+3+(3+6)+(1+2)+(2+3)]/2=16,将结点 4 加入 open 表;在结点 5,已确定路径 $A\to E$,路径长度为 8,目标函数值为 **8**+[1+2+(3+6)+(1+2)+(3+4)]/2=19,超出目标函数的界,将结点 5 丢弃。

(3) 取 open 表中结点 2 进行扩展,依次处理结点 2 的所有子结点。在结点 6,已确定路径 $A\to B\to C$,路径长度为 3+6=9,目标函数值为 **9**+[1+1+(3+4)+(2+3)]/2=16,将结点 6 加入 open 表;在结点 7,已确定路径 $A\to B\to D$,路径长度为 3+7=10,目标函数值为 **10**+[1+3+(1+2)+(2+3)]/2=16,将结点 7 加入 open 表;在结点 8,已确定路径 $A\to B\to E$,路径长度为 3+9=12,目标函数值为 **12**+[1+2+(1+2)+(3+4)]/2=19,超出目标函数的界,将结点 8 丢弃。

(4) 取 open 表中结点 3 进行扩展,依次处理结点 3 的所有子结点。在结点 9,已确定路径 $A\to C\to B$,路径长度为 1+6=7,目标函数值为 **7**+[3+3+(3+4)+(2+3)]/2=16,将结点 9 加入 open 表;在结点 10,已确定路径 $A\to C\to D$,路径长度为 1+4=5,目标函数值为 **5**+[3+3+(3+6)+(2+3)]/2=15,将结点 10 加入 open 表;在结点 11,已确定路径 $A\to C\to E$,路径长度为 1+2=3,目标函数值为 **3**+[3+3+(3+6)+(3+4)]/2=14,将结点 11 加入 open 表。

(5) 取 open 表中结点 11 进行扩展,依次处理结点 11 的所有子结点。在结点 12,已确定路径 $A\to C\to E\to B$,路径长度为 1+2+9=12,目标函数值为 **12**+[3+3+(3+4)]/2=19,超出目标函数的界,将结点 12 丢弃;在结点 13,已确定路径 $A\to C\to E\to D$,路径长度为 1+2+3=6,目标函数值为 **6**+[3+4+(3+6)]/2=14,将结点 13 加入 open 表。

(6) 取 open 表中结点 13 进行扩展,依次处理结点 13 的所有子结点。在结点 14,已

确定路径 $A\to C\to E\to D\to B$，路径长度为 $1+2+3+7=13$，目标函数值为 **13**$+(3+3)/2=16$，将结点 14 加入 open 表；由于结点 14 为叶子结点，因此得到一个可行解。

(7) 取 open 表中结点 10 进行扩展，依次处理结点 10 的所有子结点。在结点 15，已确定路径 $A\to C\to D\to B$，路径长度为 $1+4+7=12$，目标函数值为 **12**$+[3+3+(2+3)]/2=18$，超出目标函数的界，将结点 15 丢弃；在结点 16，已确定路径 $A\to C\to D\to E$，路径长度为 $1+4+3=8$，目标函数值为 **8**$+[3+2+(3+6)]/2=15$，将结点 16 加入 open 表。

(8) 取 open 表中结点 16 进行扩展，依次处理结点 16 的所有子结点。在结点 17，已确定路径 $A\to C\to D\to E\to B$，路径长度为 $1+4+3+9=17$，目标函数的值为 **17**$+(3+3)/2=20$，超出目标函数的界，将结点 17 丢弃。

(9) open 表中目标函数值均为 16，且有一个是叶子结点 14，所以，结点 14 对应的解即是 TSP 问题的最优解，搜索过程结束。为了求得最优解的各个分量，从结点 14 开始向父结点进行回溯，得到最优解为 $A\to C\to E\to D\to B\to A$。

### 11.3.4　圆排列问题

**【问题】** 给定 $n$ 个圆的半径序列，将这些圆放到一个矩形框中，各圆与矩形框的底边相切，则圆的不同排列会得到不同的排列长度，如图 11-14 所示。要求找出具有最小长度的圆排列。

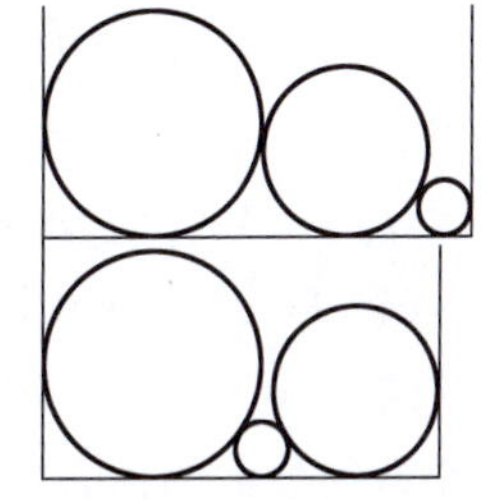

图 11-14　两个圆排列的长度不同

**【想法】** 设各圆的编号为 $\{1, 2, \cdots, n\}$，半径分别为 $\{r_1, r_2, \cdots, r_n\}$，可行解为向量 $(i_1, i_2, \cdots, i_n)$，且解向量为 $1, 2, \cdots, n$ 的全排列，表示第 $k$ 个位置放置编号为 $i_k$ 的圆。显然，解空间树为排列树，如果采用蛮力法，需要依次考查 $1, 2, \cdots, n$ 的所有全排列。

采用限界剪枝法求解圆排列问题，关键是设计限界函数，以便在搜索过程中选择使目标函数取得极值的结点优先进行扩展。假设已排列了圆 $(i_1, i_2, \cdots, i_{k-1})$，则在排列圆 $i_k$ 时，目标函数可能取得的极小值 $L_k$ 的计算请参见图 11-15，其中各记号定义如下。

$x_k$：第 $k$ 个位置所放圆的圆心坐标，规定第 1 个圆的圆心为坐标原点，即 $x_1=0$。

$d_k$：第 $k$ 个位置所放圆的圆心坐标与第 $k-1$ 个位置所放圆的圆心坐标的差。

$L_k$：第 $1\sim k$ 个位置放置圆后，可能得到的目标函数的极小值。

各参数之间满足如下关系：

$$\begin{aligned}
x_k &= x_{k-1} + d_k \\
d_k &= \sqrt{(r_k + r_{k-1})^2 - (r_k - r_{k-1})^2} = 2\sqrt{r_k r_{k-1}} \\
L_k &= r_1 + x_k + d_{k+1} + d_{k+2} + \cdots + d_n + r_n \\
&= r_1 + x_k + 2\sqrt{r_k r_{k+1}} + 2\sqrt{r_{k+1} r_{k+2}} + \cdots + 2\sqrt{r_{n-1} r_n} + r_n \\
&\geqslant r_1 + x_k + 2(n-k)r + r'
\end{aligned} \tag{11-6}$$

其中，$r=\min\{r_k, r_{k+1}, \cdots, r_n\}$，$r'=\min\{r_{k+1}, \cdots, r_n\}$。

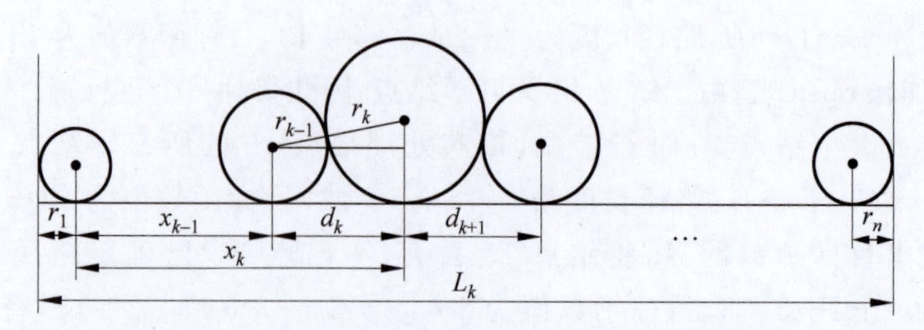


图 11-15 圆排列问题限界函数的计算示意图

例如,给定圆的半径为{1, 2, 9},圆排列问题的最优解如图 11-16 所示,限界剪枝法求解圆排列问题的过程如图 11-17 所示,具体过程如下。

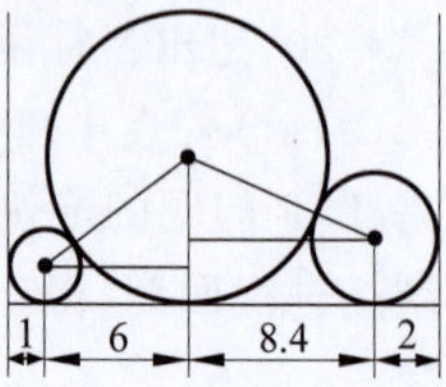

(1) 将根结点 1 加入 open 表。

(2) 取 open 表中结点 1 进行扩展,依次处理结点 1 的所有子结点。在结点 2,计算各参数的值,$i_1=1$,$x_1=0$,$L_1=1+2\times(3-1)\times1+2=7$,将结点 2 加入 open 表;在结点 3,计算各参数的值,$i_1=2$,$x_1=0$,$L_1=2+2\times(3-1)\times1+1=7$,将结点 3 加入 open 表;在结点 4,计算各参数的值,$i_1=9$,$x_1=0$,$L_1=9+2\times(3-1)\times1+1=14$,将结点 4 加入 open 表。

1 6 8.4 2

图 11-16 圆排列问题的解

(3) 取 open 表中结点 2 进行扩展,依次处理结点 2 的所有子结点。在结点 5,计算各参数的值,$i_2=2$,$x_2=2.8$,$L_2=1+2.8+2\times2+9=16.8$,将结点 5 加入 open 表;在结点 6,计算各参数的值,$i_2=9$,$x_2=6$,$L_2=1+6+2\times2+2=13$,将结点 6 加入 open 表。

(4) 取 open 表中结点 3 进行扩展,依次处理结点 3 的所有子结点。在结点 7,计算各参数的值,$i_2=1$,$x_2=2.8$,$L_2=2+2.8+2\times1+9=15.8$,将结点 7 加入 open 表;在结点 8,计算各参数的值,$i_2=9$,$x_2=8.4$,$L_2=2+8.4+2\times1+1=13.4$,将结点 8 加入 open 表。

(5) 取 open 表中结点 6 进行扩展。在结点 9,计算各参数的值,$i_3=2$,$x_3=14.4$,$L_3=1+14.4+2=17.4$,将结点 9 加入 open 表,结点 9 是叶子结点,找到了一个可行解。

(6) 取 open 表中结点 8 进行扩展,在结点 10,计算各参数的值,$i_3=1$,$x_3=14.4$,$L_3=2+14.4+1=17.4$,将结点 10 加入 open 表,结点 10 是叶子结点,找到了一个可行解。

(7) 取 open 表中结点 4 进行扩展,依次处理结点 4 的所有子结点。在结点 11,计算各参数的值,$i_2=1$,$x_2=6$,$L_2=9+6+2\times1+2=19$,超出目前得到的解(结点 9 和 10 对应的解),将结点 11 丢弃;在结点 12,计算各参数的值,$i_2=2$,$x_2=8.4$,$L_2=9+8.4+2\times1+1=20.4$,超出目前得到的解(结点 9 和 10 对应的解),将结点 12 丢弃。

(8) 取 open 表中结点 7 进行扩展。在结点 13,计算各参数的值,$i_3=9$,$x_3=8.8$,$L_3=2+8.8+9=19.8$,结点 13 是叶子结点,得到了一个可行解,但超出结点 9 和 10 对应的解,将结点 13 丢弃。

(9) 取 open 表中结点 5 进行扩展。在结点 14,计算各参数的值,$i_3=9$,$x_3=11.2$,$L_3=1+11.2+9=21.2$,结点 14 是叶子结点,得到了一个可行解,但超出结点 9 和 10 对应的解,将结点 14 丢弃。

由于结点 9 和 10 对应的目标函数值在 open 表中最小，因此，结点 9 和 10 对应的解即问题的最优解，搜索过程结束，得到具体的圆排列如图 11-16 所示。

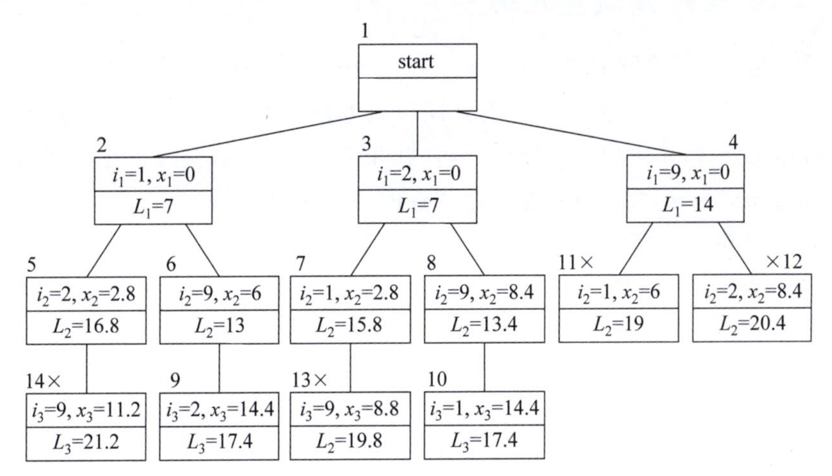


图 11-17 限界剪枝法求解圆排列问题示例（×表示该结点被丢弃）

## 11.4 拓展与演练

课件 11-4

### 11.4.1 限界剪枝法的关键问题

限界剪枝法的较高效率是以付出一定计算代价为基础的，其工作方式也造成了算法设计的复杂性，应用限界剪枝法的关键问题如下。

（1）确定合适的限界函数。限界剪枝法在搜索过程中根据限界函数估算某结点目标函数的可能取值。好的限界函数不仅计算简单，还要保证最优解在搜索空间中，更重要的是能在搜索的早期对超出目标函数界的结点进行丢弃，减少搜索空间，从而尽快找到问题的最优解。对于具体的问题实例，有时需要进行大量实验，才能确定一个合理的限界函数。

（2）open 表的存储结构。为了能快速在 open 表中选取使目标函数取得极值的结点，通常采用优先队列存储 open 表。如果 open 表的结点数不是很多，也可以简单地采用数组存储。

（3）确定最优解的各个分量。限界剪枝法跳跃式处理搜索空间中的结点，因此，当搜索到某个叶子结点且该叶子结点的目标函数值在 open 表中取得极值时，得到问题的最优值，但是，却无法求得相应最优解的各个分量。因此，需要对每个扩展结点保存该结点到根结点的路径，或者在搜索过程中构建搜索经过的树结构。

限界剪枝法首先扩展搜索空间的上层结点，并采用限界函数进行大范围剪枝，同时，根据限界函数不断调整搜索方向，选择最有可能取得最优解的子树优先进行搜索。所以，如果设计了一个好的限界函数并选择了结点的合理扩展顺序，限界剪枝法可以对许多较大规模的组合问题在合理的时间内求解。然而，对于具体的问题实例，很难预测限界剪枝法的搜索行为，无法预先判定哪些输入实例可以在合理的时间内求解，哪些输入实例不能在合理的时间内求解。在最坏情况下,限界剪枝法的时间复杂度是指数阶。

### 11.4.2 批处理作业调度问题

**【问题】** 给定 $n$ 个作业的集合 $J=\{J_1, J_2, \cdots, J_n\}$,每个作业都有3项任务分别在3台机器上完成,作业 $J_i$ 需要机器 $j$ 的处理时间为 $t_{ij}$ $(1\leqslant i\leqslant n,\ 1\leqslant j\leqslant 3)$,每个作业都必须先由机器1处理,再由机器2处理,最后由机器3处理。批处理作业调度问题(batch-job scheduling problem)要求确定这 $n$ 个作业的最优处理顺序,使得从第1个作业在机器1上处理开始,到最后一个作业在机器3上处理结束所需的时间最少。

**【想法】** 显然,批处理作业的一个最优调度应使机器1没有空闲时间,且机器2和机器3的空闲时间最小。可以证明,存在一个最优作业调度使得在机器1、机器2和机器3上作业以相同次序完成。

如何在不实际求解问题的情况下得到一个近似解呢?可以随机产生几个调度方案,从中选取具有最短完成时间的调度方案作为近似最优解。例如,设 $J=\{J_1, J_2, J_3, J_4\}$是4个待处理的作业,每个作业的处理顺序相同,即先在机器1上处理,然后在机器2上处理,最后在机器3上处理,需要的处理时间如图11-18所示。若处理顺序为$(J_4, J_1, J_3, J_2)$,则从作业4在机器1处理到作业2在机器3处理完成的调度过程如图11-19所示,得到完成时间41,这可以作为批处理作业调度问题的上界。

| | 机器1 | 机器2 | 机器3 |
|---|---|---|---|
| $J_1$ | 5 | 7 | 9 |
| $J_2$ | 10 | 5 | 2 |
| $J_3$ | 9 | 9 | 5 |
| $J_4$ | 7 | 8 | 10 |

$\boldsymbol{T}=$ 上述矩阵

图11-18 批处理问题示例

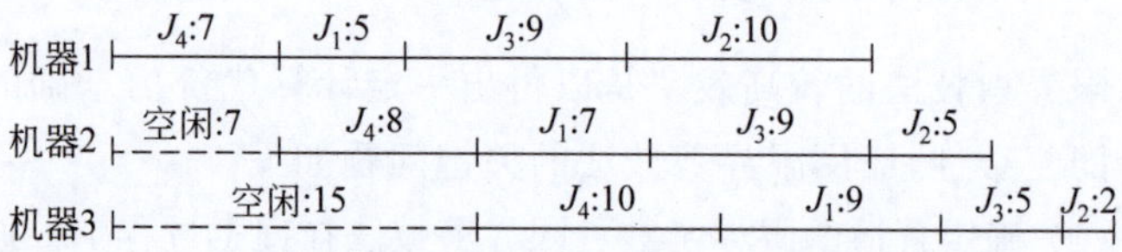

机器1: $J_4$:7 $J_1$:5 $J_3$:9 $J_2$:10

机器2: 空闲:7 $J_4$:8 $J_1$:7 $J_3$:9 $J_2$:5

机器3: 空闲:15 $J_4$:10 $J_1$:9 $J_3$:5 $J_2$:2

图11-19 批处理调度问题的调度方案(---表示机器空闲,最后完成时间为41)

限界剪枝法求解批处理作业调度问题的关键在于限界函数,即如何估算部分解的下界。考虑理想情况,机器1和机器2无空闲,最后处理的恰好是在机器3上处理时间最短的作业。例如,以作业 $J_i$ 开始的处理顺序,估算处理所需的最短时间是:

$$t_{i,1}+\sum_{j=1}^{n} t_{j,2}+\min_{k\neq i}\{t_{k,3}\} \tag{11-7}$$

其中,$t_{i,1}$ 表示作业 $J_i$ 在机器1上的处理时间,$\sum_{j=1}^{n} t_{j,2}$ 表示所有作业在机器2上的处理时间之和,$\min_{k\neq i}\{t_{k,3}\}$ 表示在机器3上的最短处理时间。

一般情况下,假设 $M$ 是当前已安排了 $k$ 个作业的集合,设 sum1 表示机器1完成 $k$ 个作业的处理时间,sum2 表示机器2完成 $k$ 个作业的处理时间,现在要处理作业 $k+1$,此时,该部分解的目标函数值的下界计算方法如下。

$$\text{sum1}=\text{sum1}+t_{k+1,1}$$

$$lb = \max\{\text{sum1}, \text{sum2}\} + \sum_{i \notin M} t_{i,2} + \min\{\sum_{j \neq k+1, j \notin M} t_{j3}\} \tag{11-8}$$

$$\text{sum2} = \max\{\text{sum1}, \text{sum2}\} + t_{k+1,2}$$

对于图 11-18 所示批处理作业调度问题，应用限界剪枝法的搜索空间如图 11-20 所示，搜索过程如下。

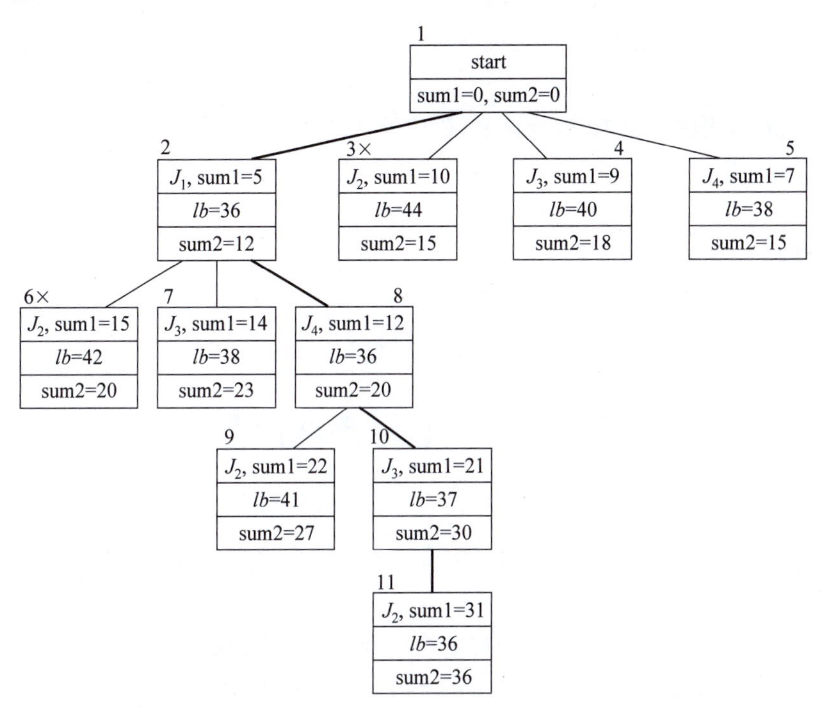


图 11-20 限界剪枝法求解批处理作业调度问题示例(×表示该结点被丢弃)

(1) 在根结点 1，将 sum1 和 sum2 分别初始化为 0，估算目标函数的上界为 41，将结点 1 加入 open 表。

(2) 取 open 表中结点 1 进行扩展，依次处理结点 1 的所有子结点。在结点 2，准备处理作业 $J_1$，则 sum1＝5，目标函数值为 max{5, 0}＋(7＋5＋9＋8)＋2＝36，sum2＝max{5, 0}＋7＝12，将结点 2 加入 open 表；在结点 3，准备处理作业 $J_2$，则 sum1＝10，目标函数值为 max{10,0}＋(7＋5＋9＋8)＋5＝44，超过目标函数的界，将结点 3 丢弃；在结点 4，准备处理作业 $J_3$，则 sum1＝9，目标函数值为 max{9,0}＋(7＋5＋9＋8)＋2＝40，sum2＝max{9, 0}＋9＝18，将结点 4 加入 open 表；在结点 5，准备处理作业 $J_4$，则 sum1＝7，目标函数值为 max{7,0}＋(7＋5＋9＋8)＋2＝38，sum2＝max{7,0}＋8＝15，将结点 5 加入 open 表。

(3) 取 open 表中结点 2 进行扩展，依次处理结点 2 的所有子结点。在结点 6，准备处理作业 $J_2$，则 sum1＝5＋10＝15，目标函数值为 max{15, 12}＋(5＋9＋8)＋5＝42，超过目标函数的上界，舍弃结点 6；在结点 7，准备处理作业 $J_3$，则 sum1＝5＋9＝14，目标函数值为 max{14, 12}＋(5＋9＋8)＋2＝38，sum2＝max{14,12}＋9＝23，将结点 7 加入

open表;在结点8,准备处理作业$J_4$,则sum1=5+7=12,目标函数值为max{12, 12}+(5+9+8)+2=36,sum2=max{12,12}+8=20,将结点8加入open表。

(4) 取open表中结点8进行扩展,依次处理结点8的所有子结点。在结点9,准备处理作业$J_2$,则sum1=12+10=22,目标函数值为max{22, 20}+(5+9)+5=41,sum2=max{22,20}+5=27,将结点9加入open表;在结点10,准备处理作业$J_3$,则sum1=12+9=21,目标函数值为max{21,20}+(5+9)+2=37,sum2=max{21,20}+9=30,将结点10加入open表。

(5) 取open表中结点10进行扩展,依次处理结点10的所有子结点。在结点11,准备处理作业$J_2$,则sum1=21+10=31,目标函数值为max{31, 30}+5+2=38,sum2=max{31,30}+5=36,由于结点11是叶子结点,并且目标函数值在open表中最小,则结点11代表的解即问题的最优解,sum2是机器2完成所有4个作业的时间,则机器3完成所有4个作业的时间是sum2+$t_{23}$=36+2=38。搜索过程结束。为了求得具体的作业调度,从结点11向父结点进行回溯,得到最优解($J_1$, $J_4$, $J_3$, $J_2$)。

## 实验11 电路布线问题

**【实验题目】** 印制电路板将布线区域划分成$n \times n$个方格。精确的电路布线问题要求确定连接方格$a$到方格$b$的最短布线方案。在布线时,电路只能沿着直线或直角布线,也就是不允许线路交叉。

**【实验要求】** ①对电路布线问题确定一个合理的限界函数;②设计算法实现电路布线问题;③设计测试数据,统计搜索空间的结点数,分析时间性能。

**【实验提示】** 图11-21(a)所示是一块准备布线的电路板,为了避免线路相交,已布线的方格做了封锁标记(图中用阴影表示),其他线路不允许穿过被封锁的方格。图11-21(b)给出了布线路径。用限界剪枝法求解电路布线问题,从起始方格$a$开始作为根结点,与起始位置$a$相邻且可达的方格成为可行结点,连同从起始方格到这个方格的距离加入open表,然后,从open表取出队首结点成为下一个扩展结点,将与当前扩展结点相邻且可达的方格连同从起始方格到这个方格的距离加入open表,重复上述过程,直至到达目标方格$b$或open表为空。

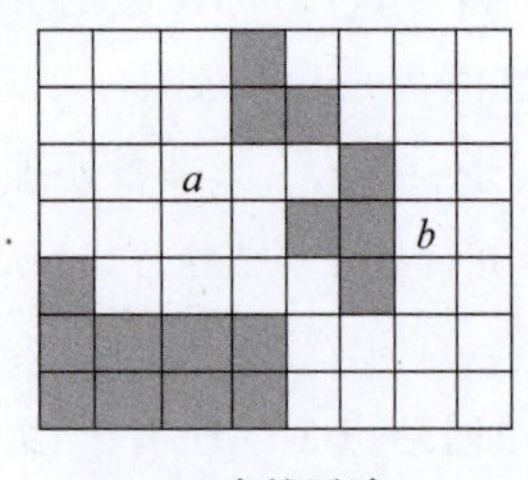


(a) 布线区域

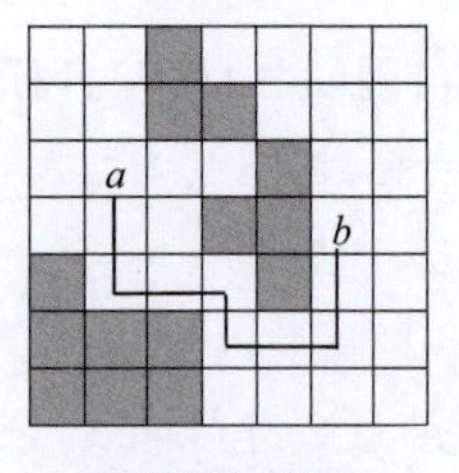


(b) 最短布线路径

图11-21 印制电路板及其最短布线路径

# 习　题　11

1. 某羽毛球队有男女运动员各 $n$ 人，给定矩阵 P[n][n]和 Q[n][n]，其中，P[i][j]表示男运动员 $i$ 和女运动员 $j$ 配对组成混合双打的男运动员竞赛优势，Q[i][j]表示女运动员 $i$ 和男运动员 $j$ 配合的女运动员竞赛优势。由于技术配合和心理状态等各种因素影响，P[i][j]不一定等于 Q[j][i]，则男运动员 $i$ 和女运动员 $j$ 配对组成混合双打的男女双方竞赛优势为 P[i][j] * Q[j][i]。设计 $A^*$ 算法计算男女运动员的最佳配对方案，使各组男女双方竞赛优势的总和达到最大。

2. 对图 11-22 所示任务分配问题，请画出 $A^*$ 算法在解空间树上的搜索过程。

3. 对于如图 11-23 所示无向图，应用限界剪枝法求解从顶点 $a$ 出发的 TSP 问题，请画出在解空间树上的搜索过程。

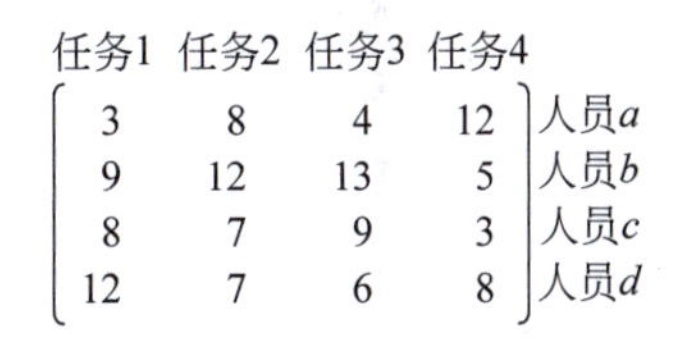

| | 任务1 | 任务2 | 任务3 | 任务4 |
|---|---|---|---|---|
| 人员$a$ | 3 | 8 | 4 | 12 |
| 人员$b$ | 9 | 12 | 13 | 5 |
| 人员$c$ | 8 | 7 | 9 | 3 |
| 人员$d$ | 12 | 7 | 6 | 8 |

图 11-22　第 2 题图

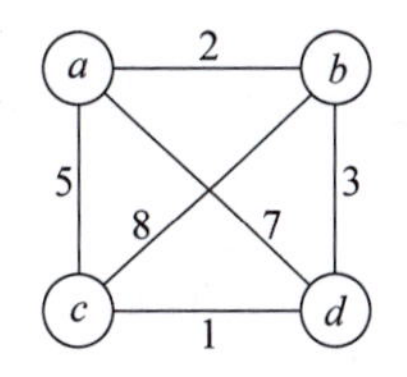


图 11-23　第 3 题图

4. 给定 6 个物品，重量为(5，3，2，10，4，2)，价值为(11，8，15，18，12，6)，背包容量 $C=20$，应用限界剪枝法求解 0/1 背包问题，请画出在解空间树上的搜索过程。

5. 若 $J_1$，$J_2$，$J_3$，$J_4$ 四个任务在机器 $M_1$，$M_2$，$M_3$ 上同顺序加工处理，加工时间矩阵如图 11-24 所示，求最佳的加工顺序，使得这四个任务从开始处理到结束加工时间最短。应用限界剪枝法求解批处理作业调度问题，请画出在解空间树上的搜索过程。

| | $M_1$ | $M_2$ | $M_3$ |
|---|---|---|---|
| $J_1$ | 9 | 7 | 5 |
| $J_2$ | 10 | 5 | 4 |
| $J_3$ | 5 | 8 | 10 |
| $J_4$ | 5 | 7 | 9 |

图 11-24　第 5 题图

6. 设某一机器由 $n$ 个部件组成，每一种部件都可以从 $m$ 个不同的供应商处购得，设 $w_{ij}$ 是从供应商 $j$ 处购得部件 $i$ 的重量，$c_{ij}$ 是相应的价格。设计限界剪枝算法，给出总价格不超过 $d$ 的最小机器重量的采购方案。

# 第四篇

## NP问题的算法设计技术

在计算机技术飞速发展的今天，有些问题仍然没有找到任何算法可以求解，有些问题虽然有算法可以求解，但因算法需要太长的时间或太大的存储量，而成为不可用的算法。所以，计算机学科的根本问题是：什么能被（有效地）自动计算。

图灵论题界定了“什么能被自动计算”，库克论题界定了“什么能被有效地自动计算”。对于可计算但不能有效计算的问题，通常采用近似算法、概率算法、群智能算法等算法设计技术进行求解。

# 第12章 问题的复杂性

计算机科学的研究目标是用计算机来求解人类所面临的各种问题，问题本身的内在复杂性决定了求解这个问题的算法的**计算复杂性**（computing complexity），那么，如何判定一个问题的内在复杂性？如何区分一个问题是“易解”的还是“难解”的？在许多情况下，要确定一个问题的内在复杂性是很困难的，人们对许多问题至今无法确切地了解其内在的计算复杂性，只能用分类的方法将计算复杂性大致相同的问题归类进行研究。NP完全理论从计算复杂性的角度研究问题的分类以及问题之间的关系，从而为算法设计提供指导。

## 12.1 问题的复杂性分类

课件 12-1

### 12.1.1 什么是计算

计算首先指的是数的加减乘除、平方、开方，函数的微分、积分等运算，另外还包括方程的求解、代数的化简、定理的证明等。抽象地说，**计算**（compute）就是将一个符号串 $f$ 变换成另一个符号串 $g$。例如，将符号串 $12+3$ 变换成符号串 15 就是一个加法计算；如果符号串 $f$ 是 $x^2$，而符号串 $g$ 是 $2x$，从 $f$ 到 $g$ 的变换就是微分；定理证明也是如此，令 $f$ 表示一组公理和推导规则，$g$ 是一个定理，那么从 $f$ 到 $g$ 的一系列变换就是定理 $g$ 的证明。从这个角度看，文字翻译也是计算，如果符号串 $f$ 代表一个英文句子，而符号串 $g$ 为含义相同的中文句子，那么从 $f$ 到 $g$ 的变换就是把英文翻译成中文。

1936年，英国数学家图灵（Alan Turing）从求解数学问题的一般过程入手，在提出图灵机计算模型的基础上，用形式化的方法表述了计算的本质：**所谓计算就是计算者（人或机器）对一条可以无限延长的工作带上的符号串执行指令，一步一步地改变工作带上的符号串，经过有限步骤，最后得到一个满足预先规定的符号串的变换过程。**如图12-1所示，图灵机计算模型（也称图灵模型）由一个有限状态控制器和一条可无限延长的工作带组成,工作带被划分为许多单元,每个单元都可以存放一个符号,控制器具有有限个状态和一个读写头。在计算的每一步,控制器处于某个状态,读写头扫描工作带的某个单元,控制器根据当前的状态和被扫描单元的内容,决定下一步的执行动作:

(1) 把当前单元的内容改写成另一个符号;

(2) 使读写头停止不动、向左或向右移动一个单元;

(3) 使控制器转移到某一个状态。

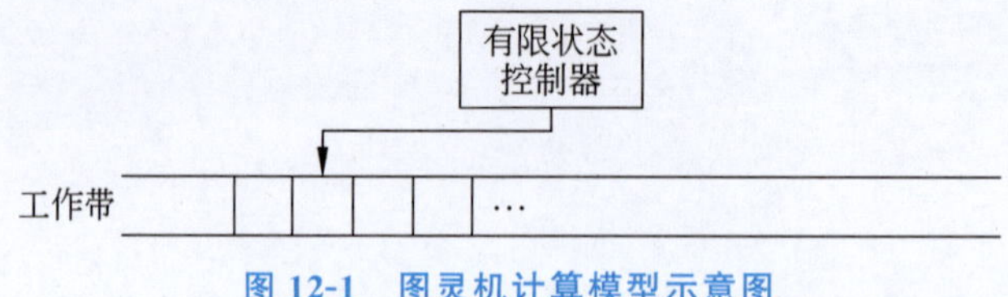


图 12-1 图灵机计算模型示意图

计算开始时,将输入符号串放在工作带上,每个单元都放一个输入符号,其余单元都是空白符,控制器处于初始状态,读写头扫描工作带上的第一个符号,控制器决定下一步的动作。如果对于当前的状态和所扫描的符号,没有下一步的动作,则图灵机就停止计算,处于终止状态。

**例 12.1** 构造一个识别符号串 $\omega=a^nb^n(n\geqslant1)$ 的图灵机。

**解**:构造这个图灵机的基本思想是使读写头往返移动,每往返移动一次,就成对地对输入符号串 $\omega$ 左端的一个 $a$ 和右端的一个 $b$ 匹配并做标记 $x$。如果恰好把输入符号串 $\omega$ 的所有符号都做了标记,则说明左端的符号 $a$ 和右端的符号 $b$ 个数相等;否则,说明左端的符号 $a$ 和右端的符号 $b$ 个数不相等,或者符号 $a$ 和 $b$ 交替出现。据此,设计控制器的操作指令(也就是程序)如下:

$(q_0\ \ a\ \ a\ \ \mathrm{R}\ \ q_0)\quad(q_0\ \ b\ \ x\ \ \mathrm{L}\ \ q_1)$

$(q_1\ \ x\ \ x\ \ \mathrm{L}\ \ q_1)\quad(q_1\ \ a\ \ x\ \ \mathrm{R}\ \ q_2)\quad(q_1\ \ \mathrm{B}\ \ \mathrm{B}\ \ \mathrm{H}\ \ q_N)$

$(q_2\ \ x\ \ x\ \ \mathrm{R}\ \ q_2)\quad(q_2\ \ b\ \ x\ \ \mathrm{L}\ \ q_1)\quad(q_2\ \ \mathrm{B}\ \ \mathrm{B}\ \ \mathrm{L}\ \ q_3)$

$(q_3\ \ x\ \ x\ \ \mathrm{L}\ \ q_3)\quad(q_3\ \ a\ \ a\ \ \mathrm{H}\ \ q_N)\quad(q_3\ \ \mathrm{B}\ \ \mathrm{B}\ \ \mathrm{H}\ \ q_F)$

其中,指令格式为(控制器当前状态,读写头扫描的单元内容,对被扫描单元的操作,读写头的操作,控制器的下一状态);R 表示右移读写头,L 表示左移读写头,H 表示读写头不动;B 表示空白符。实质上,控制器的操作指令对应一个状态转移图,如图 12-2 所示,计算就是在执行指令的过程中不断进行状态变化,也是变换符号的过程。

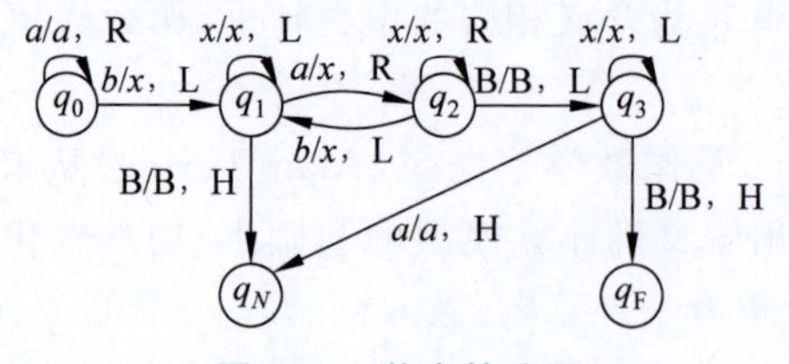


图 12-2 状态转移图

假定 $n=2$,输入符号串 $\omega=aabb$,图灵机的工作过程如下。

（1）初始格局是 $\rho_0=(q_0, \mathrm{B}\uparrow aabb\mathrm{B})$（↑表示读写头，指向它后面的字符），图灵机处于初始状态 $q_0$。由于读写头扫描到符号 $a$，读写头往右走，直至扫描到符号 $b$，把 $b$ 改写为 $x$，并使读写头往左走，使图灵机的格局变为 $\rho_1=(q_1, \mathrm{B}a\uparrow axb\mathrm{B})$，转移到状态 $q_1$。

（2）在状态 $q_1$，由于读写头扫描到符号 $a$，把 $a$ 改写为 $x$，并使读写头往右走，使图灵机的格局变为 $\rho_2=(q_2, \mathrm{B}ax\uparrow xb\mathrm{B})$，转移到状态 $q_2$。

（3）在状态 $q_2$，由于读写头扫描到标记 $x$，读写头往右走；读写头扫描到符号 $b$，把 $b$ 改写为 $x$，并使读写头往左走，使图灵机的格局变为 $\rho_3=(q_1, \mathrm{B}ax\uparrow xx\mathrm{B})$，进入状态 $q_1$。

（4）在状态 $q_1$，由于读写头扫描到标记 $x$，读写头往左走，直至扫描到符号 $a$，把 $a$ 改写为 $x$，并使读写头往右走，使图灵机的格局变为 $\rho_4=(q_2, \mathrm{B}x\uparrow xxx\mathrm{B})$，进入状态 $q_2$。

（5）在状态 $q_2$，由于读写头扫描到标记 $x$，读写头往右走，直至扫描到空白符 B，读写头往左走，使图灵机的格局变为 $\rho_5=(q_3, \mathrm{B}xxx\uparrow x\mathrm{B})$，进入状态 $q_3$。

（6）在状态 $q_3$，由于读写头扫描到标记 $x$，读写头往左走，直至扫描到空白符 B，说明符号 $a$ 和 $b$ 已成对标记，转移到状态 $q_\mathrm{F}$，图灵机处于接受状态而停机。

图灵机在一定程度上反映了人类最基本、最原始的计算能力，图灵机的基本动作非常简单、机械、确定，因此，可以用机器来实现。事实上，图灵模型在理论上证明了通用计算机存在的可能性，并用数学方法精确定义了计算模型，而现代计算机正是这种模型的具体实现。

### 12.1.2　可计算问题与不可计算问题

哪些问题是计算机可计算的，这是计算机科学的一个基本问题。图灵机计算模型对于“可计算问题”给出了一个具体的描述，称为 **Turing 论题**：一个问题是可计算的当且仅当在图灵机上经过有限步骤后得到正确的结果。这个论题把人类面临的所有问题都划分成两类，一类是可计算的，另一类是不可计算的。但是，论题中“有限步骤”是一个相当宽松的条件，即使需要计算几个世纪的问题，在理论上也都是可计算的。因此，Turing 论题界定的可计算问题几乎包括了人类遇到的所有问题。

不可计算问题的一个典型例子是**停机问题**（halting problem）：给定一个计算机程序和一个特定的输入，判断该程序是否可以停机。

**应用实例**

程序员每天都可能编写一些进入死循环的程序。如果停机问题可以用计算机求解，那么编译器就能够查看程序，并且在运行之前就能判定这个程序可能进入死循环。事实上，当一个程序处在死循环时，系统无法确切地判定它是一个很慢的程序还是一个进入死循环的程序。

无法构造一个图灵机求解停机问题，换言之，没有一个计算机程序能够确定另外一个计算机程序是否会对一个指定的输入停机。下面证明停机问题不可能通过任何计算机程序来解决，证明采用反证法。

假定函数Halt可以解决停机问题,它有两个输入:一个是源程序(被检测的程序),另一个是某个给定的输入。当然,实际上不可能编写出这样的函数,但是,如果确实存在解决停机问题的函数,这应该是一个合理框架。

```
bool Halt (char * prog, char * input)  //prog为源程序,input为输入
{
  if (源程序prog对于输入input停止执行) return true;
  else return false;
}
```

现在来考虑两个显然存在的简单函数,函数SelfHalt判断函数Halt是否能够解决自身的停机问题,函数Contrary在函数SelfHalt能够解决自身停机问题时进入死循环。

```
bool SelfHalt(char * prog)                //源程序prog以prog作为输入是否能够停机
{
  if (Halt(prog , prog)) return true;
  else return false;
}
void Contrary(char * prog)
{
  do                                      //源程序prog能够解决自身停机问题时进入死循环
    result = SelfHalt(prog);
  while (result == true) ;
}
```

以源程序prog作为输入运行函数Contrary,一种可能是对SelfHalt的调用返回true,也就是说,函数SelfHalt表明函数Contrary可以停机,但函数Contrary进入一个无限循环;另一种可能是函数SelfHalt返回false,那么函数Halt表明函数Contrary不会停机,但函数Contrary却停机了,说明Contrary的动作在逻辑上与Halt能够正确解决停机问题的假设相矛盾。于是,通过反证法证明了Halt不能正确解决停机问题,从而没有程序能够解决停机问题。

不可计算问题的另一个典型例子是判断一个程序中是否包含计算机病毒。病毒检测程序通常能够确定一个程序中是否包含特定的计算机病毒,至少能够检测现在已经知道的那些病毒,但是病毒检测程序不能识别的新病毒却不断出现,换言之,不存在一个病毒检测程序,能够检测出所有未来的新病毒。

### 12.1.3 易解问题与难解问题

理论上可计算的问题不一定是实际可计算的,20世纪70年代,库克(Stephen Cook)将可计算问题进一步划分为实际可计算的和实际不可计算的,称为**Cook论题**:一个问题是实际可计算的当且仅当在图灵机上经过多项式步骤得到正确的结果。

Cook论题以多项式时间复杂性为分界线,将可以在多项式时间内求解的问题看作**易解问题**(easy problem),这类问题在可以接受的时间内实现问题求解,例如排序问题、串

匹配问题等；将需要指数时间求解的问题看作**难解问题**(hard problem)，这类问题的计算时间随着问题规模的增长而快速增长，即使中等规模的输入，其计算时间也是以世纪来衡量的，例如汉诺塔问题、TSP 问题等。

为什么把多项式时间复杂性作为易解问题和难解问题的分界线呢？原因主要有以下几点。

(1) 多项式函数与指数函数的增长率有本质的差别。表 12-1 给出了多项式函数增长和指数函数增长的比较。

**表 12-1　多项式函数增长和指数函数增长**

| 问题规模 $n$ | 多项式函数 | | | | | 指数函数 | |
|---|---|---|---|---|---|---|---|
| | $\log_2 n$ | $n$ | $n\log_2 n$ | $n^2$ | $n^3$ | $2^n$ | $n!$ |
| 1 | 0.00 | 1 | 0.0 | 1 | 1 | 2 | 1 |
| 10 | 3.32 | 10 | 33.2 | 100 | 1000 | 1024 | 3 628 800 |
| 20 | 4.32 | 20 | 86.4 | 400 | 8000 | 1 048 376 | 2.4E18 |
| 30 | 4.91 | 30 | 147.2 | 900 | 27 000 | 1.0E9 | 2.7E32 |
| 40 | 5.32 | 40 | 212.9 | 1600 | 64 000 | 1.0E12 | 8.2E47 |
| 50 | 5.64 | 50 | 282.2 | 2500 | 125 000 | 1.0E15 | 3.0E64 |
| 100 | 6.64 | 100 | 664.4 | 10 000 | 1.0E6 | 1.3E30 | 9.3E157 |

从表 12-1 可以看到，随着问题规模 $n$ 的增长，多项式函数的增长虽然有差别，但还是可以接受的；当 $n=100$ 时，一个指数函数的算法通常无法在常规计算机上完成。

(2) 计算机性能的提高对多项式时间算法和指数时间算法的影响不同。假设 $A_1$、$A_2$、$A_3$、$A_4$、$A_5$ 是求解同一个问题的 5 个算法，时间复杂性函数分别是 $10n$、$20n$、$5n\log_2 n$、$2n^2$、$2^n$，并假定在计算机 $C_1$ 和 $C_2$ 上运行这些算法，$C_2$ 的速度是 $C_1$ 的 10 倍。若这些算法在 $C_1$ 上运行的时间为 $T$，可处理的问题规模为 $n$，在 $C_2$ 上运行同样的时间可处理的问题规模可扩大为 $n'$，表 12-2 给出了对不同时间复杂性函数的算法，计算机速度提高后所能处理问题规模的增长情况。

**表 12-2　速度是原来 10 倍的计算机所能处理问题规模的增长情况**

| $T(n)$ | $n$ | $n'$ | 变　化 | $n'/n$ |
|---|---|---|---|---|
| $10n$ | 1 000 | 10 000 | $n'=10n$ | 10 |
| $20n$ | 500 | 5000 | $n'=10n$ | 10 |
| $5n\log_2 n$ | 250 | 1842 | $\sqrt{10}n<n'<10n$ | 7.37 |
| $2n^2$ | 70 | 223 | $n'=\sqrt{10}n$ | 3.16 |
| $2^n$ | 13 | 16 | $n'=n+\log_2 10\approx n+3$ | 1 |

从表 12-2 可以看到，前两个函数都是线性的，只是系数不同，速度是原来 10 倍的计

算机处理二者时,问题规模的增长都是10倍;运行时间是$2n^2$的算法其问题规模增长的倍数要比线性增长的算法小,只增长了$\sqrt{10}\approx3.16$倍;考虑运行时间是$2^n$的算法,原来能处理的问题规模是13,在计算机性能增长10倍时,在相同的时间里,问题规模的增长只是加上了一个常数,能够处理的问题规模为16,假如再换一台比原有计算机快100倍的新计算机,能够处理的问题规模是19。可见,增长率较高的算法从机器性能的提高中获益较少。

(3) 多项式时间复杂性忽略了系数,但不影响易解问题和难解问题的划分。对于多项式时间复杂性作为易解问题和难解问题的分界线,人们最可能提出的疑问就是:可以构造一些特殊的多项式函数和指数函数,在某些情况下,二者的增长率近乎相同,或者多项式函数的增长率大于指数函数的增长率,此时,忽略系数是否合理。例如,表12-3给出了一些特殊函数的增长率。

表12-3 一些特殊函数的增长率

| 问题规模 $n$ | 多项式函数 | | | 指数函数 | |
|---|---|---|---|---|---|
| | $n^8$ | $10^8n$ | $n^{1000}$ | $1.1^n$ | $2^{0.01n}$ |
| 5 | 390 625 | $5\times10^8$ | $5^{1000}$ | 1.611 | 1.035 |
| 10 | $10^8$ | $10^9$ | $10^{1000}$ | 2.594 | 1.072 |
| 100 | $10^{16}$ | $10^{10}$ | $10^{2000}$ | 13 780.612 | 2 |
| 1000 | $10^{24}$ | $10^{11}$ | $10^{3000}$ | $2.47\times10^{41}$ | 1024 |

在表12-3中,考查多项式函数$T_1(n)=n^8$和指数函数$T_4(n)=1.1^n$,在$n=100$以内时,$T_1(n)$的值大于$T_4(n)$的值,但当$n$充分大时,指数函数的值仍然超过多项式函数的值;另外,计算机科学家在研究中发现,类似于$T_2(n)=10^8n$、$T_3(n)=n^{1000}$和$T_5(n)=2^{0.01n}$这样的时间函数是不自然的,在人类遇到的实际问题中,几乎不存在这样的问题以及算法。

课件12-2

## 12.2 P类问题与NP类问题

### 12.2.1 判定问题

通常来说,求解一个问题往往比较困难,但验证一个问题相对来说就比较容易,也就是证比求易。从是否可以被验证的角度,计算复杂性理论将难解问题进一步划分为NP问题和非NP问题。

一个判定问题(decision problem)是要求回答yes或no的问题。例如,停机问题就是一个判定问题,但是,停机问题不能用任何计算机算法求解,所以,并不是所有的判定问题都可以在计算机上得到求解。在实际应用中,很多问题以求解或计算的形式出现,但是,大多数问题都可以很容易转化为相应的判定问题,下面给出一些例子。

排序问题:将一个整数序列调整为非降序排列。排序问题的判定形式可描述为:给定一个整数序列，是否可以按非降序排列。

**图着色问题**：给定无向连通图 $G=(V, E)$，求图 $G$ 的最小色数 $k$，使得用 $k$ 种颜色对 $G$ 中的所有顶点着色，可使任意两个相邻顶点着色不同。图着色问题的判定形式可描述为：给定无向连通图 $G=(V, E)$ 和一个正整数 $k$，是否可以用 $k$ 种颜色为图 $G$ 的所有顶点着色，使得任意两个相邻顶点着色不同。

**哈密顿回路问题**：在图 $G=(V, E)$ 中，从某个顶点出发，求经过所有顶点一次且仅一次再回到出发点的回路。哈密顿回路问题的判定形式可描述为：在图 $G=(V, E)$ 中，是否存在一个回路经过所有顶点一次且仅一次然后回到出发点。

**TSP 问题**：在一个带权图 $G=(V, E)$ 中，求经过所有顶点一次且仅一次再回到出发点，且路径长度最短的回路。TSP 问题的判定形式可描述为：给定一个带权图 $G=(V, E)$ 和一个正整数 $k$，是否存在一个回路经过所有顶点一次且仅一次再回到出发点，且路径长度小于等于 $k$。

判定问题有一个重要特性：虽然在计算上求解问题是困难的，但是验证一个待定解是否是该问题的解却是简单的。例如，求解哈密顿回路是个难解问题，但是验证一个顶点序列 $v_1, v_2, \cdots, v_n$ 是否是哈密顿回路却很容易，只需要检查顶点 $v_i$ 和 $v_{i+1}(1 \leqslant i \leqslant n)$ 之间以及顶点 $v_n$ 和 $v_1$ 之间是否存在边；求方程组的解很困难，但是验证一组解是否是方程组的解却很容易，只需将这组解代入方程组，然后验证是否满足每一个方程。

### 12.2.2　确定性算法与 P 类问题

**定义 12.1**　设 $A$ 是求解问题 Π 的一个算法，如果在算法的整个执行过程中，每一步都只有一个确定的选择，并且对于同一输入实例运行算法，所得的结果严格一致，则称算法 $A$ 是**确定性**(determinism)算法。

**定义 12.2**　如果对于某个判定问题 Π，存在一个非负整数 $k$，对于输入规模为 $n$ 的实例，能够以 $O(n^k)$ 的时间运行一个确定性算法，得到 yes 或 no 的答案，则该判定问题 Π 是 **P 类问题**(polynomial)。

从定义 12.2 可以看到，P 类问题是具有多项式时间的确定性算法来求解的判定问题。采用判定问题定义 P 类问题，主要是为了给出 NP 类问题的定义。事实上，所有易解问题都属于 P 类问题。

### 12.2.3　非确定性算法与 NP 类问题

**定义 12.3**　设 $A$ 是求解问题 Π 的一个算法，如果算法 $A$ 采用如下猜测并验证的方式，则称算法 $A$ 是**非确定性**(nondeterminism)算法：

(1) 猜测阶段：对问题的输入实例产生一个任意字符串 $\omega$，对于算法的每一次运行，串 $\omega$ 的值可能不同，因此，猜测以一种非确定的形式工作。

(2) 验证阶段：用一个确定性算法验证两件事。首先，检查在猜测阶段产生的串 $\omega$ 是否是合理的形式，如果不是，则算法停下来并得到 no；其次，如果串 $\omega$ 是合理的形式，再验证 $\omega$ 是否是问题的解，如果是问题的解，则算法停下来并得到 yes，否则，算法停下来并得到 no。

显然,非确定性算法不是一个实际可行的算法,引入非确定性算法的目的在于给出NP类问题的定义,从而将验证过程为多项式时间的问题归为一类进行研究。

**定义 12.4** 如果对于某个判定问题Π,存在一个非负整数$k$,对于输入规模为$n$的实例,能够以$O(n^k)$的时间运行一个非确定性算法,得到yes或no的答案,则该判定问题Π是**NP**(nondeterministic polynomial)类问题。

对于NP类判定问题,关键是该问题存在一个确定性算法,并且能够以多项式时间检查和验证在猜测阶段所产生的答案。例如,考虑TSP问题的判定形式,假定算法$A$是求解TSP判定问题的非确定性算法,首先算法$A$以非确定的形式猜测一个路径是TSP判定问题的解,然后,用确定性算法检查这个路径是否经过所有顶点一次且仅一次并返回出发点,如果答案为yes,则继续验证这个回路的总长度是否小于或等于$k$,如果答案仍为yes,则算法输出yes,否则算法输出no。

NP类问题是难解问题的一个子集,并不是任何一个在常规计算机上需要指数时间的问题(难解问题)都是NP类问题。例如,汉诺塔问题不是NP类问题,因为对于$n$层汉诺塔需要$O(2^n)$步输出正确的移动过程,一个非确定性算法不能在多项式时间猜测并验证一个答案。

P类问题存在多项式时间的确定性算法进行判定或求解,显然,也可以构造多项式时间的非确定性算法进行判定。因此,P类问题属于NP类问题,即P⊆NP。反之,NP类问题存在多项式时间的非确定性算法进行猜测并验证,但是,不一定能够构造一个多项式时间的确定性算法进行判定或求解。因此,人们猜测P≠NP。但是,这个不等式是成立还是不成立,至今没有得到证明。

课件 12-3

## 12.3 NP完全问题

### 12.3.1 问题变换

NP完全问题是NP类问题的一个子类,如果这个子类的任何一个问题能够用多项式时间的确定性算法来进行判定或求解,那么,NP类问题的所有问题都存在多项式时间的确定性算法来进行判定或求解。

**定义 12.5** 假设问题Π′存在一个算法$A$,对于问题Π′的输入实例$I'$,算法$A$求解问题Π′得到一个输出$O'$。另外一个问题Π的输入实例是$I$,对应于输入$I$,问题Π有一个输出$O$,则问题Π变换到问题Π′是一个三步的过程(图12-3)。

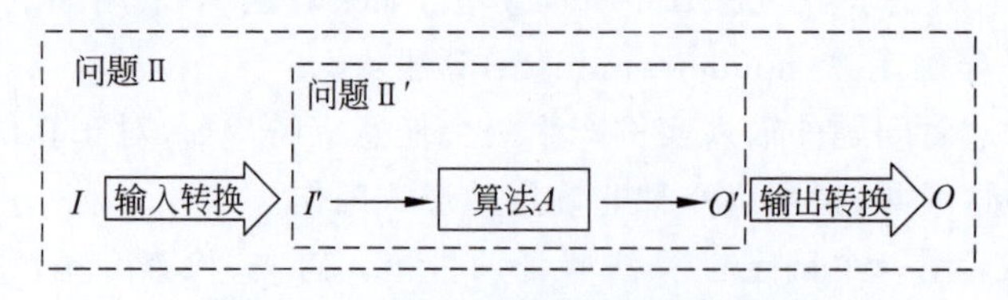


图 12-3 问题Π变换为问题Π′的过程

(1) 输入转换:把问题Π的输入$I$转换为问题Π′的输入$I'$。

(2) 问题求解：对问题 $\Pi'$ 应用算法 $A$ 产生一个输出 $O'$。

(3) 输出转换：把问题 $\Pi'$ 的输出 $O'$ 转换为问题 $\Pi$ 对应于输入 $I$ 的正确输出。

若在 $O(\tau(n))$ 的时间内完成上述输入和输出转换，则称问题 $\Pi$ 以 $\tau(n)$ 时间变换到问题 $\Pi'$，记为 $\Pi \propto_{\tau(n)} \Pi'$，其中，$n$ 为问题规模；若在多项式时间内完成上述输入和输出转换，则称问题 $\Pi$ 以多项式时间变换到问题 $\Pi'$，记为 $\Pi \propto_p \Pi'$。

例如，算法 $A$ 可以求解排序问题，输入 $I'$ 是一组整数 $X=(x_1, x_2, \cdots, x_n)$，输出 $O'$ 是这组整数的一个排列 $x_{i1} \leqslant x_{i2} \leqslant \cdots \leqslant x_{in}$。考虑配对问题，输入 $I$ 是两组整数 $X=(x_1, x_2, \cdots, x_n)$ 和 $Y=(y_1, y_2, \cdots, y_n)$，输出 $O$ 是两组整数的元素配对，即 $X$ 的最小值与 $Y$ 的最小值配对，$X$ 的次小值与 $Y$ 的次小值配对，依次类推。解决配对问题的一种方法是使用一个已存在的排序算法 $A$，首先将这两组整数排序，然后根据对应位置进行配对。所以，经过下述三步，将配对问题变换到排序问题。

(1) 把配对问题的输入 $I$ 转化为排序问题的两个输入 $I_1'$ 和 $I_2'$；

(2) 排序这两组整数，即应用算法 $A$ 对两个输入 $I_1'$ 和 $I_2'$ 分别排序得到两个有序序列 $O_1'$ 和 $O_2'$；

(3) 把排序问题的输出 $O_1'$ 和 $O_2'$ 转化为配对问题的输出 $O$，这可以通过配对每组整数的第一个元素、第二个元素……来得到。

需要强调的是，问题变换的主要目的不是给出解决一个问题的算法，而是给出比较两个问题计算复杂性的一种方式。

## 12.3.2　NP 完全问题的定义

有大量问题都具有这个特性：存在多项式时间的非确定性算法可以验证，但是不确定是否存在多项式时间的确定性算法可以求解，同时，不能证明这些问题中的任何一个不存在多项式时间的确定性算法，这类问题称为 NP 完全问题，如图 12-4 所示。

**定义 12.6**　令 $\Pi$ 是一个判定问题，如果问题 $\Pi$ 属于 NP 类问题，并且对 NP 类问题中的每一个问题 $\Pi'$，都有 $\Pi' \propto_p \Pi$，则称判定问题 $\Pi$ 是一个 **NP 完全问题**(NP complete problem)，也称 NPC 问题。

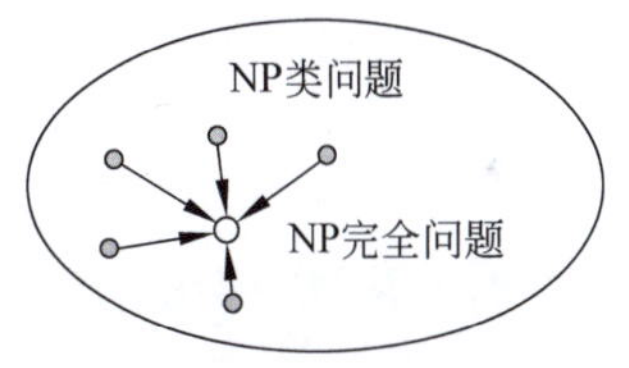

图 12-4　NP 完全问题，箭头表示问题变换

NP 完全问题是 NP 类问题中最有代表性的一类问题，NP 完全问题有一个重要性质：如果一个 NP 完全问题能够在多项式时间内得到求解，那么 NP 类问题中的每一个问题都可以在多项式时间内得到求解。尽管已经进行了多年的研究，但是目前还没有一个 NP 完全问题发现有多项式时间算法。这些问题也许存在多项式时间算法，因为计算机科学是相对新生的科学，肯定还会有新的算法设计技术有待发现；这些问题也许不存在多项式时间算法，但目前缺乏足够的技术来证明这一点。

## 12.3.3　基本的 NP 完全问题

证明一个判定问题 $\Pi$ 是 NP 完全问题需要经过两个步骤：

(1) 证明问题 $\Pi$ 属于 NP 类问题，也就是说，可以在多项式时间以非确定性算法实现

验证;

(2) 证明一个已知的 NP 完全问题能够在多项式时间变换为问题 Π。

1971 年,Cook 在 Cook 定理中证明了 SAT 可满足问题是 NP 完全的;1972 年,Karp 证明了十几个问题都是 NP 完全的。这些 NP 完全问题的证明思想和技巧,以及已经证明的 NP 完全问题,极大地丰富了 NP 完全理论。下面是一些基本的 NP 完全问题。

**SAT 问题**(boolean satisfiability problem)。也称为合取范式的可满足问题,来源于许多实际的逻辑推理及应用。对于合取范式 $A=A_1 \wedge A_2 \wedge \cdots \wedge A_n$,子句 $A_i = a_1 \vee a_2 \vee \cdots \vee a_k (1 \leqslant i \leqslant n)$,$a_i$ 为某一布尔变量或布尔变量的非。SAT 问题是指:是否存在一组对所有布尔变量的赋值(true 或 false),使得合取范式 $A$ 的值为真。

**最大团问题**(maximum clique problem)。图 $G=(V, E)$的团是图 $G$ 的一个完全子图,该子图中任意两个互异的顶点都有一条边相连。团问题是对于给定的无向图 $G=(V, E)$和正整数 $k$,是否存在具有 $k$ 个顶点的团。

**图着色问题**(graph coloring problem)。给定无向连通图 $G=(V, E)$和正整数 $k$,是否可以用 $k$ 种颜色对 $G$ 中的顶点着色,使得任意两个相邻顶点着色不同。

**哈密顿回路问题**(hamiltonian cycle problem)。在图 $G=(V, E)$中,是否存在经过所有顶点一次且仅一次并回到出发顶点的回路。

**TSP 问题**(traveling saleman problem)。给定带权图 $G=(V, E)$和正整数 $k$,是否存在一条哈密顿回路,其路径长度小于等于 $k$。

**顶点覆盖问题**(vertex cover problem)。设图 $G=(V, E)$,$V'$是顶点 $V$ 的子集,若图 $G$ 的任一条边至少有一个顶点属于 $V'$,则称 $V'$为图 $G$ 的顶点覆盖。顶点覆盖问题是对于图 $G=(V, E)$ 和正整数 $k$,是否存在顶点 $V$ 的一个子集 $V'$,使得图 $G$ 的任一条边至少有一个顶点属于 $V'$且$|V'| \leqslant k$。

**子集和问题**(sum of subset problem)。给定一个整数集合 $S$ 和一个正整数 $k$,判定是否存在 $S$ 的一个子集 $S'$,使得 $S'$中的整数之和等于 $k$。

课件 12-4

## 12.4 拓展与演练

### 12.4.1 k 带图灵机

标准的图灵机只有一个工作带,读写头每一步都只能移动一个单元,在这种计算模型上的语言识别过程太烦琐。因此,需要把单带图灵机扩展到 $k$ 带图灵机。

$k$ 带图灵机由一个有限状态控制器和 $k$ 条无限长的工作带($k \geqslant 1$)组成,每个工作带都有一个由控制器操纵的可以独立移动的读写头,如图 12-5 所示。

**定义 12.7** $k$ 带图灵机是一个 6 元组,即 $M = (Q, I, T, q_0, q_F, \delta)$,其中:

(1) $Q$ 为有限个状态的集合。

(2) $I$ 为输入符号的集合,即字母表。

(3) $T$ 为有限个带符号的集合,包括字母表和空白符 B,即 $T=I + \{B\}$。

(4) $q_0$ 为初始状态。

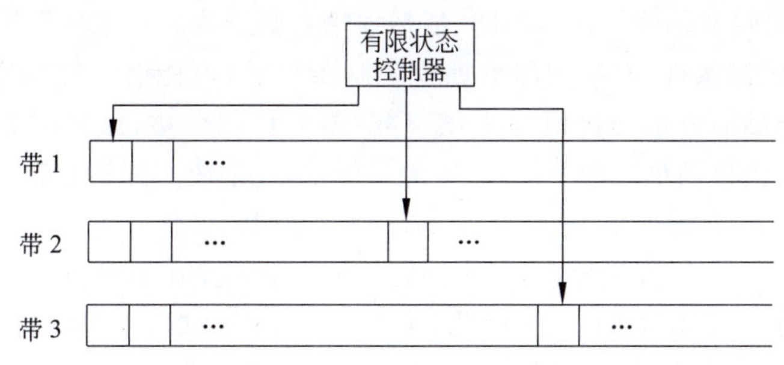


图 12-5　$k$ 带图灵机示意图

(5) $q_F$ 为终止(或接受)状态。

(6) $\delta$ 为转移函数,从 $Q\times T^k$ 的某一子集映射到 $Q\times(T\times\{L, R, \mathbf{S}\})^k$ 的函数。其中,$Q\times T^k$ 的某一子集包含一个状态和 $k$ 个工作带的单元符号的 $k+1$ 元组,表示 $k$ 带图灵机的瞬间图像,称为瞬像;{L, R, **S**}为读写头的动作,L 表示左移一个单元,R 表示右移一个单元,**S** 表示停止不动。

令 $M=(Q, I, T, q_0, q_F, \delta)$是一个 $k$ 带图灵机,$\omega$ 是输入符号串,↑表示读写头的位置,指向右侧第一个符号,则 $M$ 开始的瞬像 $\rho$ 如下:

$$\rho=(q_0, \uparrow\omega, \uparrow B, \cdots, \uparrow B)$$

对于某个瞬像,移动函数 $\delta$ 将给出一个新的瞬像,新的瞬像对应一个状态和 $k$ 个序偶,每个序偶都由一个单元符号及读写头的移动方向组成,形式上可表示为:

$$\rho=(q, \omega_{11}\uparrow\omega_{12}, \omega_{21}\uparrow\omega_{22}, \cdots, \omega_{k1}\uparrow\omega_{k2})$$

其中,$q\in Q$,表示图灵机在此格局下的状态,$\omega_{i1}\uparrow\omega_{i2}$ 是第 $i$ 个($1\leqslant i\leqslant k$)工作带上的内容,即第 $i$ 个($1\leqslant i\leqslant k$)读写头指向符号串 $\omega_{i2}$ 的第一个符号,如果 $\omega_{i1}$ 为空,则第 $i$ 个读写头指向第 $i$ 个工作带上第一个非空的符号;如果 $\omega_{i2}$ 为空,则第 $i$ 个读写头指向符号串 $\omega_{i1}$ 之后的第一个空白符;当 $\omega_{i1}$ 和 $\omega_{i2}$ 都为空,表明第 $i$ 个工作带是空的。

设 $\rho_1, \rho_2, \cdots, \rho_n, \cdots$是一个瞬像序列,这个序列可以是有穷的,也可以是无穷的。如果每一个 $\rho_{i+1}$都由 $\rho_i$ 经过转移函数 $\delta$ 得到,则称这个序列是一个计算。对于任意一个给定的输入符号串 $\omega\in I*$,从初始瞬像 $\rho_0$ 开始,图灵机 $M$ 在 $\omega$ 上的计算有三种可能:

(1) 计算是一个有穷序列 $\rho_1, \rho_2, \cdots, \rho_n$,其中 $\rho_n$ 是一个可接受的停机格局,则称计算停机在接受状态。

(2) 计算是一个有穷序列 $\rho_1, \rho_2, \cdots, \rho_n$,其中 $\rho_n$ 是一个停机格局,但不是可接受格局,则称计算停机在拒绝状态。

(3) 计算是一个无穷序列 $\rho_1, \rho_2, \cdots, \rho_n, \cdots$,称计算永不停机。

## 12.4.2　NP 类问题的计算机处理

NP 类问题是计算机难以处理的,但在实际应用中却经常会遇到,因此,人们提出了解决 NP 类问题的多种方法。

(1) 采用先进的算法设计技术。当实际应用中问题规模不是很大时,采用动态规划法、回溯法、界限剪枝法等算法设计技术还是能够解决问题的。

(2) 充分利用限制条件。许多问题,虽然理论上归结为一个 NP 类问题,但实际应用中可能包含某些限制条件,有些问题增加了限制条件后,可能会改变性质。例如,0/1 背包问题中,限定物品的重量和价值均为正整数;图着色问题中,限定图为可平面图;TSP 问题中,限定边的代价满足三角不等式,等等。所以,在解决实际问题时,应特别注意在将实际问题归结为抽象问题后,是否还满足其他特定的限制条件。

(3) 近似算法。在现实世界中,很多问题的输入数据是用测量方法获得的,而测量的数据本身就存在着一定程度的误差,因此,输入数据是近似的,很多问题允许最终解有一定程度的误差。采用近似算法可以在很短的时间内得到问题的近似解,所以,近似算法是求解 NP 类问题的一个可行的方法。

(4) 概率算法。概率算法也称随机算法,是将随机性的操作加入到算法运行中,同时允许结果以较小的概率出现错误,并以此为代价,获得算法运行时间大幅度减少。

(5) 并行计算。并行计算是利用多台处理机共同完成一项计算,虽然从原理上讲增加处理机的个数不能根本解决 NP 类问题,但并行计算是解决计算密集型问题的必经之路,近年来许多难解问题的计算成功都离不开并行算法的支持。例如,数千个城市的 TSP 问题的计算、129 位大整数的分解、弈棋程序的成功,都得益于并行计算。

(6) 智能算法。遗传算法、蚁群算法、粒子群算法、人工神经网络、免疫算法等来源于自然界的优化思想,称为智能算法。例如,遗传算法是一种随机的近似优化算法,是从生物物种的遗传进化规律得到启发,已经成为解决最优化问题的有力手段。

## 实验 12 SAT 问题

**【实验题目】** 对于 SAT 问题的一个实例 $M=(A\vee\bar{B})\wedge(B\vee\bar{C})\wedge(C\vee\bar{A})$,求使合取范式 $M$ 的值为真时布尔变量 $A$、$B$ 和 $C$ 的取值。

**【实验要求】** ①设计确定性算法求解上述 SAT 问题;②设计问题规模为 5、6、7、8、9 的 SAT 问题实例,考查随着问题规模增长算法时间性能的变化;③设计非确定性算法验证 SAT 问题。

**【实验提示】** 假设 SAT 问题的规模为 $n$,任意一个长度为 $n$ 的二进制串都是该问题的可能解。考虑最简单的方法:将每一个长度为 $n$ 的二进制串依次代入给定的合取范式,直至该合取范式取值为真,如果将所有长度为 $n$ 的二进制串依次检测后该合取范式的取值始终为 false,则该问题无解。

## 习 题 12

1. 在图灵机中,设 B 表示空格,$q_0$ 表示图灵机的初始状态,$q_F$ 表示图灵机的终止状态,如果工作带上的信息为 B10100010B,读写头对准最右边第一个为 0 的单元,则按照以下指令执行后,得到的结果是什么?如果工作带上的信息为 B10100011B,读写头对准最右边第一个为 1 的单元,则执行指令后得到的结果是什么?

$(q_0\ \ 0\ \ 1\ \ \mathrm{L}\ \ q_1)$ $(q_0\ \ 1\ \ 0\ \ \mathrm{L}\ \ q_2)$ $(q_0\ \ \mathrm{B}\ \ \mathrm{B}\ \ H\ \ q_F)$

$(q_1\ \ 0\ \ 0\ \ \mathrm{L}\ \ q_1)$　$(q_1\ \ 1\ \ 1\ \ \mathrm{L}\ \ q_1)$　$(q_1\ \ \mathrm{B}\ \ \mathrm{B}\ \ H\ \ q_\mathrm{F})$

$(q_2\ \ 0\ \ 1\ \ \mathrm{L}\ \ q_1)$　$(q_2\ \ 1\ \ 0\ \ \mathrm{L}\ \ q_2)$　$(q_2\ \ \mathrm{B}\ \ \mathrm{B}\ \ H\ \ q_\mathrm{F})$

2. 对于下列函数,请指出当问题规模增加4倍时,函数值会增加多少。

(1) $\log_2 n$　(2) $\sqrt{n}$　(3) $n$　(4) $n^2$　(5) $n^3$　(6) $2^n$

3. 假设某算法的时间复杂性为 $T(n)=2^n$,在计算机 $C_1$ 和 $C_2$ 上运行这个算法,$C_2$ 的速度是 $C_1$ 速度的100倍。若该算法在 $C_1$ 上运行的时间为 $t$,可处理的问题规模为 $n$,在 $C_2$ 上运行同样的时间可处理的问题规模是多少?如果 $T(n)=n^2$,在 $C_2$ 上运行同样的时间可处理的问题规模是多少?

4. 对一个正整数 $n$ 进行质因数分解,该问题是易解问题还是难解问题?为什么?

5. 给出0/1背包问题的判定形式,并简要描述0/1背包问题判定形式的非确定性算法。

6. 给定无向图 $G=(V, E)$,设顶点集合 $U\subseteq V$,求 $G$ 的一个生成树,判断下列问题哪些是NP类问题,哪些是P类问题。

(1) 要求生成树的叶子结点集合包含集合 $U$;

(2) 要求生成树的叶子结点集合等于集合 $U$;

(3) 要求生成树的叶子结点集合包含于集合 $U$。

7. 证明最大团问题是NP完全问题。

8. 众所周知,对于同一个算法,不同的人编写的程序代码具有不同的质量。如何判定一段程序代码优于另外一段程序代码呢?这个问题是可计算问题还是不可计算问题?是易解问题还是难解问题?为什么?

# 第13章 近似算法

近似算法(approximate algorithm)是求解 NP 类问题的一种有效策略,基本思想是放弃求最优解,用近似最优解代替最优解,以换取算法设计上的简化和时间复杂性的降低。由于很多实际问题可以接受近似最优解,求最优解需要付出过多的时间和空间代价,因此,有关近似算法的研究越来越受到人们的重视。

## 13.1 概　述

课件 13-1

### 13.1.1 近似算法的设计思想

许多 NP 类问题实质上都是最优化问题,即要求在满足约束条件的前提下,使某个目标函数达到极值(极大或极小)的最优解。在这类问题中,求得最优解往往需要付出极大的代价。现实世界中,很多问题的输入数据都是用测量方法获得的,而测量的数据本身就存在着一定程度的误差,这类问题允许最优解有一定程度的误差,近似最优解常常能满足实际问题的需要。即使某个问题存在有效算法,好的近似算法也会发挥作用。因为采用近似算法可以在很短的时间内得到问题的近似解,出于实用的目的,近似算法也是求解最优化问题的一个可行的方法。

近似算法的基本思想是用近似最优解代替最优解,以换取算法设计上的简化和时间复杂性的降低。换言之,近似算法找到的可能不是一个最优解,但一定会为待求解的问题提供一个解。为了具有实用性,近似算法必须能够给出算法所产生的解与最优解之间的差别,以保证任意一个实例的近似最优解与最优解之间相差的程度。显然,这个差别越小,近似算法越具有实用性。

不失一般性,假设近似算法求解最优化问题,且每个可行解对应的目标函数值均为正数。若一个最优化问题的最优值为 $c^*$,求解该问题的近似算法求得的近似最优值为 $c$,则将该近似算法的近似比(approximate ratio)$\eta$ 定义为:

$$\eta=\max\left\{\frac{c}{c^*},\frac{c^*}{c}\right\} \tag{13-1}$$

有时也用相对误差(relative error)$\lambda$ 表示近似算法的近似程度，定义为：

$$\lambda=\left|\frac{c-c^*}{c^*}\right| \tag{13-2}$$

### 13.1.2 一个简单的例子：求 $\pi$ 的近似值

【问题】 请用正多边形逼近法求 $\pi$ 的近似值。

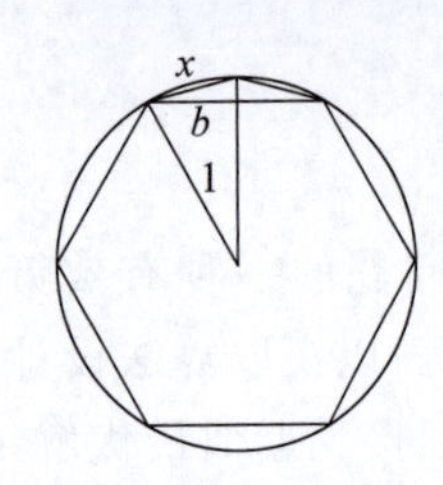


图 13-1 $x$ 与 $b$ 之间的关系

【想法】 我国古代数学家祖冲之就是用正多边形逼近法在世界上第一个将 $\pi$ 的值精确到小数点后第 6 位的。其基本思想是：用圆内接正多边形的边长和半径之间的关系，不断将边数翻番并求出边长，重复这一过程，正多边形的周长就逐渐逼近圆的周长，只要圆内接正多边形的边数足够多，就可以求得所需精度的 $\pi$ 值。

简单起见，设单位圆的半径是 1，则单位圆的周长是 $2\times\pi$，如图 13-1 所示，设单位圆内接正 $i$ 边形的边长为 $2b$，边数翻番后正 $2i$ 边形的边长为 $x$，则：

$$x=\sqrt{b^2+(1-\sqrt{1-b^2})^2}=\sqrt{2-2\sqrt{1-b^2}} \tag{13-3}$$

【算法实现】 由圆的周长与正 $i$ 边形的周长之间的关系，有 $\pi=i\times x/2$。因为圆的内接正六边形的边长等于半径，所以从内接正六边形开始。参数 e 表示精度要求，设变量 b 表示正多边形边数翻番之前边长的一半，变量 x 表示边数翻番之后的边长，程序如下。

源代码 13-1

```
double Pi(double e)
{
  int i = 6;
  double b, x = 1;                              //正六边形的边长为 1
  do
  {
    b = x / 2;
    i = i * 2;                                  //正多边形的边数翻番
    x = sqrt(2 - 2 * sqrt(1.0 - b*b));          //计算翻番后的边长
  } while (i * x - i * b > e);                  //精度达到要求则停止计算
  cout<<"圆的内接多边形的边数是:"<<i<<endl;
  return (i * x)/2;                             //返回 π 的近似值
}
```

【算法分析】 正多边形逼近法求 $\pi$ 的近似值属于迭代法，循环的次数取决于精度要求，例如循环执行 24570 次，得到精度为 $10^{-7}$ 的近似解 3.141 592 6。

# 13.2　图问题中的近似算法

## 13.2.1　顶点覆盖问题

【问题】 无向图 $G=(V, E)$的顶点覆盖是求顶点集 $V$ 的一个子集 $V'$，使得若$(u, v)$是 $G$ 的一条边，则 $v\in V'$或 $u\in V'$。顶点覆盖问题(vertex cover problem)是求图 $G$ 的最小顶点覆盖，即含有顶点数最少的顶点覆盖。

【想法】 顶点覆盖问题是一个 NP 难问题，目前尚未找到一个多项式时间算法。可以采用如下策略找到一个近似最小顶点覆盖：初始时边集 $E'=E$，顶点集 $V'=\{\ \}$，每次从边集 $E'$中任取一条边$(u, v)$，把顶点 $u$ 和 $v$ 加入顶点集 $V'$，再把与顶点 $u$ 和 $v$ 相邻接的所有边从边集 $E'$中删除，重复上述过程，直到边集 $E'$为空，最后得到的顶点集 $V'$是无向图的一个顶点覆盖。每次把尽量多的相邻边从边集 $E'$中删除，可以期望 $V'$中的顶点数尽量少，但不能保证 $V'$中的顶点数最少。图 13-2 给出了近似算法求解顶点覆盖问题的过程。

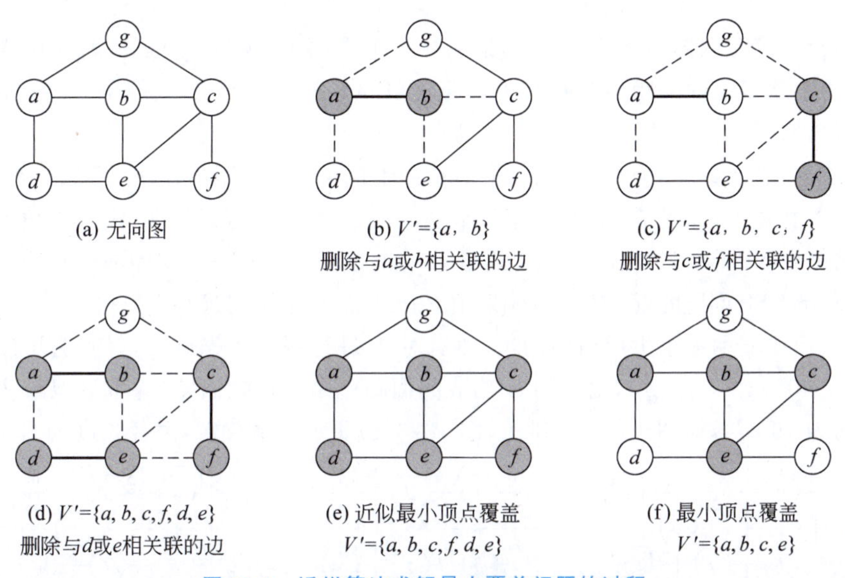


图 13-2　近似算法求解最小覆盖问题的过程

【算法】 设数组 x[n]表示集合 $V'$，x[i]=1 表示顶点 $i$ 在集合 $V'$中，算法如下。

```
算法：顶点覆盖问题的近似算法 VertexCover
输入：无向图 G=(V, E)
输出：覆盖顶点集合 x[n]
1. 初始化：x[n]={0}；E'=E；
2. 循环直到 E'为空：
   2.1 从 E'中任取一条边(u, v)；
   2.2 将顶点 u 和 v 加入顶点覆盖中：x[u]=1；x[v]=1；
   2.3 从 E'中删去与 u 和 v 相关联的所有边；
```

**【算法分析】** 设无向图 $G$ 采用邻接表存储，由于算法对每条边只进行一次删除操作，设图 $G$ 含有 $n$ 个顶点 $e$ 条边，时间复杂性为 $O(n+e)$。

下面考查算法 VertexCover 的近似比。设 $A$ 表示在步骤 2.1 中选取的边的集合，近似算法求得的近似最小顶点覆盖为 $V'$，图 $G$ 的最小顶点覆盖为 $V^*$，由于图 $G$ 的任一顶点覆盖一定包含 $A$ 中各边的至少一个顶点，因此：

$$|A| \leqslant |V^*|$$

因为近似算法选取了一条边，在将其顶点加入顶点覆盖后，将 $E'$ 中与该边的两个顶点相关联的所有边从 $E'$ 中删除，因此，下一次再选取的边与该边没有公共顶点。由数学归纳法易知，$A$ 中的所有边均没有公共顶点。算法结束时，顶点覆盖中的顶点数 $|V'|=2|A|$。由此可得：

$$|V'| \leqslant 2|V^*|$$

即算法 VertexCover 的近似比为 2。

## 13.2.2 TSP 问题

**【问题】** 设无向图 $G=(V, E)$ 的顶点在一个平面上，边 $(i, j)\in E$ 的代价均为非负整数，且两个顶点之间的距离为**欧几里得距离**(Euclidean distance)。**TSP 问题**求图 $G$ 的最短哈密顿回路。

**【想法】** 设 $c_{ij}$ 表示边 $(i, j)\in E$ 的代价，由于顶点之间的距离为欧几里得距离，对于图 $G$ 的任意 3 个顶点 $i$、$j$ 和 $k$，满足三角不等式 $c_{ij}+c_{jk}\geqslant c_{ik}$。可以证明，满足三角不等式的 TSP 问题仍为 NP 难问题。图 13-3(a)给出了一个满足三角不等式的无向图，假设方格的边长为 1。求解 TSP 问题的近似算法首先采用 Prim 算法构造图的最小生成树 $T$，如图 13-3(b)所示，图中粗线表示最小生成树中的边，然后对 $T$ 进行深度优先遍历，得到遍历序列 $L=(a, b, c, h, d, e, f, g)$，由序列 $L$ 构成的回路就是哈密顿回路，这个近似最优解的路径长度约为 19.074，如图 13-3(d)所示，图 13-3(e)所示是最优解，路径长度约为 16.084。

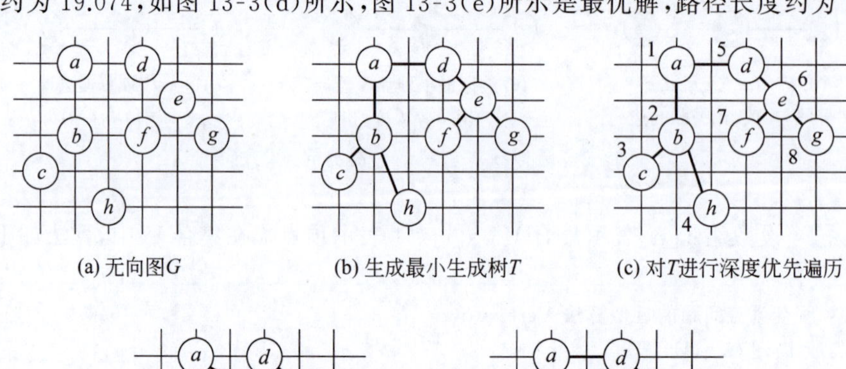


(a) 无向图$G$　　(b) 生成最小生成树$T$　　(c) 对$T$进行深度优先遍历

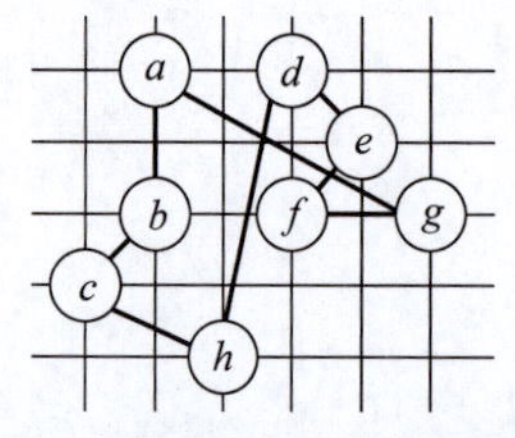


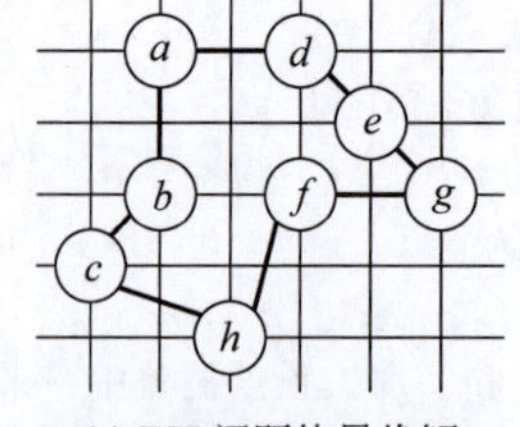


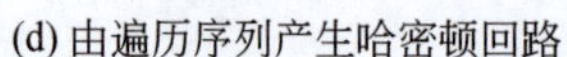

(d) 由遍历序列产生哈密顿回路　　(e) TSP问题的最优解

**图 13-3　近似算法求解 TSP 问题的过程示例**

【算法】 设无向带权图 $G$ 满足三角不等式，采用代价矩阵存储图 $G$，算法如下。

算法：TSP 问题的近似算法 TSP
输入：无向带权图 $G=(V, E)$
输出：近似最短回路
1. 在图中任选一个顶点 $v$；
2. 采用 Prim 算法生成以顶点 $v$ 为根结点的最小生成树 $T$；
3. 对生成树 $T$ 从顶点 $v$ 出发进行深度优先遍历，得到遍历序列 $L$；
4. 根据 $L$ 得到哈密顿回路，返回路径长度；

【算法分析】 步骤 2 采用 Prim 算法构造最小生成树，时间开销是 $O(n^2)$。步骤 3 对对生成树 $T$ 进行深度优先遍历，时间开销是 $O(n)$，因此，算法的时间复杂度为 $O(n^2)$。

下面考查算法 TSP 的近似比。设无向图 $G$ 的最短哈密顿回路为 $H^*$，$W(H^*)$是 $H^*$ 的代价之和；$T$ 是由 Prim 算法求得的最小生成树，$W(T)$是 $T$ 的代价之和；$H$ 是由近似算法得到的近似解，也是图 $G$ 的一个哈密顿回路，$W(H)$是 $H$ 的代价之和。因为在图 $G$ 的哈密顿回路中删去任意一条边，可构成图 $G$ 的一棵生成树，所以，有

$$W(T) \leqslant W(H^*)$$

设深度优先遍历生成树 $T$ 得到的路线为 $R$，例如，在图 13-3 中，遍历生成树的路线为 $a \to b \to c \to b \to h \to b \to a \to d \to e \to f \to e \to g \to e \to d \to a$，则 $R$ 中对于 $T$ 的每条边都经过两次，所以，有：

$$W(R) = 2W(T)$$

算法得到的近似解 $H$ 是 $R$ 删除了若干中间点（不是第一次出现的顶点）得到的，每删除一个顶点恰好是用三角形的一条边取代另外两条边。例如，在遍历路线 $a \to b \to c \to b \to h \cdots$ 中删除第 2 次出现的顶点 $b$，相当于用边$(c, h)$取代另外两条边$(c, b)$和$(b, h)$。由三角不等式可知，这种取代不会增加总代价，所以，有

$$W(H) \leqslant W(R)$$

从而

$$W(H) \leqslant 2W(H^*)$$

由此，算法 TSP 的近似比为 2。

## 13.3　组合问题中的近似算法

课件 13-3

### 13.3.1　装箱问题

【问题】 设有 $n$ 个物品和若干个容量为 $C$ 的箱子，$n$ 个物品的体积分别为$\{s_1, s_2, \cdots, s_n\}$，且有 $s_i \leqslant C(1 \leqslant i \leqslant n)$，装箱问题(packing problem)把所有物品装入箱子，求占用箱子数最少的装箱方案。

**应用实例**

装箱问题是大量实际问题的抽象。例如,有若干货物要装入集装箱后运输,则在装入所有货物的条件下,占用集装箱最少的装箱方案就是装箱问题。类似的还有码头运输货物的装船方案等。

【想法】 最优装箱方案通过把 $n$ 个物品划分为若干个子集,每个子集的体积和小于 $C$,然后取子集个数最少的划分方案。但是,这种划分可能的方案数有 $2^n$ 种,在多项式时间内不能够保证找到最优装箱方案。

可以采用贪心法设计装箱问题的近似算法,下面介绍三种贪心策略。

(1) 首次适宜法。依次取每一个物品,将该物品装入第一个能容纳它的箱子中。

(2) 最适宜法。依次取每一个物品,将该物品装到目前最满并且能够容纳它的箱子中,使得该箱子装入物品后的闲置空间最小。

(3) 首次适宜降序法。将物品按体积从大到小排序,然后用首次适宜法装箱。

例如,有10个物品,其体积为 $S=(4, 2, 7, 3, 5, 4, 2, 3, 6, 2)$,若干个容量为10的箱子,采用三种近似算法的装箱结果如图13-4～图13-6所示。

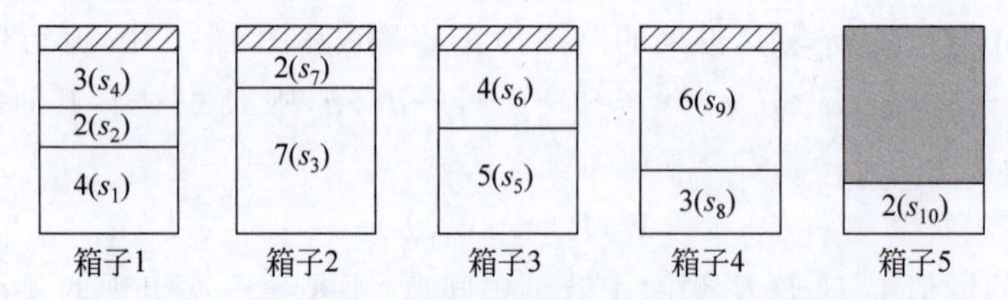


图13-4 首次适宜法求解装箱问题示例(阴影表示闲置部分)

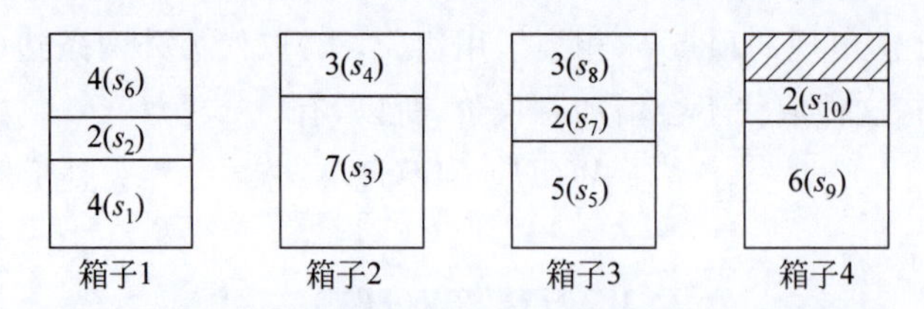


图13-5 最适宜法求解装箱问题示例(阴影表示闲置部分)

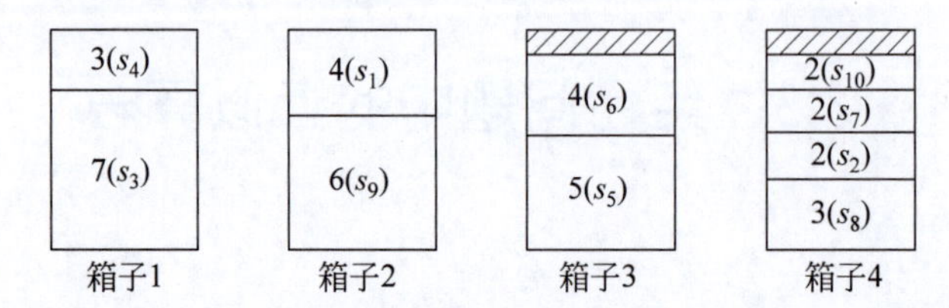


图13-6 首次适宜降序法求解装箱问题示例(阴影表示闲置部分)

【算法实现】 设数组s[n]存储各物品的体积,b[n]存储装入物品的箱子的体积,变量k表示装入物品的箱子的最大下标,为了和数组下标保持一致,物品的编号和箱子的编号均从0开始,首次适宜法求解装箱问题的程序如下。

```
int FirstFit(int s[ ], int n, int C, int b[ ])
{
  int i, j, k = -1;
  for (j = 0; j < n; j++)                       //所有箱子的体积初始化为 0
    b[j] = 0;
  for (i = 0; i < n; i++)                       //装入第 i 个物品
  {
    j = 0;
    while (C - b[j] < s[i])                     //查找第 1 个能容纳物品 i 的箱子
      j++;
    b[j] = b[j] + s[i];
    if (k < j) k = j;
  }
  return k + 1;                                 //返回已装入物品的箱子的个数
}
```

源代码 13-2

【算法分析】 FirstFit(首次适宜法)的基本语句是查找第 1 个能容纳物品的箱子,对于第 $i$ 个物品,最坏情况下需要试探 $i$ 次,执行次数为 $\sum_{i=1}^{n} i = \frac{n(n+1)}{2} = O(n^2)$。

下面考查算法 FirstFit 的近似比。不失一般性,假设箱子的容量 $C$ 为一个单位的体积,$C_i$ 为第 $i$ 个箱子已装入物品的体积,由首次适宜装箱策略,有 $C_i + C_j > 1(1 \leqslant i, j \leqslant k)$。设装箱问题的近似解为 $k$,则

若 $k$ 为偶数,则 $C_1 + C_2 + \cdots + C_k > k/2$;

若 $k$ 为奇数,则 $C_1 + C_2 + \cdots + C_k > (k-1)/2$。

将两式相加,得

$$2\sum_{i=1}^{k} C_i > \frac{2k-1}{2}$$

设装箱问题的最优解为 $k^*$,在最优化装箱时,所有箱子恰好装入全部物品,即

$$k^* = \sum_{i=1}^{k^*} C_i = \sum_{i=1}^{n} s_i$$

所以,有

$$2\sum_{i=1}^{k} C_i = 2\sum_{i=1}^{n} s_i = 2k^* > \frac{2k-1}{2}$$

即

$$k < 2k^*$$

由此,算法 FirstFit 的近似比小于 2。

### 13.3.2　多机调度问题

【问题】 设有 $n$ 个作业$\{1, 2, \cdots, n\}$,由 $m$ 台机器$\{M_1, M_2, \cdots, M_m\}$进行加工处理,作业 $i$ 所需的处理时间为 $t_i(1 \leqslant i \leqslant n)$,每个作业均可在任何一台机器上加工处理,但不可间断、拆分。多机调度问题(multi-machine scheduling problem)要求给出一种作业调度方案,使得 $n$ 个作业在尽可能短的时间内由 $m$ 台机器加工处理完成。

**【想法】** 可以采用贪心法设计多机调度问题的近似算法,贪心策略是最长处理时间作业优先,即把处理时间最长的作业分配给最先空闲的机器,这样可以保证处理时间长的作业优先处理,从而在整体上获得尽可能短的处理时间。按照最长处理时间作业优先的贪心策略,当 $m \geqslant n$ 时,只要将机器 $i$ 的$[0, t_i)$时间区间分配给作业 $i$ 即可;当 $m < n$ 时,首先将 $n$ 个作业按其所需的处理时间从大到小排序,然后依此顺序将作业分配给最先空闲的处理机。

例如,设7个独立作业{1, 2, 3, 4, 5, 6, 7}由3台机器$\{M_1, M_2, M_3\}$加工处理,各作业所需的处理时间为{2, 14, 4, 16, 6, 5, 3}。首先将这7个作业按处理时间从大到小排序,则作业{4, 2, 5, 6, 3, 7, 1}的处理时间为{16, 14, 6, 5, 4, 3, 2}。按照最长处理时间作业优先的贪心策略,近似算法产生的作业调度如图13-7所示。具体过程如下。

(1) 将作业4分配给机器 $M_1$,则机器 $M_1$ 将在时间16后空闲;将作业2分配给机器 $M_2$,则机器 $M_2$ 将在时间14后空闲;将作业5分配给机器 $M_3$,则机器 $M_3$ 将在时间6后空闲。至此,三台机器均已分配作业。

(2) 在三台机器中空闲最早的是机器 $M_3$,将作业6分配给机器 $M_3$,并且机器 $M_3$ 将在时间6+5=11后空闲。

(3) 在三台机器中空闲最早的是机器 $M_3$,将作业3分配给机器 $M_3$,并且机器 $M_3$ 将在时间11+4=15后空闲。

(4) 在三台机器中空闲最早的是机器 $M_2$,将作业7分配给机器 $M_2$,并且机器 $M_2$ 将在时间14+3=17后空闲。

(5) 在三台机器中空闲最早的是机器 $M_3$,将作业1分配给机器 $M_3$,并且机器 $M_3$ 将在时间15+2=17后空闲。最后得到所需加工的最短时间为17。

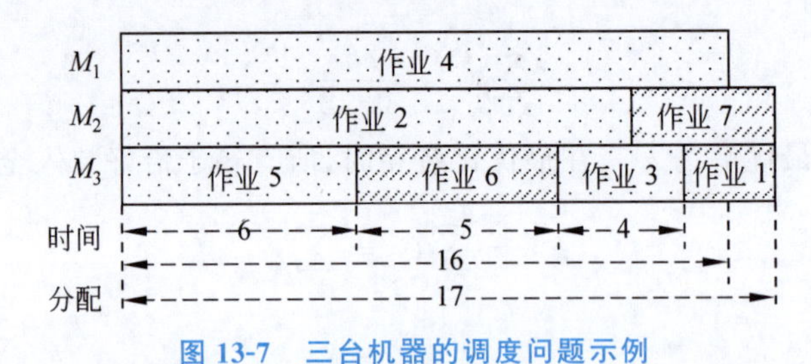


图13-7 三台机器的调度问题示例

**【算法】** 设数组t[n]存储 $n$ 个作业的处理时间,数组d[m]存储 $m$ 台机器的空闲时间,集合数组S[m]存储每台机器所处理的作业,其中集合S[i]表示机器 $i$ 所处理的作业,算法如下。

```
算法:多机调度问题 MultiMachine
输入:n 个作业的处理时间 t[n],m 台机器的空闲时间 d[m]
输出:每台机器所处理的作业 S[m]
1. 将数组 t[n]由大到小排序,对应的作业序号存储在数组 p[n]中;
2. 将数组 d[m]初始化为 0;
3. 对前 m 个作业进行分配:
```

3.1 将第 $i$ 个作业分配给第 $i$ 个机器：S[i]={p[i]}；
3.2 设置第 $i$ 个机器的结束时间：d[i]=t[i]；
4. 循环变量 $i$ 从 $m$ 至 $n-1$，分配作业 $i$：
4.1 $j$ =数组 d[m]中最小值对应的下标；
4.2 将作业 $i$ 分配给最先空闲的机器 $j$：S[j]=S[j]+{p[i]}；
4.3 机器 $j$ 将在 d[j]后空闲：d[j]=d[j]+t[i]；

【算法分析】 步骤 1 将数组 t[n]进行排序，时间开销为 $O(n\log_2 n)$，步骤 3 完成前 $m$ 个作业的分配，时间开销为 $O(m)$，步骤 4 完成后 $n-m$ 个作业的分配，安排每一个作业需要查找数组 d[m]中最小值对应的下标，时间开销为 $O((n-m)\times m)$，通常情况下 $m\ll n$，则算法的时间复杂度为 $O(n\log_2 n)$。

【算法实现】 简单起见，数组 t[n]已排好序，设二维数组 S[m][n]存储每台机器处理的作业，其中 S[i]以队列的形式存储机器 $i$ 的处理作业，rear[i]为该队列当前的队尾下标，程序如下。

源代码 13-3

```
void MultiMachine(int t[ ], int n, int d[ ], int m)
{
  int i, j, k, S[m][n], rear[m];
  for (i = 0; i < m; i++)                     //安排前 m 个作业
  {
    S[i][0] = i; rear[i] = 0;                 //每个作业队列均只有一个作业
    d[i] = t[i];
  }
  for (i = m; i < n; i++)                     //依次安排余下的每一个作业
  {
    for (j = 0, k = 1; k < m; k++)            //查找最先空闲的机器
      if (d[k] < d[j]) j = k;
    rear[j]++; S[j][rear[j]] = i;             //将作业 i 插入队列 S[j]
    d[j] = d[j] + t[i];
  }
  for (i = 0; i < m; i++)                     //输出每个机器处理的作业
  {
    cout<<"机器"<<i<<":";
    for (j = 0; j <= rear[i]; j++)
      cout<<"作业"<<S[i][j]<<"  ";
    cout<<endl;
  }
}
```

课件 13-4

# 13.4 拓展与演练

## 13.4.1 带权顶点覆盖问题

【问题】 对于无向图 $G=(V, E)$,每个顶点 $v\in V$ 都有一个权值 $w(v)$,对于顶点集 $V$ 的一个子集 $V'\subseteq V$,若 $(u, v)\in E$,则 $v\in V'$ 或 $u\in V'$,称集合 $V'$ 是图 $G$ 一个的顶点覆盖。在图 $G$ 的所有顶点覆盖中,所含顶点权值之和最小的顶点覆盖称为 $G$ 的**最小权值顶点覆盖**。例如图 13-8 所示,图(a)为顶点带权无向图,图(b)为权值和为 8 的顶点覆盖,图(c)为权值和为 9 的顶点覆盖,显然,图(b)为最小权值顶点覆盖。

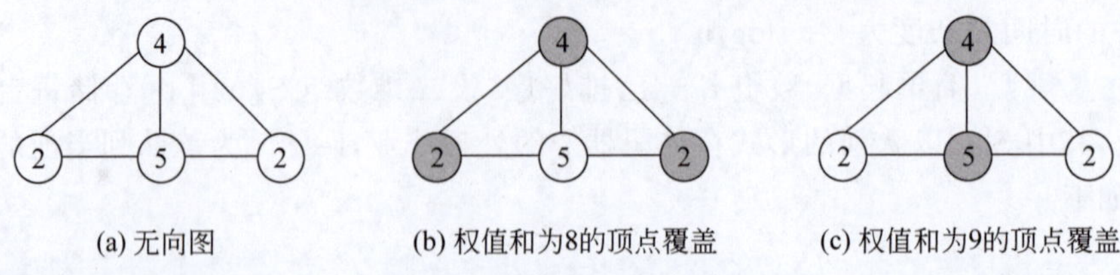


图 13-8 带权顶点覆盖示例

【想法】 最小权值顶点覆盖的近似算法采用定价法,不断寻找紧致的顶点加入顶点覆盖集合。设 $c_{ij}$ 表示边 $(i, j)$ 上的权值,$w_i$ 表示顶点 $i$ 的权值,$S_i$ 表示与顶点 $i$ 相关联的所有边的集合,定价法要求与顶点 $i$ 所关联的所有边的权值之和必须小于等于该顶点的权值,即对于每个顶点 $i\in E$,满足:

$$\sum_{(i,j)\in S_i} c_{ij} \leqslant w_i \tag{13-4}$$

如果边 $(i, j)$ 相关联的两个顶点 $i$ 和 $j$ 均满足式(13-4),则称边 $(i, j)$ 满足**边上权值的公平性**,并且将满足 $\sum_{(i,j)\in S_i} c_{ij}=w_i$ 的顶点称为**紧致顶点**(compact vertex)。

定价法对边上权值的设定与寻找覆盖顶点同步进行,图 13-9 给出了近似算法求解带权顶点覆盖问题的过程。首先将所有边的权值初始化为 0,然后取一条边 $(a, b)$,根据边上权值的公平性,边 $(a, b)$ 的权值为 2,找到紧致的顶点 $b$,如图(b)所示;再取一条边 $(a, d)$,得到边 $(a, d)$ 的权值为 2,找到紧致的顶点 $a$,如图(c)所示;再取一条边 $(d, c)$,得到边 $(d, c)$ 的权值为 2,找到紧致的顶点 $c$,如图(d)所示;此时图中不存在紧致顶点,算法结束,得到最小权值之和为 8 的顶点覆盖 $\{a, b, c\}$。

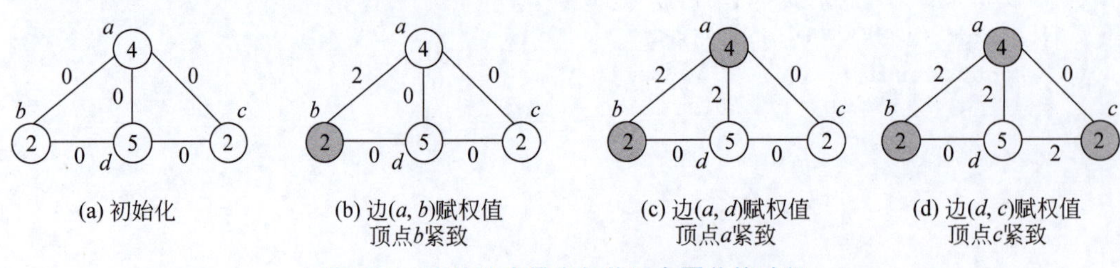


图 13-9 定价法求最小权值顶点覆盖的过程

**【算法】** 设图 $G$ 中有 $n$ 个顶点 $e$ 条边，数组 w[n]存储顶点的权值，数组 p[e]存储边 $(i, j)$ 的权值，算法如下。

```
算法：定价法求最小权值顶点覆盖
输入：图 G=(V, E)，顶点的权重 w[n]
输出：最小权值顶点覆盖集合 U
1. 将数组 p[e]初始化为 0;
2. 重复下述操作直到不存在紧致顶点：
   2.1 在 E 中选取一条边(i, j);
   2.2 d1 =根据顶点 i 计算边(i, j)的权值;
   2.3 d2 =根据顶点 j 计算边(i, j)的权值;
   2.4 如果 d1 < d2，则 U=U+i; p[(i, j)]=d1;
       否则 U=U+j; p[(i, j)]=d2;
3. 返回集合 U;
```

**【算法分析】** 步骤 2 每次迭代结束后，至少有一个顶点是紧致的，算法终止时，集合 $U$ 就是一个最小权值顶点覆盖。对于考查的每一条边，该边依附的两个顶点中有一个顶点是紧致的，所以每一条边会有一个顶点在 $U$ 中，所以 $U$ 是一个顶点覆盖。

下面证明定价法是一个 2 倍近似算法。由于集合 $U$ 中所有顶点均是紧致的，因此，与集合 $U$ 中顶点相关联的所有边的权值之和等于所有顶点的权值之和，即：

$$w(U)=\sum_{i\in U} w_i=\sum_{i\in U}\sum_{(i,j)} c_{ij}$$

设集合 $U^*$ 是一个最优解，采用定价法对边进行赋值，在计算 $\sum_{i\in V}\sum_{(i,j)} c_{ij}$ 时图 $G$ 的所有边均计算了两次，因此有下式成立：

$$w(U)=\sum_{i\in U} w_i=\sum_{i\in U}\sum_{(i,j)} c_{ij}\leqslant\sum_{i\in V}\sum_{(i,j)} c_{ij}=2\sum_{(i,j)\in E} c_{ij}\leqslant 2W(U^*)$$

因此，定价法求最小权值顶点覆盖的近似比是 2。

## 13.4.2　子集和问题

**【问题】** 给定一个正整数集合 $S=\{s_1, s_2, \cdots, s_n\}$，子集和问题(sum of sub-set problem)要求在集合 $S$ 中，找出不超过正整数 $C$ 的最大和。

**【想法】** 考虑蛮力法求解子集和问题，为了求集合 $\{s_1, s_2, \cdots, s_n\}$ 的所有子集和，先将所有子集和的集合初始化为 $L_0=\{0\}$，然后求子集和包含 $s_1$ 的情况，即 $L_0$ 的每一个元素加上 $s_1$（用 $L_0+s_1$ 表示），则 $L_1=L_0\cup(L_0+s_1)=\{0, s_1\}$；再求子集和包含 $s_2$ 的情况，即 $L_1$ 的每一个元素加上 $s_2$，则 $L_2=L_1\cup(L_1+s_2)=\{0, s_1, s_2, s_1+s_2\}$；依次类推，一般情况下，为求子集和包含 $s_i(1\leqslant i\leqslant n)$ 的情况，即 $L_{i-1}$ 的每一个元素加上 $s_i$，则 $L_i=L_{i-1}\cup(L_{i-1}+s_i)$。因为子集和问题要求不超过正整数 $C$，所以，每次合并时都要在 $L_i$ 中删除所有大于 $C$ 的元素。例如，$S=\{104, 102, 201, 101\}$，$C=308$，利用上述算法求解子集和问题的过程如图 13-10 所示，求得的最大和是 307，相应的子集是 $\{104, 102, 101\}$。

蛮力法求解子集和问题，需要将集合 $S$ 的每一个元素 $s_i(1\leqslant i\leqslant n)$ 依次加到集合

$L_0=\{0\}$
$L_1=L_0\cup(L_0+104)=\{0\}\cup\{104\}=\{0, 104\}$
$L_2=L_1\cup(L_1+102)=\{0, 104\}\cup\{102, 206\}=\{0, 102, 104, 206\}$
$L_3=L_2\cup(L_2+201)=\{0, 102, 104, 206\}\cup\{201, 303, 305, 407\}$
$=\{0, 102, 104, 201, 206, 303, 305\}$
$L_4=L_3\cup(L_3+101)=\{0, 102, 104, 201, 206, 303, 305\}\cup\{101, 203, 205, 302, 307, 404, 406\}$
$=\{0, 101, 102, 104, 201, 203, 205, 206, 302, 303, 305, 307\}$

图 13-10　蛮力法求解子集和问题示例

$L_{i-1}$中再执行合并操作,最坏情况下,$L_i$ 的元素各不相同,则 $L_i$ 有 $2^i$ 个元素,因此,时间复杂度为 $O(2^n)$。

基于上述过程,子集和问题的近似算法在每次合并结束并且删除所有大于 $C$ 的元素后,在不超过近似误差 ε 的前提下,以 $\delta=\varepsilon/n$ 作为修整参数,对于元素 $z$,在合并结果中删去满足条件$(1-\delta)\times y\leqslant z\leqslant y$ 的元素 $y$,尽可能减少下次参与迭代的元素个数,从而获得算法时间性能的提高。例如,$S=\{104, 102, 201, 101\}$,$C=308$,给定近似参数 $\varepsilon=0.2$,则修整参数为 $\delta=\varepsilon/n=0.05$,利用近似算法求解子集和问题的过程如图 13-11 所示。算法最后返回 302 作为子集和问题的近似解,而最优解为 307,所以,近似解的相对误差不超过预先给定的近似参数 0.2。

$L_0=\{0\}$
$L_1=L_0\cup(L_0+104)=\{0\}\cup\{104\}=\{0, 104\}$
对 $L_1$ 进行修整:$L_1=\{0, 104\}$,未删去元素
$L_2=L_1\cup(L_1+102)=\{0, 104\}\cup\{102, 206\}=\{0, 102, 104, 206\}$
对 $L_2$ 进行修整:$L_2=\{0, 102, 206\}$,删去元素 104
$L_3=L_2\cup(L_2+201)=\{0, 102, 206\}\cup\{201, 303, 407\}=\{0, 102, 201, 206, 303\}$
对 $L_3$ 进行修整:$L_3=\{0, 102, 201, 303\}$,删去元素 206
$L_4=L_3\cup(L_3+101)=\{0, 102, 201, 303\}\cup\{101, 203, 302, 404\}$
$=\{0, 101, 102, 201, 203, 302, 303\}$
对 $L_4$ 进行修整:$L_4=\{0, 101, 201, 302\}$,删去元素 102、203、303

图 13-11　近似算法求解子集和问题示例

**【算法】** 给定近似参数 ε,算法如下。

算法:子集和问题的近似算法 SubCollAdd
输入:正整数集合 $S$,正整数 $C$,近似参数 ε
输出:最大和
1. 初始化:$L_0=\{0\}$;$\delta=\varepsilon/n$;
2. 循环变量 $i$ 从 1 至 $n$ 依次处理集合 $S$ 中的每一个元素 $s_i$
　2.1 计算 $L_{i-1}+s_i$;

2.2 执行合并操作：$L_i = L_{i-1} \cup (L_{i-1} + s_i)$；
2.3 在 $L_i$ 中删去大于 $C$ 的元素；
2.4 对 $L_i$ 中的每一个元素 $z$，删去与 $z$ 相差 $\delta$ 的元素；
3. 输出 $L_n$ 的最大值；

**【算法分析】** 每次对集合 $L_i$ 进行合并、删去超过 $C$ 的元素以及修整操作的计算时间为 $O(|L_i|)$。因此，算法的计算时间不会超过 $O(n \times |L_i|)$。

下面考查算法 SubCollAdd 的近似比。设近似算法得到的近似最优解为 $c$，子集和问题的最优解为 $c^*$，注意到，在对 $L_i$ 进行修整时，被删除元素与其代表元素的相对误差不超过 $\varepsilon/n$。用数学归纳法可以证明，对于 $L_i$ 中任一不超过 $C$ 的元素 $y$，在 $L_i$ 中有一个元素 $z$，使得

$$(1-\varepsilon/n)^i y \leqslant z \leqslant y$$

由于最优解 $c^* \in L_n$，故存在 $z \in L_n$，使得 $(1-\varepsilon/n)^n c^* \leqslant z \leqslant c^*$。又因为算法返回的是 $L_n$ 中的最大元素，所以，有 $z \leqslant c \leqslant c^*$。因此

$$(1-\varepsilon/n)^n c^* \leqslant c \leqslant c^*$$

由于 $(1-\varepsilon/n)^n$ 是 $n$ 的递增函数，所以，当 $n>1$ 时，有 $(1-\varepsilon) \leqslant (1-\varepsilon/n)^n$。由此可得：

$$(1-\varepsilon)c^* \leqslant c \leqslant c^*$$

因此，算法 SubCollAdd 求得的近似解与最优解的相对误差不超过 $\varepsilon$。

**【算法实现】** 设数组 s[n]存储集合 $S$，为执行合并操作，设数组 L1 和 L2 分别存储 $L_{i-1}$ 和 $L_{i-1}+s_i$，且 $L_{i-1}$ 与 $L_{i-1}+s_i$ 的合并结果存储在数组 L3 中，设变量 n1 和 n2 分别表示数组 L1 和 L2 的元素个数，程序如下。

源代码 13-4

```
int SubCollAdd(int s[ ], int n, int C, double e)
{
  int L1[1000], L2[1000], L3[1000];
  double d = e/n;
  int i, j, k, n1, n2, p, q, x, z;
  L1[0] = 0; n1 = 1;                          //初始化
  for (i = 0; i < n; i++)                     //依次处理 s 中的每一个元素
  {
    for (n2 = 0, j = 0; j < n1; j++)          //计算 Li-1 + si
    {
      x = L1[j] + s[i];
      if (x < C) L2[n2++] = x;
    }
    p = 0, q = 0; k = 0;                      //以下为合并操作
    while (p < n1 && q < n2)
    {
      if (L1[p] == L2[q])
      {
```

```
        L3[k++] = L1[p++]; q++;
      }
      else if (L1[p] < L2[q])
        L3[k++] = L1[p++];
      else
        L3[k++] = L2[q++];
    }
    while (p < n1) L3[k++] = L1[p++];
    while (q < n2) L3[k++] = L2[q++];
    for (n1 = 0, j = 0; j < k; j++)                    //对 Li 进行修整
    {
      L1[n1++] = L3[j];                                //修正结果存储在 L1 中
      z = L3[j];
      while (j < k - 1)
        if (((1 - d) * L3[j + 1] <= z) && ( z <= L3[j + 1]))
          j++;
        else break;
    }
  }
  return L1[n1-1];                                     //返回最大的子集和
}
```

## 实验13　TSP问题的近似算法

【实验题目】 求解TSP问题有很多近似算法，其中比较简单的一种算法是2-最优算法。其基本思想是：首先生成 $n$ 个城市的一个随机排列 $T$，然后交换这个路径 $T$ 中不相邻的两条边(称为 $T$ 的邻域)得到新的路径 $T'$，如果 $T'$ 的代价比 $T$ 的代价小，则用 $T'$ 替换 $T$，如图13-12所示；如果 $T$ 的邻域中找不到比 $T$ 更好的解，则算法结束。

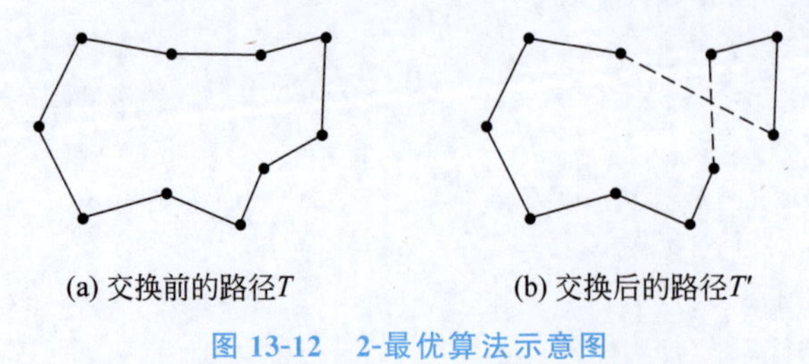


图13-12　2-最优算法示意图

【实验要求】 设计2-最优算法求解TSP问题，并考查算法的近似比。

【实验提示】 2-最优算法的基本操作是交换路径 $T$ 中不相邻的两条边，实质上是随机交换两对顶点，如果交换后构成一条路径，再将新路径长度与当前最短路径长度进行比较。算法的终止条件可以设定交换次数，也可以是当前最短路径长度不再更新，但是算法可能会收敛到局部最优解。

# 习　题　13

1. 对于图 13-13 所示无向图，写出近似算法求解顶点覆盖问题的过程。

2. 将 13.2.1 节顶点覆盖问题的近似算法用 C++ 语言实现并上机执行。

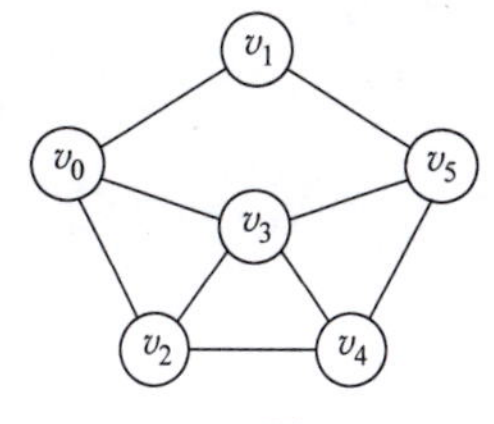

图 13-13　第 1 题图

3. 给出满足三角不等式 TSP 问题的一个实例，对于该问题实例应用 13.2.2 节介绍的近似算法进行求解，给出求解过程。

4. 给定集合 $S=\{3, 7, 5, 9\}$，$C=20$，近似参数 $\varepsilon=0.2$，写出近似算法求解子集和问题的过程。

5. 设计求解 0/1 背包问题的近似算法，并考查近似算法的近似比。

6. 双机调度问题。设有 $n$ 个作业$\{J_1, J_2, \cdots, J_n\}$可以在 2 台相同的机器上进行处理，每一个作业都可以在任一台机器上处理且没有顺序限制，作业 $J_i$ 的处理时间为 $t_i(1 \leqslant i \leqslant n)$，要求把 $n$ 个作业分配给这 2 台机器使得完成的总时间最短。为双机调度问题设计近似算法，并考查近似算法的近似比。

7. 令 $G=(V, E)$是一个无向图，考虑如下求解顶点覆盖问题的近似算法。首先把图 $G$ 的顶点按度从大到小排序，然后，执行下述操作，直至把所有的边都覆盖：在图中挑选至少关联于一条边且度最大的顶点，将该顶点加入顶点覆盖集合，并删除与这个顶点相关联的所有边。如果这个近似算法可以得到近似最优解，请设计算法并分析近似比，否则请说明原因。

8. 令 $G=(V, E)$是一个无向图，考虑如下求解最大团问题的近似算法：设 $V'=\{\ \}$，向 $V'$中添加一个顶点，该顶点不在 $V'$中且和 $V'$的每个顶点相邻接。重复上述过程，直至没有与 $V'$中每个顶点都邻接的顶点。请设计这个近似算法，并考查算法的近似比。

# 第14章 概率算法

前面讨论的算法设计技术都是确定性算法，算法的每一步都明确指定下一步该如何进行，对于任何合理的输入，确定性算法都必须给出正确的输出。概率算法(probabilistic algorithm)把“对于所有合理的输入都必须给出正确的输出”这个条件放宽，允许算法在执行过程中随机选择下一步该如何进行，同时允许结果以较小的概率出现错误，并以此为代价，获得算法运行时间的大幅减少。如果一个问题没有找到有效的确定性算法可以在合理的时间内给出解答，但是该问题能接受小概率的错误，那么，概率算法也许可以快速找到这个问题的解。

## 14.1 概　　述

课件 14-1

### 14.1.1 概率算法的设计思想

假设你意外地得到了一张藏宝图，但是，可能的藏宝地点有两个，要到达其中一个地点，或者从一个地点到达另一个地点都需要 5 天的时间。你需要 4 天的时间解读藏宝图，得出确切的藏宝位置，但是一旦出发后就不允许再解读藏宝图。更麻烦的是，有另外一个人知道这个藏宝地点，每天都会拿走一部分宝藏。不过，有一个小精灵可以告诉你如何解读藏宝图，它的条件是，需要支付给它相当于知道藏宝地点的那个人 3 天拿走的宝藏。如何做才能得到更多的宝藏呢？

假设宝藏的总价值是 $x$，知道藏宝地点的那个人每天拿走宝藏的价值是 $y$，并且 $x>9y$，可行的方案有：

(1) 用 4 天的时间解读藏宝图，用 5 天的时间到达藏宝地点，可获宝藏价值 $x-9y$。

(2) 接受小精灵的条件，用 5 天的时间到达藏宝地点，可获宝藏价值 $x-5y$，但需付给小精灵宝藏价值 $3y$，最终可获宝藏价值 $x-8y$。

(3) 投掷硬币决定首先前往哪个地点，如果发现地点是错的，就前往另一个地点。这样，有一半的机会获得宝藏价值 $x-5y$，另一半的机会获得

宝藏价值 $x-10y$,从概率的角度,最终可获宝藏价值 $x-7.5y$。

当面临一个选择时,如果计算正确选择的时间大于随机确定一个选择的时间,那么,就应该随机选择一个。同样,当算法在执行过程中面临一个选择时,有时随机选择算法的执行动作可能比花费时间计算哪个是最优选择要好。随机从某种角度来说就是运气,但是在算法中增加这种随机性的因素,通常可以引导算法快速地求解问题。例如,判断表达式 $f(x_1, x_2, \cdots, x_n)$是否恒等于0,概率算法首先随机生成一个 $n$ 元向量$(r_1, r_2, \cdots, r_n)$,并计算 $f(r_1, r_2, \cdots, r_n)$的值,如果 $f(r_1, r_2, \cdots, r_n)\neq 0$,则 $f(x_1, x_2, \cdots, x_n)\neq 0$;如果 $f(r_1, r_2, \cdots, r_n)=0$,说明或者 $f(x_1, x_2, \cdots, x_n)$恒等于0,或者是向量$(r_1, r_2, \cdots, r_n)$比较特殊,如果这样重复几次,继续得到 $f(r_1, r_2, \cdots, r_n)=0$ 的结果,那么就可以得出 $f(x_1, x_2, \cdots, x_n)$恒等于0的结论,并且测试的随机向量越多,这个结果出错的可能性就越小。

概率算法在运行过程中,包括一处或若干处随机选择,根据随机值来决定算法的运行,因此,对于相同的输入实例,概率算法的执行时间可能不同,因此,概率算法通常分析平均情况下的**期望时间复杂度**(expected time complexity),即在相同输入实例上重复执行概率算法的平均时间。

### 14.1.2 随机数生成器

概率算法需要由一个随机数生成器产生**随机数序列**(random number sequence),以便在算法的运行过程中,按照这个随机数序列进行随机选择。目前,在计算机上产生随机数还是一个难题,因为在原理上,这个问题只能近似解决,换言之,在现实计算机上无法产生真正的随机数。计算机产生随机数的方法通常采用线性同余法,产生的随机数序列为$(a_0, a_1, \cdots, a_n, \cdots)$,满足:

$$\begin{cases} a_0 = d \\ a_n = (ba_{n-1} + c) \bmod m \quad n = 1, 2, \cdots \end{cases} \tag{14-1}$$

其中,$b\geqslant 0$,$c\geqslant 0$,$m>0$,$d\leqslant m$。$d$ 称为**随机种子**(random seed),当 $b$、$c$ 和 $m$ 的值确定后,给定一个随机种子,由式(14-1)产生的随机数序列也就确定了。换言之,如果随机种子相同,一个随机数生成器将会产生相同的随机数序列。所以,严格地说,随机数只是一定程度上的随机,应该将随机数称为**伪随机数**(pseudo-random)。如何选择常数 $b$、$c$ 和 $m$ 将直接关系到产生随机数序列的“随机”性能,这是随机性理论研究的内容,有兴趣的读者可查阅相关资料。

程序设计语言一般都会提供随机数生成器,例如 C++ 语言提供库函数 rand( )可以产生[0, 32767]上的随机整数,下面给出可以产生分布在任意区间[$a$, $b$]上的随机数算法。

```
int Random(int a, int b)
{
  return (rand( )%(b-a) + a);
}
```

# 14.2 舍伍德型概率算法

课件 14-2

## 14.2.1 舍伍德型概率算法的设计思想

分析确定性算法在平均情况下的时间复杂度时，通常假定算法的输入实例满足某一特定的概率分布。事实上，很多算法对于不同的输入实例，运行时间差别很大，此时，可以采用舍伍德型(Sherwood)概率算法来消除算法的时间复杂度与输入实例间的这种依赖关系，通常有两种方式：①在确定性算法的某些步骤引入随机因素，将确定性算法改造成舍伍德型概率算法；②借助随机预处理技术，不改变原有的确定性算法，仅对输入实例进行随机处理(称为洗牌)，然后再执行确定性算法。假设输入实例为整型，变量 $k$ 表示洗牌的张数，下面的洗牌算法可在线性时间实现对输入实例进行随机处理。

```
void RandomShuffle(int r[ ], int n)
{
  int i, j, k = n/2, temp;
  for (i = 0; i < k; i++)
  {
    j = Random(0, n-1);                          //随机选择一个元素
    temp = r[i]; r[i] = r[j]; r[j] = temp;       //交换 r[i]和 r[j]
  }
}
```

与对应的确定性算法相比，舍伍德型概率算法不是改进了算法的最坏情况行为，而是设法消除了算法的不同输入实例对算法时间性能的影响，对于任何输入实例，舍伍德型概率算法能够以较高的概率与原有的确定性算法在平均情况下的时间复杂度相同。

## 14.2.2 快速排序

【问题】 设计快速排序的舍伍德型概率算法。快速排序算法请参见 6.2.2 节。

【想法】 快速排序算法的关键是在一次划分中选择合适的轴值作为划分的基准，如果轴值是序列中最小(或最大)元素，则一次划分后，由轴值分割得到的两个子序列不均衡，使得快速排序的时间性能降低，如图 14-1(a)所示。可以在一次划分之前，在待排序序

| 初始键值序列 | **6** | 35 | 19 | 23 | 30 | 12 | 58 |
|---|---|---|---|---|---|---|---|
| 一次划分结果 | **6** | [35 | 19 | 23 | 30 | 12 | 58] |

(a) 以最小值6为轴值，划分不均衡

| 初始键值序列 | 6 | 35 | 19 | **23** | 30 | 12 | 58 |
|---|---|---|---|---|---|---|---|
| 随机选择轴值 | **23** | 35 | 19 | 6 | 30 | 12 | 58 |
| 一次划分结果 | [12 | 6 | 19] | **23** | [30 | 35 | 58] |

(b) 随机选择轴值，划分均衡

图 14-1　一次划分引入随机选择的示例

列中随机确定一个元素作为轴值,并与第一个元素交换,则一次划分后得到期望均衡的两个子序列,如图 14-1(b)所示。也可以在执行快速排序之前调用洗牌函数 RandomShuffle,将待排序序列随机排列。这两种方法都能够以较高的概率避免快速排序的最坏情况。

【算法实现】 在快速排序算法执行一次划分之前引入随机选择,得到舍伍德型概率算法进行快速排序,程序如下。

源代码 14-1

```
void RandQuickSort(int r[ ], int low, int high)
{
  int i, k, temp;
  if (low < high)
  {
    i = Random(low, high);                          //随机选择 r[i]作为轴值
    temp = r[low]; r[low] = r[i]; r[i] = temp;
    k = Partition(r, low, high);
    RandQuickSort(r, low, k-1);
    RandQuickSort(r, k+1, high);
  }
}
```

【算法分析】 函数 Partition 与快速排序的一次划分相同,参见 6.2.2 节。函数 RandQuickSort 在最坏情况下的时间复杂度仍是 $O(n^2)$,此时随机数发生器在第 $i$ 次随机选择的轴值恰好都是序列中第 $i$ 小(或第 $i$ 大)元素。显然,这种情况出现的概率是微乎其微的。因此,算法的期望时间复杂度是 $O(n\log_2 n)$。

### 14.2.3 二叉查找树

二叉查找树(binary search trees)是具有下列性质的二叉树:①若它的左子树不空,则左子树上所有结点的值均小于根结点的值;②若它的右子树不空,则右子树上所有结点的值均大于根结点的值;③它的左右子树也都是二叉排序树。

【问题】 设计舍伍德型概率算法构造二叉查找树,使得二叉查找树左右子树的结点数大致相等。

【想法】 构造二叉查找树的过程是从空的二叉查找树开始,依次插入一个个结点。图 14-2 给出了对于集合{30, 20, 25, 35, 40, 15}构造二叉查找树的过程。

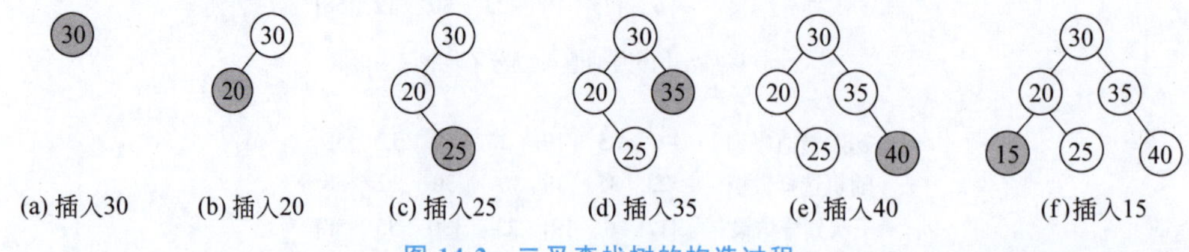


图 14-2 二叉查找树的构造过程

在二叉查找树的构造过程中，插入结点的次序不同，二叉查找树的形状就不同，而不同形状的二叉查找树可能具有不同的深度。具有 $n$ 个结点的二叉查找树，最大深度为 $n$，如图 14-3 所示，最小深度为$\lfloor \log_2 n \rfloor+1$，如图 14-2(f)所示。

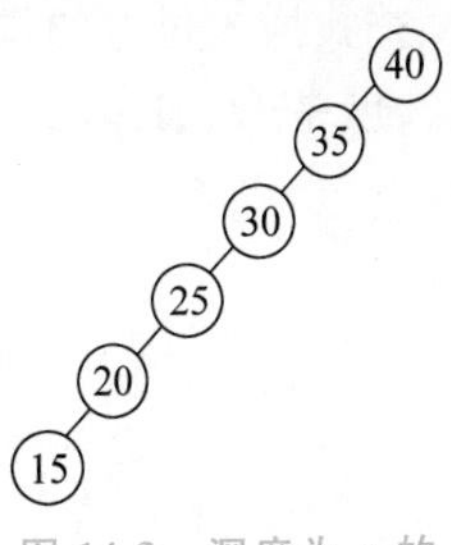


图 14-3　深度为 $n$ 的二叉查找树

构造二叉查找树的舍伍德型概率算法可以在插入每一个结点时，在查找集合中随机选定一个元素，也可以在执行构造算法之前调用洗牌函数 RandomShuffle，将查找集合随机排列。

【算法实现】　二叉查找树采用二叉链表存储，设 root 为指向二叉链表的根指针，舍伍德型概率算法采用洗牌方法，程序如下。

源代码 14-2

```
struct BiNode
{
  int data;
  BiNode * lchild, * rchild;
};
BiNode * InsertBST(BiNode * root, BiNode * s)
{
  if (root == NULL) root = s;
  else if (s->data < root->data) root->lchild = InsertBST(root->lchild, s);
  else root->rchild = InsertBST(root->rchild, s);
  return root;
}
BiNode * Creat(BiNode * root, int r[ ], int n)
{
  int i, j, temp;
  BiNode * s = NULL;
  for (i = 0; i < n/2; i++)                        //执行洗牌操作
  {
    j = rand( ) % n;                               //随机选择一个元素
    temp = r[i]; r[i] = r[j]; r[j] = temp;         //交换 r[i]和 r[j]
  }
  for (i = 0; i < n; i++)
  {
    s = new BiNode; s->data = r[i];
    s->lchild = s->rchild = NULL;
    root = InsertBST(root, s);
  }
  return root;
}
```

【算法分析】　在二叉查找树中执行插入操作，首先要执行查找操作，在找到插入位置后，只需修改相应指针。构造二叉查找树的舍伍德型概率算法消除了二叉查找树的深度与输入实例间的依赖关系，对于任意输入实例，二叉查找树的期望深度是 $O(\log_2 n)$。在算法 Creat 中,洗牌操作的时间开销是 $O(n)$,插入操作需要执行 $n$ 次,插入第 $i$ 个结点时,查找插入位置的操作不超过二叉查找树的期望深度 $O(\log_2 i)$,因此,算法的期望时间复杂度是 $O(n\log_2 n)$。

课件 14-3

# 14.3 拉斯维加斯型概率算法

## 14.3.1 拉斯维加斯型概率算法的设计思想

拉斯维加斯(Las Vegas)型概率算法对同一个输入实例反复多次运行算法,直至运行成功,获得问题的解,如果运行失败,在相同的输入实例上再次运行算法。需要强调的是,拉斯维加斯型概率算法的随机性选择有可能导致算法找不到问题的解,即算法运行一次,或者得到一个正确的解,或者无解。只要出现失败的概率不占多数,当算法运行失败时,在相同的输入实例上再次运行概率算法,就又有成功的可能。

设 $p(x)$ 是对输入实例 $x$ 调用拉斯维加斯型概率算法获得问题的一个解的概率,则一个正确的拉斯维加斯型概率算法应该对于所有的输入实例 $x$ 均有 $p(x)>0$。在更强的意义下,要求存在一个正的常数 $\delta$,使得对于所有的输入实例 $x$ 均有 $p(x)>\delta$。由于 $p(x)>\delta$,所以,只要对算法运行的次数足够多,对任何输入实例 $x$,拉斯维加斯型概率算法总能找到问题的一个解。换言之,拉斯维加斯型概率算法找到正确解的概率随着运行次数的增加而提高。

## 14.3.2 八皇后问题

【问题】 八皇后问题(eight queens problem)是在 8×8 的棋盘上摆放 8 个皇后,使其不能互相攻击,即任意两个皇后都不能处于同一行、同一列或同一斜线上。

【想法】 对于八皇后问题的任何一个解而言,每一个皇后在棋盘上的位置都无任何规律,不具有系统性,更像是随机放置的。由此得到拉斯维加斯型概率算法:在棋盘的各行中随机地放置皇后,并使新放置的皇后与已放置的皇后互不攻击,直至 8 个皇后均已相容地放置好,或下一个皇后没有可放置的位置。

【算法】 设 $n$ 皇后问题的可能解用向量 $X=(x_1, x_2, \cdots, x_n)$ 表示,其中,$1\leqslant x_i\leqslant n$ 并且 $1\leqslant i\leqslant n$,即第 $i$ 个皇后放置在第 $i$ 行第 $x_i$ 列,解向量 $X$ 必须满足的约束条件请参见 10.2.5 节,算法如下。

算法:八皇后问题的拉斯维加斯型概率算法 Queen
输入:皇后的个数 $n$
输出:满足约束条件解向量 $X$
1. 试探次数 count 初始化为 0;
2. 循环变量 $i$ 从 1 至 $n$ 放置第 $i$ 个皇后:
    2.1 $j=[1, n]$的随机数;
    2.2 count=count+1,进行第 count 次试探;

> 2.3 若皇后 $i$ 放置在位置 $j$ 不发生冲突，则 $x_i=j$；count=0；
> 　　转步骤 2 放置下一个皇后；
> 2.4 若(count == $n$)，则无法放置皇后 $i$，算法运行失败，结束算法；
> 　　否则，转步骤 2.1 重新放置皇后 $i$；
> 3. 输出解向量($x_1$, $x_2$, …, $x_n$)；

【算法分析】 随着棋盘上放置皇后数量的增多，算法试探的次数也随之增加。如果将上述随机放置策略与回溯法相结合，则会获得更好的效果。可以先在棋盘的若干行随机地放置相容的皇后，其他皇后用回溯法继续放置，直至找到一个解或宣告失败。在棋盘中随机放置的皇后越多，回溯法搜索所需的时间就越少，但失败的概率越大。例如八皇后问题，实验表明，随机地放置两个皇后再采用回溯法比完全采用回溯法快大约两倍；随机地放置三个皇后再采用回溯法比完全采用回溯法快大约一倍；而所有皇后都随机放置比完全采用回溯法慢大约一半。很容易解释这个现象：不能忽略产生随机数所需的时间，当随机放置所有的皇后时，八皇后问题的求解大约有 70% 的时间都用在了产生随机数上。

【算法实现】 设数组 x[n]表示皇后的列位置，其中 x[i]表示皇后 $i$ 摆放在 x[i]的位置，程序如下。

源代码 14-3

```
int Queen(int x[ ], int n)
{
  int i, j, k, count = 0;
  for (i = 0; i < n; )
  {
    j = Random(0, n-1);                          //注意数组下标从 0 开始
    x[i] = j; count++;
      for (k = 0; k < i; k++)                    //检测约束条件
      if (x[i] == x[k] || abs(i - k) == abs(x[i] - x[k])) break;
    if (k == i)                                  //不发生冲突,摆放下一个
    { count = 0; i++; }
    else if (count == n)                         //无法摆放皇后 i
      return 0;
  }
  return 1;
}
```

## 14.3.3 整数因子划分问题

【问题】 如果 $n$ 是一个合数，则 $n$ 必有一个非平凡因子 $m$($m\neq 1$ 且 $m\neq n$)，使得 $m$ 可以整除 $n$。给定一个合数 $n$，求 $n$ 的一个非平凡因子的问题称为整数因子划分问题(integer factor partition problem)。

【想法】 对一个正整数 $n$ 进行因子划分，最自然的想法是试除，即 $m$ 从 $2\sim\sqrt{n}$ 依次试除,如果 $n \bmod m=0$,则 $n$ 可以划分为 $m$ 和 $n/m$;如果余数均不为 0,则 $n$ 是一个素数。显然,这个算法的时间复杂度是 $O(\sqrt{n})$。这是一个伪多项式时间算法,对于一个正整数 $n$,其位数为 $m=\lceil \log_{10}(n+1) \rceil$,则算法的时间复杂度是 $O(10^{m/2})$,随着整数 $n$ 位数的增加,算法的时间复杂度呈指数阶增长。整数因子划分问题的拉斯维加斯型概率算法基于下面这个定理。

**定理 14-1** 设整数 $n$ 是一个合数,$1 \leqslant a, b < n(a \neq b)$ 且满足 $a+b \neq n$,如果 $a^2 \bmod n = b^2 \bmod n$,则 $a+b$ 和 $n$ 的最大公约数是 $n$ 的一个非平凡因子。

证明略。例如 $n=18$,取 $a=9, b=3, a+b=12, 9^2 \bmod 18 = 3^2 \bmod 18$,12 和 18 的最大公约数是 6,则 6 是 18 的一个非平凡因子。

**【算法实现】** 求整数 $a+b$ 和 $n$ 的最大公约数采用欧几里得算法(请参见 1.1.2 节),设函数 Pollard 实现求整数 $n$ 的非平凡因子,程序如下。

源代码 14-4

```
int Pollard(int n)
{
  srand(time(NULL));
  int a, b, c, d;
  a = 1 + rand( ) % (n - 1);                    //a为[1, n-1]上的随机整数
  c = (a * a) % n;                              //以下构造满足模 n 相同的 b
  while (c < n * n )
  {
    b = (int)sqrt(c);
    if ((c != b * b) || (a + b = n)) c = c + n;
    else break;
  }
  if (c == n * n) return 0;                     //本次算法执行失败
  else d = CommFactor(a + b, n);                //调用欧几里得算法求最大公约数
  if (d > 1) return d;
  else return 0;                                //本次算法执行失败
}
```

**【算法分析】** 在执行成功的情况下,while 循环最多执行 $n$ 次,得到 $n$ 的一个非平凡因子 $d$;在执行失败的情况下,while 循环执行 $n$ 次,没有找到合适的整数 $b$ 结束算法,因此,算法 Pollard 的时间复杂度是 $O(n)$。以上是最坏情况下的时间性能,实验表明,算法 Pollard 通常可以在较快的时间找到整数 $n$ 的一个非平凡因子。

课件 14-4

## 14.4 蒙特卡罗型概率算法

### 14.4.1 蒙特卡罗型概率算法的设计思想

对于许多问题来说,近似解毫无意义。例如,一个判定问题的解为“是”或“否”,二者必居其一,不存在任何近似解。再如,整数因子划分问题的解必须是准确的,一个整数的

近似因子没有任何意义。**蒙特卡罗**(Monte Carlo)型概率算法用于求问题的准确解。蒙特卡罗型概率算法偶尔会出错,但无论任何输入实例,总能以很高的概率找到一个正确解。换言之,蒙特卡罗型概率算法总是给出解,但是,这个解偶尔可能是不正确的,一般情况下,也无法有效地判定得到的解是否正确。蒙特卡罗型概率算法求得正确解的概率依赖于算法的运行次数,算法运行的次数越多,得到正确解的概率就越高。

设 $p$ 是一个实数,且 $1/2<p<1$。如果一个蒙特卡罗型概率算法对于问题的任一输入实例得到正确解的概率不小于 $p$,则称该蒙特卡罗型概率算法是 $p$ **正确**的。如果对于同一输入实例,蒙特卡罗型概率算法不会给出两个不同的正确解,则称该蒙特卡罗型概率算法是**一致**的。如果重复运行一致的 $p$ 正确的蒙特卡罗型概率算法,每一次运行都独立地进行随机选择,则可以使产生不正确解的概率变得任意小。

### 14.4.2　主元素问题

**【问题】** 设 A[n]是含有 $n$ 个元素的数组,$x$ 是数组 A[n]的一个元素,如果数组有一半以上的元素与 $x$ 相同,则称元素 $x$ 是数组 A[n]的**主元素**(major element)。例如,在数组 A[7]={3, 2, 3, 2, 3, 3, 5}中,元素 3 就是主元素。

**【想法】** 蛮力法求解主元素问题需要统计每个元素在数组中出现的次数,如果某个元素出现的次数大于 $n/2$,则该元素就是数组的主元素;如果没有出现次数超过 $n/2$ 的元素,则数组不存在主元素。显然,这个算法的时间复杂度是 $O(n^2)$。

蒙特卡罗型概率算法求解主元素问题可以随机地选择数组的一个元素 A[i]进行统计,如果该元素出现的次数大于 $n/2$,则该元素就是数组的主元素,算法返回 1;否则随机选择的元素 A[i]不是主元素,算法返回 0,本次运行结果表明,或者数组 A[n]没有主元素,或者数组 A[n]有主元素但不是元素 A[i]。再次运行蒙特卡罗型概率算法,直至算法返回 1,或者达到给定的错误概率。

**【算法实现】** 求解主元素问题的蒙特卡罗型概率算法如下。

源代码 14-5

```
int MajorityMC(int A[ ], int n)
{
  int i, j, count = 0;
  i = Random(0, n-1);                              //随机选择一个数组元素
  for (j = 0; j < n; j++)
    if (A[j] == A[i]) count++;
  if (count > n/2) return A[i];                    //A[i]是主元素
  else return 0;
}
```

**【算法分析】** 如果数组存在主元素,算法 MajorityMC 将以大于 1/2 的概率返回 1,即算法出现错误的概率小于 1/2。重复运行算法 $k$ 次,算法返回 0 的概率将减少为 $2^{-k}$,则算法发生错误的概率为 $2^{-k}$。对于任何给定错误概率 $\varepsilon>0$,算法 MajorityMC 重复调用 $\lceil\log_2(1/\varepsilon)\rceil$ 次,时间复杂度是 $O(n\log_2(1/\varepsilon))$。

### 14.4.3 素数测试

【问题】 素数的研究和密码学有很大的关系，素数测试是素数研究的一个重要课题。给定一个正整数 $n$，素数测试(prime number test)要求判定 $n$ 是否是素数。

【想法】 采用概率算法进行素数测试的理论基础来自“现代数论之父”费马(Pierre de Fermat)，他在1636年证明了下面的费马定理。

定理 14-2(费马定理) 如果正整数 $n$ 是一个素数，取任一正整数 $a$ 且 $1<a<n$，则 $a^{n-1} \bmod n \equiv 1$。

证明略。例如7是一个素数，则 $2^6 \bmod 7=1$，$3^6 \bmod 7=1$，$4^6 \bmod 7=1$，$5^6 \bmod 7=1$，$6^6 \bmod 7=1$。

费马定理表明，如果存在一个小于 $n$ 的正整数 $a$，使得 $a^{n-1} \bmod n \neq 1$，则 $n$ 肯定不是素数。费马定理只是素数判定的一个必要条件，有些合数也满足费马定理，这些合数被称为 **Carmichael 数**(Carmichael number，卡迈克尔数)。例如，341是合数，取 $a=2$，但 $2^{340} \bmod 341=1$。幸运的是，Carmichael 数非常少，在1～100 000 000的整数中，只有255个 Carmichael 数。为了提高素数测试的准确性，可以多次随机选取小于 $n$ 的正整数 $a$，重复计算 $a^{n-1} \bmod n$ 来判定 $n$ 是否是素数。例如，对于341，取 $a=3$，则 $3^{340} \bmod 341=56$，从而判定341不是素数。

【算法实现】 为了避免 $a^{n-1}$ 超出int型的表示范围，每做一次乘法之后都对 $n$ 取模，而不是先计算 $a^{n-1}$ 再对 $n$ 取模。程序如下。

源代码 14-6

```
int FermatPrime(int n)
{
  int i, a, b = 1;
  a = Random(2, n-1);                    //产生[2, n-1]上的一个随机整数
  for (i = 1; i < n; i++)                //计算 a^(n-1) mod n
    b = (b * a) % n;
  if (b == 1) return 1;                  //可能是素数或 Carmichael 数
  else return 0;                         //一定不是素数
}
```

【算法分析】 函数 FermatPrime 返回0时，整数 $n$ 一定是合数；如果返回1，说明整数 $n$ 可能是素数，还可能是 Carmichael 数。当一个合数 $n$ 对于整数 $a$ 满足费马定理时，称整数 $a$ 为合数 $n$ 的**伪证据**(pseudo-witness)。所以，只有在选取到一个伪证据时，费马测试的结论才是错误的。幸运的是伪证据相当少。在小于1000的整数中，只有4个合数有伪证据，如果考虑更大范围的整数，这个概率会更小。但是，有些合数的伪证据比例相当高，在小于1000的合数中，情况最坏的是561，有318个伪证据。最坏的一个例子是一个15位的合数651 693 055 693 681，以大于99.9965%的概率返回1，尽管这个数确实是合数！此时，函数 FermatPrime 重复运行任意次数，都不能将错误概率减少到任意小。

课件 14-5

# 14.5　拓展与演练

## 14.5.1　随机数与随机数生成器

随机意味着不可预测、没有任何规律。随机数指的是随机数序列，一个数的随机不具有统计学意义。随机数分为真随机数和伪随机数，真随机数完全没有规律，无法预测每次产生的数，而且不可能重复产生两个相同的真随机数序列；伪随机数是通过某种数学公式或者算法产生的数值序列，虽然在数学意义上不是真正的随机，但是具有类似于真随机数的统计特征。

自古以来，随机数在人类的生产生活中具有重要地位。考古学家在出土的古埃及墓穴里发现了最早的骰子，上古时代，依据火烧龟壳产生的随机龟裂痕迹进行占卜，以及《易经》记载的使用蓍草[①]进行占卜，都是人类利用自然界的事物产生随机数的例子。现代世界需要更多的随机数，1951 年，IBM 公司生产的 Mark Ⅰ计算机内置了随机数生成指令，利用电气噪声可以一次性生成 20 个随机比特。1955 年，RAND 公司发明了一种通过随机脉冲生成随机数的方法，发布了 *A Million Random Digits with* 100 000 *Normal Deviates*（百万乱数表），这是人类第一次产生如此大规模、高质量的随机数。1999 年，Intel 公司集成了芯片级的随机数生成器，利用服务器的热噪声生成随机数。

真随机数只能通过某些随机的物理过程来产生，例如骰子、转盘、电子元件的噪声、放射性的衰变等。但是，通过物理方式采集真随机数需要附加额外的随机数发生装置，获取速度慢、序列不可复现，如果将采集到的真随机数全部保存下来需要占用大量的存储空间。于是人们开始寻求生成伪随机数的数学方法。在伪随机数序列中，每一个数依赖前一个数生成，因此循环重复问题是不可避免的。但是如果这个循环间隔非常大，对实际应用并不会产生影响。

1946 年，冯·诺依曼发明了伪随机数生成器 PRNG，基本思想是从一个随机种子开始，对其平方然后取中间值，接下来重复对其平方再取中间值的过程，就会得到一个具有统计意义的随机数序列，这就是广为人知的平方取中法。然而，冯·诺依曼的方法并没有经得住时间的考验，因为无论从什么随机种子开始，数列最终都会落入某个短循环序列，例如(8100，6100，2100，4100，8100，6100，2100，4100…)。

1949 年，数学家 D.H.Lehmer 发明了线性同余法生成伪随机数序列，产生的随机数序列为$(a_0, a_1, \cdots, a_n)$，满足：

$$\begin{cases} a_0 = d \\ a_n = (ba_{n-1} + c) \bmod m \quad n = 1,2,\cdots \end{cases} \tag{14-2}$$

其中，$b \geqslant 0$，$c \geqslant 0$，$m > 0$，$d \leqslant m$。对于线性同余法，参数选取非常重要，否则生成的序列可能不具有随机特性，最极端的情况是，当 $b = 11$，$c = 0$，$m = 8$，$a_0 = 1$ 时，得到的序列是

① 蓍(读作 shī)的上部为草，中间一个老，下部为曰，意思是老者站在太阳下，以草作为工具进行占卜活动。蓍草的高度一般不超过 3 尺，相传能生长几千年，是草本植物中生长时间最长的一种。蓍草的茎又长又直又硬，所以古人相信用这种草占卜有加持通灵的作用。

(3,1,3,1,3…)。

类似的随机数生成器还有乘同余法,产生(0,1)区间均匀分布的随机小数,递推关系式如下:

$$\begin{cases} x_n = \lambda x_{n-1} \bmod m \\ a_n = x_n / m \end{cases} \tag{14-3}$$

其中,$\lambda > 0, m > 0, x_0$ 称为随机种子。参数选择不同,产生的随机数序列质量也有所差异。更复杂的随机数生成方法还有混合同余法,递推关系式为:

$$\begin{cases} x_n = (\lambda_1 x_{n-1} + \lambda_2 x_{n-2} + \cdots + \lambda_k x_{n-k} + c) \bmod m \\ a_n = x_n / m \end{cases} \tag{14-4}$$

其中,$\lambda_i \geqslant 0 (1 \leqslant i \leqslant k), m > 0, (x_1, x_2, \cdots, x_k)$称为随机种子。

1997 年,数学家 Makoto Matsumoto 和 Takuji Nishimura 发明了梅森旋转随机数生成器(Mersenne Twister),完美地平衡了算法性能和随机数质量,基本思想是基于线性反馈移位寄存器,产生一个循环周期非常长的确定性序列,最长周期可达 $2^{19937}-1$(称为梅森素数)。对于一个 $k$ 位二进制数,可以在$[0, 2^{k-1}]$区间生成离散型均匀分布的随机数。梅森旋转算法是 R、Python、Ruby、Matlab 等语言内置的伪随机数发生器。

### 14.5.2 蒙特卡罗型算法计算定积分

【问题】 应用蒙特卡罗型概率思想计算定积分 $s = \int_a^b f(x)$,其中 $a < b$。

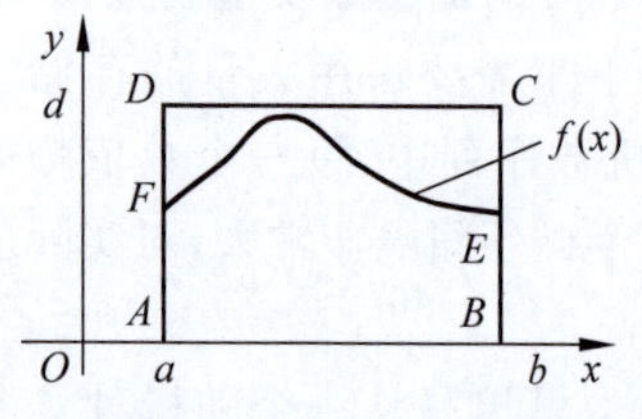

图 14-4 计算定积分示意图

【想法】 设函数 $f(x)$在区间$[a, b]$的最大值为 $d$,则对于任意 $x \in [a, b]$,有 $0 \leqslant f(x) \leqslant d$。蒙特卡罗型概率算法计算定积分的基本思想是:产生 $n$($n$ 足够大)个随机分布在长方形 $ABCD$ 内的点$(x, y)$,其中 $x$ 是区间$[a, b]$上的随机数,$y$ 是区间$[0, d]$上的随机数,如图 14-4 所示,其中落在曲边梯形 $ABEF$ 内的随机点数为 $m$,则曲边梯形 $ABEF$ 的面积即定积分 $s$ 的值,即

$$s = \frac{m}{n}(b-a)d$$

【算法实现】 设变量 $s$ 表示曲边梯形 $ABEF$ 的面积,变量 $x$ 和 $y$ 表示随机产生点的坐标,$f(x) = x^2\sqrt{1+x^3}$,程序如下。

源代码 14-7

```
double MD(int a, int b, int n)
{
  int k, m = 0;
  double c = 0, d = 0, x, y, s;
  for (x = a; x <= b; x = x + 0.01)                    //求 f(x)在区间[a, b]的最大值
  {
    c = x * x * sqrt(1 + x * x * x);
    if (c > d) d = c;
```

```
  }
  for (k = 1; k <= n; k++)
  {
    x = a + (b - a) * (rand( ) % 10000 / 10000.0);  //产生[a, b]的随机小数
    y = d * (rand( ) % 10000 / 10000.0);
    if (y < x * x * sqrt(1 + x * x * x)) m++;
  }
  s = m * (b - a) * d / n;
  return s;
}
```

## 实验 14　随机数生成器

【实验题目】 设计随机数生成器，产生分布在任意整数区间$[a, b]$中的随机数序列。

【实验要求】 ①根据 14.5.1 节介绍的平方取中法、线性同余法、乘同余法和混合乘同余法的基本原理设计随机数生成器；②设计实验调整参数，使得随机数序列的随机性能较好。

【实验提示】 线性同余法的参数选择建议：$m$ 应取充分大的数，$m$ 和 $b$ 应该是互质的，即 $\gcd(m, b)=1$，例如 $b$ 可以取一素数。为了使随机种子 $d$ 尽可能“随机”，参数 $d$ 可以取系统时间，也可以在算法运行中由用户给定。

## 习　题　14

1. 基于费马定理的素数测试算法以很小的概率返回错误的结果，例如，对于 1000 以内的所有整数，合数 15、341、561 和 645 均具有伪证据，请上机验证并找出所有的伪证据。

2. 在求解 $n$ 皇后问题的概率算法中，如果将随机放置策略与回溯法相结合，则会获得更好的效果。例如，对于八皇后问题，随机地放置两个皇后再采用回溯法比完全采用回溯法快大约两倍，随机地放置三个皇后再采用回溯法比完全采用回溯法快大约一倍。请设计实验并验证这个结论。

3. 给定两个矩阵 $\boldsymbol{A}_{n\times n}$ 和 $\boldsymbol{B}_{n\times n}$，设计蒙特卡罗型概率算法判定矩阵 $\boldsymbol{A}$ 和 $\boldsymbol{B}$ 是否互逆。如果满足 $\boldsymbol{AB}=\boldsymbol{BA}=\boldsymbol{E}$，则称矩阵 $\boldsymbol{A}$ 和 $\boldsymbol{B}$ 互逆。

4. 假设 $n$ 是素数，对于整数 $x$ 且 $1\leqslant x\leqslant n-1$，如果存在一个整数 $y$ 且 $1\leqslant y\leqslant n-1$，使得 $x\equiv y^2 \bmod n$，则称 $y$ 是 $x$ 模 $n$ 的平方根，例如 3 是 9 模 13 的平方根。设计一个拉斯维加斯型概率算法，求整数 $x$ 模 $n$ 的平方根。

5. 有三个一样大的箱子，分别放着一台笔记本计算机、一支笔和一盒糖。当然事先你不知道每个箱子装的是哪件东西。现在让你选择其中一个箱子，然后由工作人员打开另外两个箱子中的一个（假设工作人员知道每个箱子里装的是什么），如果工作人员打开的那个箱子里没有笔记本计算机，现在，你被告知作最后的选择：是坚持原来的选择还是

选择另一个没有打开的箱子？哪种选择获得笔记本计算机的概率更大？

6. 一个股票经纪人挑选出1024个人作为客户，每天，他给每个客户寄一份有关股市在第二天涨或跌的预测，这样一直持续10天。到第10天末，一个不幸的客户会惊异地发现，股票经纪人所预测的10次股市走向次次都准确，即使那些得到8次或9次预测准确的客户也会对这个经纪人留下深刻的印象。请说明其中的道理。

# 第15章 群智能算法

自然界中有许多现象令人惊奇，如蚂蚁搬家、鸟群觅食、蜜蜂筑巢等。受动物群体智能的启发，**群智能**（swarm intelligence，SI）算法模拟昆虫、鸟群等群体动物的社会行为机制，通过定义个体行为和群体行为，使群体具有种群多样化与行为指向性，利用群体优势，为复杂问题提供解决方案。经典的群智能算法有遗传算法、蚁群算法、粒子群算法、鱼群算法等。

## 15.1 遗传算法

课件 15-1

### 15.1.1 遗传算法的基本思想

在人类历史上，通过学习和模拟动物行为增强人类自身能力的例子不胜枚举。模拟飞禽，人类可以翱翔天空；模拟游鱼，人类可以横渡海洋；模拟昆虫，人类可以纵观千里；模拟大脑，人类创造了影响世界发展的计算机。1975 年，美国 Michigan 大学的 John Holland 教授模拟达尔文的进化论和孟德尔的遗传变异理论，提出了**遗传算法**[①]（genetic algorithm，GA），其本意是在人工适应系统中设计一种基于自然的演化机制。

遗传算法是一种模拟自然选择和遗传机制等生物进化过程的计算模型，从任意初始种群（多个可能解的集合）出发，通过选择（使种群中的优秀个体有更多的机会遗传给下一代）、交叉（体现自然界种群内部个体之间的信息交换）和变异（在种群中引入新的变种确保种群多样性）等遗传操作，使种群一代一代进化到搜索空间中越来越好的区域，直至达到最优解。

遗传算法建立在自然选择和群体遗传学的基础上，是一种随机的优化与搜索方法，具有并行性、通用性、全局优化性、健壮性、可操作性与简单性等特点，成为信息科学、计算机科学、运筹学和应用数学等诸多学科共同关

---

① 1967 年，Holland 教授的学生 Bagley 在他的博士论文中首次提出了“遗传算法”这一术语，并探讨了遗传算法在博弈中的应用。Bagley 提出的选择、交叉和变异操作与目前遗传算法的相应操作十分接近，对选择进行了有意义的研究，引入了“适应度”的概念，首次提出把交叉和变异融入个体编码，这些思想对于后来遗传算法的研究具有重要意义。

注的热点研究领域。设 $p_r$、$p_c$ 和 $p_m$ 分别表示选择、交叉和变异三种操作的概率，$t$ 表示种群的代数，$P(t)$表示第 $t$ 代种群，遗传算法的一般框架如下：

算法：遗传算法的一般框架
输入：问题模型，$p_r$、$p_c$ 和 $p_m$
输出：最优解
1. 设置种群个数 $N$，随机初始化种群 $P(0)$，$t=0$；
2. 重复下述操作，直到满足终止条件：
  2.1 对种群 $P(t)$的每个个体执行下述操作：
    2.1.1 计算个体的适应值；
    2.1.2 根据个体适应值及选择策略确定个体的选择概率 $p_i$；
    2.1.3 在[0, 1]区间确定一个随机数 $r$；
    2.1.4 根据 $r$、$p_i$ 和 $p_r$ 执行选择操作，将个体加到种群 $P(t+1)$；
  2.2 对 $P(t+1)$以概率 $p_c$ 执行交叉操作，并将结果加到种群 $P(t+1)$；
  2.3 对 $P(t+1)$以概率 $p_m$ 执行变异操作，并将结果加到种群 $P(t+1)$；
  2.4 $t=t+1$；
3. 返回种群中适应值最大的个体；

### 15.1.2 遗传算法的关键问题

理论上，遗传算法可以收敛到全局最优解，但在实际应用中也存在一些问题，如种群早熟、收敛速度慢、收敛于局部最优解等。遗传算法需要解决以下关键问题。

**1. 编码方式**

应用遗传算法的首要问题就是编码方式。遗传算法的求解过程通常不是直接作用于问题的解空间，因此，需要采用某种编码方式将解空间映射到编码空间，每个编码对应问题的一个可能解，称为染色体或**个体**(individual)。编码空间可以是位串、实数等，例如，假设数字9是某问题的一个可能解，则可以用二进制位串1001作为其编码。遗传算法从原理上要求采用尽可能简单的编码方式来表示问题的可能解，但是遗传算法具有很强的健壮性，实际上对编码的要求并不苛刻。

**2. 初始种群**

所谓**种群**(population)就是在编码空间根据适应值(可以理解为解的满意程度)或某种竞争机制选择若干个体组成的群体。遗传算法通常采用随机方法产生初始种群，这样从原理上可以使初始种群均匀分布于整个解空间，使遗传算法从全局范围搜索最优解。种群中个体的数量称为种群规模，如果种群规模太小，遗传算法容易陷入局部最优解，如果种群规模太大，遗传算法的计算量也会很大，因此，种群规模会影响遗传算法的结果和效率。经验表明，种群规模一般取20～100。

**3. 适应度函数**

遗传算法使用**适应度**(fitness)这个概念来评价种群中每个个体在优化过程中可能达到最优解的程度，度量个体适应度的函数称为**适应度函数**(fitness function)。改变种群内部结构的操作通过适应值加以控制，对同一问题采用不同的适应度函数，遗传算法将导致不同的收敛速度及精度，因此，适应度函数非常重要。通常情况下，适应度函数与目标函数密切相关，有时直接将目标函数作为适应度函数。

**4. 遗传操作**

遗传算法主要使用三个操作：选择、交叉和变异。**选择**(selection)也称复制或繁殖，是从当前个体中按照一定的概率选出优良的个体，实现方法通常有轮盘赌法选择、竞争选择、排序选择、稳态选择等。**交叉**(crossover)也称重组或杂交，是将两个个体相互混合，产生由双方基因组成的新个体，实现方法有单点交叉、多点交叉、均匀交叉等。**变异**(mutation)是将个体编码的一些位进行随机变化，实现方法有定概率变异、变概率变异、预测变异等。

**5. 控制参数**

遗传算法必须精心选择以下参数：种群规模、染色体长度、杂交概率、变异概率、终止条件等，这些参数的选择对遗传算法的最终结果和效率影响很大。由于遗传算法无法用传统的方法来判定算法是否收敛以终止算法，常用的方法是预先设定一个最大的进化代数，或算法在连续多少代以后解的适应值没有明显改进。

### 15.1.3　应用举例

**例 15.1**　对于函数 $y=x^2$，利用遗传算法求函数在区间[0, 31]上的最大值。

**解**：首先进行编码、定义适应度函数。由于5位二进制数正好能表示区间[0, 31]上的全部整数，可以用5位二进制数作个体的编码。可以直接将目标函数 $f(x)=x^2$ 作为适应度函数。

其次，确定种群规模、初始化种群。将种群规模 $N$ 设定为4，随机生成初始种群，设 $P(0)=\{s_1, s_2, s_3, s_4\}$，其中 $s_1=01101(13)$，$s_2=11000(24)$，$s_3=01000(8)$，$s_4=10011(19)$。

再次，确定选择概率的计算函数、交叉概率和变异概率。设交叉概率为100%，变异概率为1%，选择概率的计算公式为：

$$p_i=\frac{f(s_i)}{\sum_{j=1}^{n} f(s_j)} \tag{15-1}$$

其中，$f$ 为适应度函数，$f(s_i)$为个体 $s_i$ 的适应值。显然，适应值越高的个体被随机选定的概率就越大，被选中的次数也就越多，从而被繁殖的次数也就越多。

假设最大代数为3，接下来计算各代种群中每个个体的适应值，并进行遗传操作，具体过程如下。

计算 $P(0)$中每个个体的适应值和选择概率，如表15-1所示。执行选择操作，设在[0, 1]区间产生4个随机数：

$$r_1=0.572647,\quad r_2=0.110346,\quad r_3=0.985312,\quad r_4=0.450126$$

根据轮盘赌法选择的结果为：

$$s_1'=11000(24),\quad s_2'=01101(13),\quad s_3'=11000(24),\quad s_4'=10011(19)$$

可以看出，在第一轮选择中适应值最高的个体 $s_2$ 被选中两次，适应值最低的个体 $s_3$

一次也没有被选中而被淘汰。将选择的个体进行交叉操作,将 $s_1'$ 与 $s_2'$ 配对,$s_3'$ 与 $s_4'$ 配对,分别交换后两位基因,得到新的个体:

$$s_1''=11001(25),\quad s_2''=01100(12),\quad s_3''=11011(27),\quad s_4''=10000(16)$$

由于变异概率为1%,种群中共有 $5\times4\times0.01=0.2$ 位基因可以变异,不足1位,本轮操作不发生变异。于是,得到第1代种群 $P(1)$:

$$s_1=11001(25),\quad s_2=01100(12),\quad s_3=11011(27),\quad s_4=10000(16)$$

计算 $P(1)$ 中每个个体的适应值和选择概率,如表15-1所示。执行选择操作,假设4个个体均被选中,然后进行交叉操作,将 $s_1$ 与 $s_2$ 配对,$s_3$ 与 $s_4$ 配对,分别交换后两位基因,得到新的个体:

$$s_1'=11100(28),\quad s_2'=01001(9),\quad s_3'=11000(24),\quad s_4'=10011(19)$$

这一轮仍然没有发生变异,得到第2代种群 $P(2)$:

$$s_1=11100(28),\quad s_2=01001(9),\quad s_3=11000(24),\quad s_4=10011(19)$$

计算 $P(2)$ 中每个个体的适应值和选择概率,如表15-1所示。执行选择操作,假设被选中的个体为:

$$s_1'=11100(28),\quad s_2'=10011(19),\quad s_3'=11000(24),\quad s_4'=11100(28)$$

然后进行交叉操作,将 $s_1'$ 与 $s_2'$ 配对,$s_3'$ 与 $s_4'$ 配对,分别交换后两位基因,得到新的个体:

$$s_1''=11111(31),\quad s_2''=10000(16),\quad s_3''=11000(24),\quad s_4''=11100(28)$$

这一轮仍然没有发生变异,得到第3代种群 $P(3)$,遗传操作终止,将适应值最高的个体11111(31)作为最终结果输出。

**表15-1 遗传算法的执行过程**

| 初始种群的个体情况 | | | 第1代种群的个体情况 | | | 第2代种群的个体情况 | | |
|---|---|---|---|---|---|---|---|---|
| 个体 | 适应值 | 选择概率 | 个体 | 适应值 | 选择概率 | 个体 | 适应值 | 选择概率 |
| $s_1=01101$ | 169 | 0.14 | $s_1=11001$ | 625 | 0.36 | $s_1=11100$ | 784 | 0.44 |
| $s_2=11000$ | 576 | 0.49 | $s_2=01100$ | 144 | 0.08 | $s_2=01001$ | 81 | 0.04 |
| $s_3=01000$ | 64 | 0.06 | $s_3=11011$ | 729 | 0.41 | $s_3=11000$ | 576 | 0.32 |
| $s_4=10011$ | 361 | 0.31 | $s_4=10000$ | 256 | 0.15 | $s_4=10011$ | 361 | 0.20 |

课件15-2

## 15.2 蚁群算法

### 15.2.1 蚁群算法的基本原理

蚂蚁是一种群居类动物,常常成群结队地出现在人类的日常生活环境中。蚂蚁的个体行为极其简单,群体之间通过相互协作,能够适应环境的变化,表现出极其复杂的行为特征。1991年,意大利学者M.Dorigo基于自然界蚁群觅食原理,提出了**蚁群算法**(ant colony optimization,ACO)并应用在TSP问题中。蚁群算法作为群智能算法的典型方法，通过模拟生物寻优能力来解决实际问题，具有较强的健壮性、通用性、快速性、全局性、并行搜索等优点，受到学术界的广泛关注。

蚂蚁个体之间通过**信息素**(pheromone)进行信息传递，从而相互协作，表现出复杂有序的行为。下面通过一个简单的生物原型来理解蚁群算法的原理。设一群蚂蚁随机地向四面八方去觅食，当某只蚂蚁觅到食物时就沿原路返回蚁穴，蚂蚁沿途会留下信息素，同时随着时间的推移信息素的浓度会不断下降。如图 15-1 所示，从蚁穴到食物源可沿 ABC 和 AC 两条路径行走，ABC 路径较长，AC 路径较短。假设甲乙丙三个蚂蚁去搬食物，甲乙先出发，这时选择 ABC 和 AC 两条路径的概率相同，不妨设蚂蚁甲走 AC 路径，蚂蚁乙走由 ABC 路径。每只蚂蚁在其经过的路径上都会释放一定浓度的信息素，而蚂蚁的生物特性会循信息素浓度大的路径前进。当甲开始返回时，乙还在路上，由于 AC 路径上已经存在信息素，而 ABC 路径上靠近食物源这一端还没有信息素，则甲仍循 AC 返回。当甲抵达蚁穴时，丙出发，因为 AC 路径上甲留下了两次信息素(去一次、回来一次)，而 ABC 路径上乙留下了一次信息素，故 AC 路径上的信息素浓度比 ABC 路径上的信息素浓度大，则丙会循 AC 前进。在大量个体的情况下，最终所有蚂蚁都会渐渐地沿着由 A 到 C 的最短路径到达食物源。

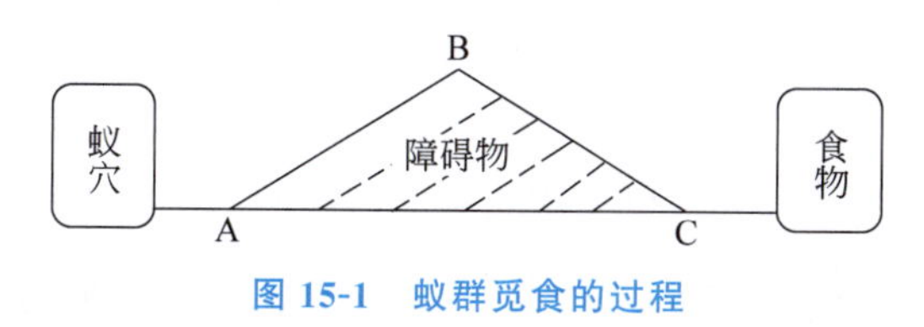


图 15-1　蚁群觅食的过程

### 15.2.2　蚁群算法的参数设定

蚁群的觅食过程表现出一种信息正反馈现象：某一路径上走过的蚂蚁越多，后到者选择该路径的概率就越大，信息素浓度的增长速度就会越快，蚂蚁之间通过信息素进行信息交流，寻找食物与蚁穴之间的最短路径。蚁群还能够适应环境的变化，如果在蚁群行走路线上突然出现障碍物，蚂蚁能够很快重新找到最短路径。

蚁群算法根据信息正反馈原理，利用蚁群的自组织行为特征，在路径寻优的过程中主要采用选择和更新两个操作。在选择操作中，信息素浓度越高的路径被选择的概率越大；在更新操作中，路径上的信息素随蚂蚁的经过而增长，同时也随时间的推移而挥发。通过不断的选择和更新操作，较好的解通过路径上的信息素得到加强，从而引导下一代蚂蚁向较优解邻域搜索使算法收敛，同时信息素的挥发增加了解的多样性，使得算法不易陷入局部最优。蚁群算法的参数主要有蚂蚁的数量 $m$、信息素启发因子 $\alpha$、期望值启发因子 $\beta$、信息素挥发因子 $\rho$、信息素强度 $Q$ 等。

应用蚁群算法首先要确定蚂蚁的数量 $m$。如果 $m$ 值过大，会导致搜索过的路径上的信息素变化趋于平均，增加了寻找最短路径的时间成本；如果 $m$ 值过小，容易使未被搜索到的路径上的信息素减小到 0，导致最短路径过于早熟，最优解的质量降低。以 TSP 问题为例，一般将蚂蚁的数量设定为城市数量的 1.5 倍。

信息素启发因子$\alpha$反映了蚂蚁在移动过程中积累的信息素在指导蚂蚁搜索中的相对重要程度。如果$\alpha$值过大,蚂蚁选择以前搜索过路径的概率增大,使得搜索的随机性减弱;如果$\alpha$值过小,等同于贪心算法,使得搜索过早陷入局部最优。以TSP问题为例,实验发现,信息素启发因子的选择区间是[1, 4]时,综合性能较好。

期望值启发因子$\beta$反映蚂蚁搜索过程中先验性和确定性因素的重要程度。如果$\beta$值过大,会加快收敛速度,容易陷入局部最优;如果$\beta$值过小,容易陷入随机搜索,使得搜索时间增多,不易找到最优解。以TSP问题为例,实验发现,期望值启发因子$\beta$的选择区间是[3, 5]时,综合性能较好。

信息素挥发因子$\rho$反映信息素消失的速度,其大小直接关系到蚁群算法的全局搜索能力和收敛速度。以TSP问题为例,实验发现,信息素挥发因子$\rho$的值属于[0.2, 0.5]时,综合性能较好。

信息素强度$Q$表示蚂蚁循环一周时释放在路径上的信息素总量,其作用是充分利用全局信息反馈量,使算法在正反馈机制下以合理的速度搜索到全局最优解。以TSP问题为例,实验发现,信息素强度$Q$的值属于[10, 1000]时,综合性能较好。

### 15.2.3 应用举例

**例 15.2** 应用蚁群算法求解TSP问题。

**解**:设人工蚂蚁的数量为$m$,城市$i$和$j$之间的距离为$d_{ij}(i, j=1, 2, \cdots, n)$;$t$时刻位于城市$i$的蚂蚁个数为$b_i(t)$,则$m=\sum_{i=1}^{n} b_i(t)$;$t$时刻在$i$和$j$城市之间残留的信息素为$\tau_{ij}(t)$,且初始时$\tau_{ij}(0)=C$($C$为常数)。在运动过程中,蚂蚁根据各条路径上的信息素选择路径,$t$时刻蚂蚁$k(k=1, 2, \cdots, m)$由位置$i$移到位置$j$的概率为$\rho_{ij}^k$,定义如下。

$$\rho_{ij}^k=\begin{cases}\dfrac{\tau_{ij}^{\alpha}(t)\eta_{ij}^{\beta}(t)}{\sum\limits_{s\in \text{allowed}_k}\tau_{is}^{\alpha}(t)\eta_{s}^{\beta}(t)} & j\in \text{allowed}_k \\ 0 & \text{其他}\end{cases} \tag{15-2}$$

其中,$\text{allowed}_k$表示蚂蚁$k$还未走过的城市;$\eta_{ij}=1/d_{ij}$称为先验知识,表示由位置$i$移到位置$j$的期望程度;$\alpha$表示信息素启发因子;$\beta$表示期望值启发因子。

当蚂蚁$k(k=1, 2, \cdots, m)$走过$n$个城市后,依据式(15-3)对路径上的信息素进行更新,定义如下。

$$\begin{cases}\tau_{ij}(t+n)=\rho\cdot\tau_{ij}(t)+\Delta\tau_{ij}(t) \\ \Delta\tau_{ij}=\sum\limits_{k=1}^{m}\Delta\tau_{ij}^k\end{cases} \tag{15-3}$$

其中,$\rho$表示信息素挥发因子,$\Delta\tau_{ij}^k$表示第$k$只蚂蚁本次循环中留在路径$(i, j)$上的信息素浓度,$\Delta\tau_{ij}$表示所有蚂蚁本次循环中留在路径$(i, j)$上的信息素浓度。$\Delta\tau_{ij}^k$定义如下。

$$\Delta\tau_{ij}^k=\begin{cases}\dfrac{Q}{L_k} & \text{若第}k\text{只蚂蚁在本次循环中经过路径}(i,j) \\ 0 & \text{否则}\end{cases} \tag{15-4}$$

其中：$Q$ 表示信息素强度，$L_k$ 表示第 $k$ 只蚂蚁在本次循环中所走路径的总长度。

初始时将蚂蚁随机放置在不同的出发点，对每个蚂蚁根据式(15-2)计算选择概率，确定下一个要访问的顶点，根据式(15-3)更新搜索路径上的信息素，这两个步骤重复迭代，最终搜索到信息素较浓的路径形成较短的最优路径。

# 15.3　粒子群算法

课件 15-3

## 15.3.1　粒子群算法的基本思想

鸟群的运动是自然界一道亮丽的风景线，鸟群在飞行过程中经常会突然改变方向、散开、聚集，其行为不可预测，但整体始终保持一致性，个体与个体间也保持着最适宜的距离。1995 年，美国学者 James Kennedy 和 Russell Eberhart 受鸟群运动模型的启发，模拟鸟群觅食过程中的迁徙和聚集，提出了**粒子群优化算法**(particle swarm optimization, PSO)，也称粒子群算法。

粒子群算法是一种基于群体协作的随机搜索算法。粒子群算法将问题空间的每个可能解类比为搜索空间中的一只鸟，称为**粒子**(particle)，由随机初始化的若干个粒子组成一个群体，群体中每个粒子都有一个适应值，并且每个粒子知道自己的当前位置和目前为止发现的最好位置(个体极值)，这个可以看作粒子自己的飞行经验。除此之外，每个粒子还知道目前为止整个群体中所有粒子发现的最好位置(全局极值)，这个可以看作粒子同伴的飞行经验。每个粒子根据自己的飞行经验和同伴的飞行经验，在搜索空间中以一定的速度飞行，通过粒子间的相互协作和信息共享，引导整个群体向最优解的方向移动，以迭代的方式进行搜索从而得到最优解。

假设在 $D$ 维的目标搜索空间中，有 $m$ 个粒子组成一个群体，其中第 $i$ 个粒子在 $D$ 维搜索空间的位置 $x_i=(x_{i1}, x_{i2}, \cdots, x_{id})$，第 $i$ 维的飞行速度 $v_i=(v_{i1}, v_{i2}, \cdots, v_{id})$，记第 $i$ 个粒子当前搜索到的最好位置为 $p_i=(p_{i1}, p_{i2}, \cdots, p_{id})$，整个粒子群目前搜索到的最好位置为 $g=(g_1, g_2, \cdots, g_d)$，粒子 $i(1\leqslant i\leqslant m)$根据下式更新速度和位置。

$$\begin{aligned} v_i &= \omega v_i + \varphi_1 r_1 (p_i - x_i) + \varphi_2 r_2 (g_i - x_i) \\ x_i &= x_i + v_i \end{aligned} \tag{15-5}$$

其中，$\omega$ 为惯性权重因子；$\varphi_1$、$\varphi_2$ 为学习因子，取值范围是非负常数；$r_1$、$r_2$ 是[0, 1]区间的随机小数。

从式(15-5)可以看出，粒子主要通过以下三部分来更新速度：①粒子当前的速度；②粒子自身的飞行经验，即粒子的当前位置与自己最好位置之间的距离；③同伴的飞行经验，即粒子的当前位置与群体最好位置之间的距离。粒子在搜索空间中不断跟踪个体极值与全局极值进行搜索，直至达到规定的迭代次数或误差标准。下面给出粒子群算法的一般框架。

算法：粒子群算法的一般框架

输入：问题模型，惯性权重因子 $\omega$，学习因子 $\varphi_1$ 和 $\varphi_2$

输出：最优解

1. 设置种群规模为 $m$，初始化种群，设定每个粒子的随机位置和速度；

2. 重复下述操作,直至满足终止条件:
  2.1 循环变量 $i$ 从 1 至 $n$,对每个粒子执行下述操作:
    2.1.1 计算粒子 $i$ 的适应值;
    2.1.2 如果粒子 $i$ 的适应值比 $p_i$ 好,则更新当前的最好位置 $p_i$;
    2.1.3 如果粒子 $i$ 的适应值比 $g_i$ 好,则更新粒子群的最好位置 $g_i$;
    2.1.4 根据式 15-5 改变粒子 $i$ 的速度和位置;
3. 输出粒子群的最好位置 $g$;

### 15.3.2 粒子群算法的参数分析

粒子群算法的参数包括惯性权重因子 $\omega$,学习因子 $\varphi_1$ 和 $\varphi_2$,扰动因子 $r_1$ 和 $r_2$,最大速度 $V_{\max}$ 和最大代数 $G_{\max}$。

惯性权重因子 $\omega$ 体现了当前速度对下一时刻速度的影响,使粒子具有扩展搜索空间的能力。同时粒子群算法采用最大速度 $V_{\max}$ 作为限制,如果当前粒子的某维速度超过 $V_{\max}$,则将该维的速度调整为 $V_{\max}$。如果 $V_{\max}$ 过高,粒子可能会飞过最好解;如果 $V_{\max}$ 过低,粒子容易陷入局部最优。

学习因子 $\varphi_1$ 和 $\varphi_2$ 分别控制个体经验和同伴经验对下一时刻速度的影响。在式(15-5)中,如果 $\omega=0$,则速度只取决于粒子的当前位置和历史最好位置,粒子本身没有记忆;如果 $\varphi_1=0$,则粒子只有社会模型,但没有自我认知能力;如果 $\varphi_2=0$,则粒子只有自我认知能力,但没有社会模型,个体之间没有交互。引入扰动因子 $r_1$ 和 $r_2$ 是为了增加个体搜索和群体搜索的随机性和多样性。

早期的实验将 $\omega$ 固定为 1.0,将 $\varphi_1$ 和 $\varphi_2$ 固定为 2.0,将每维速度的变化范围设为 10%~20%,Russell Eberhart 提出用模糊系统来调节参数。粒子群算法的参数需要根据具体问题通过实验设定,需要根据实验调整各个参数,使粒子群算法能够平衡全局搜索和局部搜索。

### 15.3.3 应用举例

粒子群算法是基于群智能理论的优化算法,通过群体中粒子间的合作与竞争来引导搜索。与进化算法相比,粒子群算法保留了基于群体的全局搜索策略,采用的速度-位移模型操作简单,避免了复杂的遗传操作,特有的记忆能力使粒子可以动态跟踪当前的搜索情况,调整搜索策略。由于粒子群算法的收敛速度快,设置参数少,近年来受到学术界的广泛关注。

粒子群算法最直接的应用就是多元函数的优化问题,以及带约束的优化问题。如果函数受到严重的噪声干扰而呈现非常不规则的形状,同时所求的不一定是精确的最优值,则粒子群算法能得到很好的结果。例如,在半导体器件综合方面,需要在给定的搜索空间根据希望的器件特性来得到符合要求的设计参数,而器件模拟器通常得到的特性空间是高度非线性的。

在神经网络的训练方面,粒子群算法可以简单而有效地演化人工神经网络,不仅用于演化网络的权重，而且包括优化神经网络的结构。作为一个演化神经网络的例子，粒子群算法已成功应用于对人体颤抖的诊断，包括帕金森和原发性颤抖，这是一个非常具有挑战性的领域，粒子群算法可以快速准确地辨别普通个体和颤抖个体的神经网络。

在生物信息领域，粒子群算法用于训练隐马尔可夫模型，克服了容易陷入局部极小的缺点。在电力系统领域，粒子群算法实现了对电气设备的功率反馈和电压进行控制，采用二进制与实数混合的粒子群算法确定连续或离散控制变量的控制策略，优化电力系统稳压器装置。

# 实验 15　函数的最大值

**【实验题目】** 设 $x \in [-2, 2]$，用遗传算法求下列函数的最大值。

$$f(x)=0.4+\mathrm{sinc}(4x)+1.1\mathrm{sinc}(4x+2)+0.8\mathrm{sinc}(x-2)+0.7\mathrm{sinc}(6x-4)$$

其中

$$\mathrm{sinc}(x)=\begin{cases}1 & x=0 \\ \dfrac{\sin(\pi x)}{\pi x} & x\neq 0\end{cases}$$

**【实验要求】** 设定迭代次数分别为 300、320、340、360、380、400，用表格形式记录每次运行遗传算法得到的函数最优值、算法的运行时间等实验数据。

**【实验提示】** 编码可以用一个 16 位的二进制数，种群规模为 30，$p_c=0.3$，$p_m=0.01$，最大值为 $f(-0.507\,179)=1.501\,564$。

# 习　题　15

1. 适应度函数在遗传算法中的作用是什么？举例说明如何构造适应度函数。

2. 蚁群算法的寻优过程包括哪几个阶段？请解释蚁群算法的主要参数。

3. 简述粒子群算法位置更新方程中各部分的参数及影响。

4. 用遗传算法求解批处理作业调度问题。假定有 $n$ 个作业要在两台机器上处理，每个作业都必须先由机器 1 处理，然后由机器 2 处理，机器 1 处理作业 $i$ 所需时间为 $a_i$，机器 2 处理作业 $i$ 所需时间为 $b_i(1\leqslant i\leqslant n)$，要求确定这 $n$ 个作业的最优处理顺序，使得完成所有作业所需时间最少。

5. 用粒子群算法求解车辆配送问题。假定某配送中心用 $K$ 辆车对 $N$ 个客户进行运输配送，已知每辆车的载重为 $b_i(1\leqslant i\leqslant K)$，每个客户的配送需求为 $d_j(1\leqslant j\leqslant N)$，客户 $u$ 到客户 $v$ 的运输成本是 $c_{uv}(1\leqslant u,\ v\leqslant n)$，要求确定最优的配送方案，使得总成本最小。

# 名词索引

R



S



T



W



X



Y



Z

# 参考文献

[1] KNUTH D E.计算机程序设计艺术 第1卷：基本算法[M].苏运霖，译.3版. 北京：国防工业出版社，2002.

[2] LEVITIM A.算法设计与分析基础[M].潘彦，译.3版.北京：清华大学出版社，2015.

[3] 王万良. 人工智能导论[M].4版. 北京：高等教育出版社，2017.

[4] 刘家瑛，等. 算法基础与在线实践[M].北京：高等教育出版社，2017.

[5] 梁冰，等. 程序设计算法基础[M]. 北京：高等教育出版社，2017.

[6] 王红梅，等.数据结构——从问题到C++实现[M].3版.北京：清华大学出版社，2019.

# 图书资源支持

感谢您一直以来对清华版图书的支持和爱护。为了配合本书的使用，本书提供配套的资源，有需求的读者请扫描下方的“书圈”微信公众号二维码，在图书专区下载，也可以拨打电话或发送电子邮件咨询。

如果您在使用本书的过程中遇到了什么问题，或者有相关图书出版计划，也请您发邮件告诉我们，以便我们更好地为您服务。

**我们的联系方式：**

清华大学出版社计算机与信息分社网站：https://www.shuimushuhui.com/

地　　址：北京市海淀区双清路学研大厦 A 座 714

邮　　编：100084

电　　话：010-83470236　010-83470237

客服邮箱：2301891038@qq.com

QQ：2301891038（请写明您的单位和姓名）

资源下载：关注公众号“书圈”下载配套资源。

资源下载、样书申请

书圈

图书案例

清华计算机学堂

观看课程直播